河南省"十四五"普通高等教育规划教材

新编计算机导论

主　编　张　瑾

副主编　甘志华

参　编　凡高娟　阎朝坤

机 械 工 业 出 版 社

本书以计算思维为主线，包括计算机与计算、计算思维、计算的基础、计算平台、问题求解、数据管理、程序设计语言、IT新技术、IT职业道德共九章内容，系统阐述了计算机科学的基础知识，旨在培养学生从计算的角度发现、分析及解决问题的能力，引导学生将计算机科学解决问题的思想和方法应用到自身专业领域、提高自身信息素养。

本书内容新颖，讲解深入浅出、细致全面。可作为高等院校计算机类、自动化类专业及其他需要学习计算机基础类课程的本科教材，也可作为计算机基础通识课程、计算机培训、计算机初学者的参考读物。

本书配有电子课件、习题答案和教学大纲欢迎选用本书作教材的教师登录 www.cmpedu.com 注册后下载，或发邮件至 jinacmp@163.com 索取。

图书在版编目（CIP）数据

新编计算机导论/张瑾主编．—北京：机械工业出版社，2023.12
河南省"十四五"普通高等教育规划教材
ISBN 978-7-111-74173-2

Ⅰ．①新…　Ⅱ．①张…　Ⅲ．①电子计算机—高等学校—教材
Ⅳ．①TP3

中国国家版本馆 CIP 数据核字（2023）第 208822 号

机械工业出版社（北京市百万庄大街 22 号　邮政编码 100037）
策划编辑：吉　玲　　　　　　责任编辑：吉　玲　赵晓峰
责任校对：王荣庆　王　延　　封面设计：张　静
责任印制：单爱军

北京虎彩文化传播有限公司印刷

2024 年 1 月第 1 版第 1 次印刷
184mm×260mm · 13.25 印张 · 303 千字
标准书号：ISBN 978-7-111-74173-2
定价：43.00 元

电话服务　　　　　　　　　网络服务
客服电话：010-88361066　　机 工 官 网：www.cmpbook.com
　　　　　010-88379833　　机 工 官 博：weibo.com/cmp1952
　　　　　010-68326294　　金 书 网：www.golden-book.com
封底无防伪标均为盗版　机工教育服务网：www.cmpedu.com

前　言

新工科建设要求人才应具备较高的信息素养，较强的计算思维以及计算机应用和实践能力。然而，仅掌握几项具体技能远远不够，计算机应用的深入普及以及大数据和人工智能的发展，使得当今社会更多应用计算机作为分析和解决问题的工具，不断催生新型计算需求。对于高等院校各相关专业来说，加强计算机教育、提高教育质量是当前教育工作的重点。以计算机导论为代表的大学计算机基础类课程对培养学生的信息素养和实践能力具有重要的促进作用。计算思维则是运用计算机科学的基础概念解决问题、设计系统以及理解人类行为的一系列思维活动，是新时代创新型人才必备的专业素养，与理论思维和实验思维并肩。教育部、中国计算机学会以及高校计算机教育研究会等就学生计算思维能力的培养达成共识，要求计算机专业教育在计算思维能力培养中做出表率，将系统化计算思维能力的培养贯穿在计算机专业的教育中。

"十四五"期间，我国将全面进入数字经济时代，以计算机科技为支撑的信息技术成为推动经济发展的基石。日新月异的计算机技术要求计算机导论教材紧跟计算机科技的发展步伐，适时推陈出新。鉴于此，编者根据多年实践和教学经验，结合新工科对人才的要求以及计算机专业的特点和教学现状，以计算思维的培养为核心，组织编写了本书。

本书注重对学生计算机素质的教育以及对计算思维能力的培养，从计算的概念出发，探讨了计算机科技的发展脉络，从计算机处理现实问题所需解决的数据处理、计算平台、求解思想及方法问题，到数据管理及程序实现问题，层层递进，逐步探讨了计算机解决现实问题的思路及过程，介绍了计算机新技术的本质和发展动向，对 IT 领域从业人员需遵循的职业道德及规范进行了阐述。本书还提供了多种案例和延展阅读材料，以便开拓学生的视野，辅助学生对计算机解决现实问题方法的理解。本书旨在培养学生运用计算思维的方式发现问题、分析问题和解决问题的能力，从而将计算机科学解决问题的思想和方法应用到自身专业领域，以适应新时代环境下对创新型、复合型人才的需求。

本书在内容安排、组织形式等方面参考借鉴了同类书籍的成功经验，参考了很多论文及网络素材，也添加了编者自身的理解及领悟。在此向所有被本书直接或间接引用的书籍及文献资料的作者表示由衷的感谢。

本书第 1、2、3、7 章由张瑾编写，第 5、6 章由甘志华编写，第 4、8 章由凡高娟、阎朝坤编写，第 9 章由阎朝坤编写。全书由张瑾统稿。2021 级研究生韩孝行、闫海操、殷梦晗均做了大量的资料整理及程序调试工作。本书得到了河南省教育厅的大力支持，在此表示感谢。

由于编者学识水平有限，书中难免存在错误或疏漏，诚挚地欢迎读者提出意见和建议，以便将来进一步的修改和完善。

编　者

目 录

第 1 章

计算机与计算

本章从计算的本质出发，首先描述了计算机的定义及特征，通过对计算工具发展历史的介绍，阐明了计算机出现的历史背景和意义，分析了计算机的发展阶段及分类特征。为明确计算机的工作范围和能力，对部分计算理论进行了描述，最后介绍了计算机科学技术及学科的相关概念。

本章知识点

➢ 计算的概念、本质和原理
➢ 计算机的特征
➢ 计算机的发展与分类
➢ 可计算性与计算复杂性

1.1 计算机概述

顾名思义，计算机是用来计算的机器，什么是计算，计算机的定义及特征又是什么，本小节将对以上内容进行简单介绍。

1.1.1 计算的概念

"计算"是指"数据"在"运算符"操作下，基于"规则"进行的数据变换。例如，最基本的用纸和笔进行的加法运算，其运算规则为，首先从最右边的数字开始相加，如果需要进位则加1；依次对左边余下的各位数字重复上述过程直至所有的数字计算完毕。狭义的计算是关于具体的数的状态改变，如数的加减乘除、方程的求解、函数的微分积分等。广义的计算则是指大自然中存在的一切具体状态转换的过程，如手写输入、语言的翻译、网页的搜索等。

计算在日常生活中无处不在，从人类由幼儿时期开始学习的简单算术到人机对弈、无人驾驶、智能家居、气象预报、导弹发射、新药研制等都属于计算的范畴。利用计算进行相关内容的研究将成为未来各学科人才进行创新的主要方式之一。

计算本质上是对输入数据进行处理，得到一定输出结果的过程。通过不断学习和训练各种运算规则并实现其组合运用，人们就可以获取所需要的各种计算结果。虽然人们可以通过学习掌握"规则"，但是应用"规则"进行计算则可能超出人的计算能力，从而无法得到结果。为此，通常采用两种解决方法。第一种方法是研究复杂运算的简化方法，如著名数学家高斯计算由 1 加到 100 的和的简化计算规则；第二种方法则是设计一些简单规则，考虑能否设计一些计算工具，让机器来代替人按照"规则"进行自动计算。

计算与自动计算一般要解决四个方面的问题：首先是数据的表示，即如何将人类在现实工作和生活中使用的数据表示为计算工具能识别的形式；其次是使计算工具实现对数据的存储及自动存储；然后是计算规则的表示，使得计算工具能够识别计算规则；最后则为计算规则的执行及自动执行。上述问题促进了机械技术与电子技术的结合，并导致了现代计算机的产生。

1.1.2　计算机的定义及特征

简单说来，计算机是一种能够按照事先存储的程序，自动、高速地进行大量数值计算和各种信息处理的现代化智能电子设备。计算机由硬件和软件所组成，两者不可分割。没有安装任何软件的计算机称为裸机。

以上定义表明，计算机具有以下两个重要特性：①计算机不仅是个单纯的计算工具，它还可以处理信息；②不同于其他机器，计算机具有存储功能，无须人工干预即可根据事先存储的程序自动完成各种计算。

因此，人们在日常生活中为了方便算数所用的手持计算器是不能称为计算机的，而打印机、音响等更不属于计算机的范畴，它们仅仅属于后续章节讲到的一种辅助计算机工作的外部设备。

1.2　计算机的产生与发展

计算工具及计算技术是随着人类科技的发展及实践的需求而逐步产生并发展起来的。在人类历史的发展进程中，计算工具经历了从简单到复杂、从低级到高级、从功能单一到功能多样、从低速到高速的过程。如同历史上许多发明一样，计算机是对各种各样的发明进行调整演化而来，了解计算机的发展历史将有助于理解当今种类繁杂的数字计算机的设计思想与性能，以及当今计算机产业的形成过程。

1.2.1 传统计算工具

我们将现代计算机出现之前的辅助计算设备称为传统计算工具，并将其划分为手动式、机械式和机电式三种类型。

1. 手动式

在文字发明之前，人类最早的计算工具是手指，英文单词 digit 既表示手指，又表示数字。显然，用手指能够计算的数据取值范围有限，而且无法存储。后来人类开始使用大自然中随处可见的石子、贝壳、小木棍等帮助计数，而其中使用最多的就是石子，例如，用石子来表示当天捕获了多少猎物，如果当天吃掉了两个猎物就从中取出两个石子，明天新捕获到三个猎物就添加三个石子，这样就不需要时刻记着还剩多少个猎物。云南纳西族用小石子代表个位，稍大些代表十位，再大些代表百位。英文单词 calculate（计算）源自拉丁文 calculatus，它的意思就是"用来计算的小石子"，可见石子与计算本身有着很深的渊源。石子计数方法的明显缺点是不便携带，后来又产生了结绳记事的方法，即用绳子打结的多少来表示数的概念，结绳就是当时的计算工具。上古中国、秘鲁印第安人都采用了这种计算方法。结绳记事最大的问题就是表达繁琐和麻烦，编制需要时间，而保存也非常困难，能够表达的意思有限，最终被淘汰。

作为在算盘发明以前中国独创且最有效的计算工具，算筹在我国春秋战国时期就已普遍使用。如图 1-1 所示，算筹由一根根大小、长短和粗细相同的小棍构成，这些小棍的原材料可以是竹棍、象牙或兽骨。算筹采用十进制，有纵和横两种摆法，如个位纵、十位横、百位纵、千位横。算筹不仅可以替代手指帮助计数，而且能够做加减乘除等运算。算筹属于硬件，算筹的摆放方法就是软件。

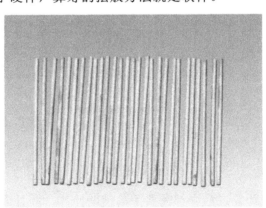

图 1-1　算筹

我国南北朝时期杰出的数学家、天文学家祖冲之借助算筹算出圆周率的真值在 3.1415926 和 3.1415927 之间，他是世界上第一位将圆周率值计算到小数点后第 7 位的科学家。

在算筹的基础上产生的算盘是中国的传统计算工具，迄今已有 2600 多年的历史，在阿拉伯数字出现之前，算盘是世界上广为使用的计算工具。我国于 1970 年 12 月下水的第一艘核潜艇研制过程中的许多关键数据就是用算盘算出来的。

对数的发明者，苏格兰数学家、神学家约翰·纳皮尔（John Napier），约于 1614 年发明了纳皮尔计算器，如图 1-2 所示，它由一些长条状的木棍组成，木棍的表面雕刻着类似于乘法表的数字。纳皮尔用它来帮助进行乘法计算，他根据乘数和被乘数排列好木棍的顺序，仅需要做简单的加法就能计算出乘积，从而大大简化了数值计算过程。

图 1-2　纳皮尔计算器

英国数学家、牧师威廉·奥特雷德（William Oughtred），受纳皮尔影响，在 1621 年根据对数原理发明了计算尺，如图 1-3 所示。复杂的算尺可以计算指数、对数、三角函数，不能做加减法。从 20 世纪 60 年代起，计算尺一直作为一项基本工具被学生、工程师和科学家使用。

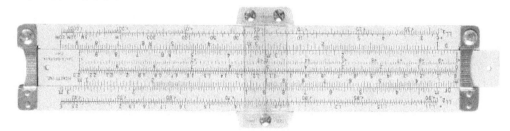

图 1-3　计算尺

手动式计算工具在计算过程中都需要手动辅助计算，并且需要使用者记录并操作执行算法。

2. 机械式

17 世纪，数学和计算工具的发展重心转移到了欧洲。资本主义工场手工业走向繁荣，并逐渐向机器生产过渡，技术科学和数学急速发展，商业、航海和天文学都提出了许多复杂的计算问题，从而催生了对新型计算工具的需求。伴随齿轮传动技术的产生和发展，计算工具进入了机械时代。

世界上第一台以齿轮驱动的计算器是由德国数学家威廉·希卡德（Wilhelm Schickard）于 1623 年设计并建造的计算钟。如图 1-4 所示，"计算钟"上部附加一套纳皮尔算筹，利用一组互相啮合的齿轮的转动来完成计算，能做 6 位数加减乘除运算。齿轮上有 10 根辐条，每根辐条分别表示一个数字，每当一个齿轮转过一周，其左边齿轮移动一格，并刻痕表示进一位，该机制后来被用于改进汽车里程表。

图 1-4 计算钟

法国著名物理学家、数学家和哲学家布莱兹·帕斯卡（Blaise Pascal）为了帮助身为地方税务官的父亲算账，于 1642 年发明了齿轮式能实现加减法运算的加法器。如图 1-5 所示，加法器采用齿轮啮合结构，用齿轮表示和存储十进制各数位上的数字，通过齿轮比解决进位问题，低位齿轮每转动 10 圈，高位齿轮转动 1 圈，使得机器可自动执行一些运算规则，"数"在计算过程中自动存储。帕斯卡加法器在当时具有重大意义，开辟了自动计算的道路。

在加法器研制成功之后，帕斯卡认为人的某些思维过程与机械过程没有差别，因此可以设想用机械模拟人的思维活动。

德国著名的自然科学家、数学家、物理学家、历史学家和哲学家，和牛顿同为微积分创始人的莱布尼茨（G. W. Leibniz），于 1673 年对加法器进行改进，制造了一台能够进行加减乘除四则运算的乘法器，如图 1-6 所示。乘法器可实现计算规则的自动、连续、重复执行，为手摇计算机的发展奠定了理论基础。

图 1-5 加法器　　　　　　　　　　　　图 1-6 乘法器

与手动式计算工具不同，机械式计算工具可以自己实现算法。操作者在使用时只需要简单地输入需要计算的数字，然后拉动控制杆或转动转轮来执行计算。但因操作都是机械式的，缺乏程序控制的功能，无法实现自动计算。工业社会首次大规模应用程序控制的机器纺织行业中的提花编织机，其设计思想对计算机程序设计思想产生了巨大影响。

1804 年，法国机械师约瑟夫•雅各（Joseph Marie Jacquard）发明了可编程织布机，引起了法国的纺织工业革命。如图 1-7 所示，织布机在织布时，通过读取右图中穿孔卡片上的编码信息来自动控制织布机的编织图案，从而纺织出跟预先设计效果一样的花纹。

图 1-7　可编程织布机

雅各织布机虽然不是计算工具，但是它第一次使用了穿孔卡片这种输入方式。如果找不到输入信息和控制操作的机械方法，那么真正意义上的机械式计算工具是不可能出现的。直到 20 世纪 70 年代，穿孔卡片这种输入方式还在普遍使用。

1822 年，英国著名数学家查尔斯•巴贝奇（C. Babbage）受编织机启发，研制成功第一台差分机，如图 1-8 所示。差分机可用于计算数的平方、立方、对数和三角函数，能进行 8 位数运算，计算精度达 6 位小数。差分机采用三组字轮作为寄存器（Register）来存放计算中涉及的数据，按预先设定好的计算步骤进行一连串的计算，可以看作是"程序自动控制"思想的萌芽。

图 1-8　巴贝奇差分机

1833 年，巴贝奇设计出分析机模型，巴贝奇在 1835 年提到，分析机是一部一般用途的可编程化计算机，同样是以蒸汽引擎驱动，吸收提花织布机的优点，使用穿孔卡输入资料，其中的重要创新是用齿轮模拟算盘的算珠。分析机模型包含现代计算机所具有的五个基本组成部分，即输入装置、齿轮式的存储装置、资料处理装置、控制装置和输出装置。分析机通过穿孔卡片输入数据，具备能存储 1000 个 50 位十进制数的容量；资料处理装置可完成加减乘除运算，可根据运算符号改变计算进程；控制装置使用指令进行控制，指令通过穿孔卡片顺序输入处理装置；通过穿孔卡片或者打印机进行输出。

巴贝奇的思想超越了当时的科学水平，且当时机械加工技术达不到要求的精度，分析机没有制作完成。但在巴贝奇的设计中，它拥有可扩展的内存、一个中央处理器、微指令、并使用穿孔卡来编程。当人们阅读巴贝奇的论文时，就能意识到，那是真正的计算机。

3. 机电式

20 世纪 20 年代以后，电子科技和电子工业迅速发展，电子管、晶体管和集成电路相继诞生，为现代电子计算机的发明提供了条件。

1941 年，德国工程师康拉德·祖斯（Konrad Zuse）研制成功全部采用继电器的 Z3 计算机，如图 1-9 所示，这是世界上第一台完全由程序控制的机电式计算机，采用了浮点计数法、二进制运算、带数字存储的指令格式等。

图 1-9　Z3 计算机

1942 年，美国爱荷华州立大学的约翰·阿塔那索夫（John Vincent Atanasoff）教授和他的研究生克利德·贝瑞（Clifford Berry）研制出阿塔纳索夫-贝瑞计算机（Atanasoff–Berry Computer，ABC），ABC 计算机采用电子管代替机械式开关，采用了二进制表示方式，通常被认为是最初的电子数字计算机原型。但因其仅设计用于求解线性方程组，缺乏通用性、可变性与存储程序的机制，人们将其与现代计算机区分开来。

美国哈佛大学的艾肯（Howard Aiken）博士受巴贝奇思想的启发，于 1944 年发明电磁式计算机 Mark Ⅰ，也叫"自动序列受控计算机"，如图 1-10 所示。Mark Ⅰ在计算机发展史上占据重要地位，是计算机"史前史"里最后一台著名的计算机。但因采用十进制表示方式，距离现代电子计算机还有较大差距。

图 1-10　哈佛大学 Mark Ⅰ

英国一个秘密开发小组于 1943 年研制成功 Colossus 机，用来破译由德国 Enigma 码加密过的消息。Colossus 机包含 1800 个电子管，使用二进制计算，每秒可读入 5000 个字符，平均每小时破译十余份德国情报，在二战中为盟军提供了巨大帮助。

以上这些早期的电子计算设备只能做一件专门所计算工作，属于功能固定的计算设备。

1.2.2　计算机的产生

二战期间，美国陆军军械部在马里兰州的阿伯丁设立了弹道研究实验室。美国军方要求该实验室每天为陆军炮弹部队提供 6 张火力表，以便对炮弹的研制进行技术鉴定，其中每张表涉及几百条弹道轨迹的计算，而当时一个熟练的计算人员用台式计数器计算一条 60 秒的弹道就需要 20 多个小时，在计算过程中还经常出现错误。而在美军进入非洲作战后，由于土质的差别导致炮弹无法打中目标。为此，军方领导人命令弹道实验室编制射击表。在当时条件下，为某一型号、某一口径的火炮重新编制射击表需要一个人用台式计算器不吃不喝、连续工作 4～5 年才能完成。时任宾夕法尼亚大学莫尔电机工程学院的莫奇利（John Mauchly）于 1942 年提出了试制第一台电子计算机的初始设想——"高速电子管计算装置的使用"，期望用电子管代替继电器以提高机器的计算速度。美国军方得知这一设想，马上拨款大力支持，成立了一个以莫奇利和埃克特（Eckert）为首的研制小组。该小组研制的名为 ENIAC（Electronic Numerical Integrator And Calculator）的计算机于 1946 年 2 月 14 日揭幕，它是世界上第一台通用计算机，如图 1-11 所示。自此，电子计算机进入了一个快速发展的新阶段。

图 1-11　ENIAC

ENIAC 占地面积为 170 平方米，使用了大约 18000 只电子管、1500 个继电器、70000 只电阻、18000 只电容，耗资近 49 万美元，重达 30 吨。运算速度为每秒 5000 次加法，比已有计算机快 1000 倍，当时需要 100 多名工程师花费 1 年才能解决的计算问题，它只需要 2 个小时就能给出答案，一度被誉为"比炮弹还要快的计算机"。ENIAC 于 1947 年开始在阿拉丁弹道实验室用于弹道计算，后用于天气预报、原子核能和风洞实验。1955 年正式停用，使用了 9 年的时间。

然而 ENIAC 也存在如下不足。

1）采用十进制，基本结构和机电式计算机没有什么区别，显示了电子器件在提高运算速度上的可能性，却没有最大限度发挥电子技术的巨大潜力。

2）与后来的存储程序型的计算机不同，它的程序是外插型的，即用线路连接的方式实现，计算某题目前需要先由人工接通数条线路，改动很多开关，这项工作通常需要许多人工作几天时间，非常麻烦。

3）耗电量惊人，功率为 150 千瓦，常常因为电子管烧坏而需要停机检修。

4）存储容量小，至多只能存 20 个字长为 10 位的十进制数。

1944 年，美籍匈牙利数学家冯·诺依曼参加的原子弹研制项目受阻，主要因为遇到了极为困难的计算问题。在对原子核反应过程的研究中，要对一个反应的传播做出"是"或"否"的回答。解决这一问题通常需要通过几十亿次的数学运算和逻辑指令，尽管最终的数据并不要求十分精确，但所有的中间运算过程均不可缺少，并且要尽可能保持准确。在得知 ENIAC 的研制计划后，冯·诺依曼加入了莫奇利小组的研发工作。经过对 ENIAC 不足之处的认真分析和讨论，冯·诺依曼提出了重大的改进理论，提出离散变量自动电子计算机（Electronic Discrete Variable Automatic Computer，EDVAC）的研究方案，根据该方案设计的计算机通常称为冯·诺依曼计算机（第 4 章将对其进行详细介绍）。1945 年 6 月，冯·诺依曼发表计算机史上著名的"101 页报告"，报告对 EDVAC 计划进行了描述。冯·诺依曼思想的核心要点如下。

1）计算机的基本结构应由五大部件组成：运算器、控制器、存储器、输入设备和输出设备，并描述了这五大部件的职能和相互关系。

2）计算机中应采用二进制形式表示数据和指令。

3）提出了"二进制"与"存储程序"的设计思想。

该计算机采用"二进制"代码表示数据和指令，并提出了"存储程序"的概念，即将指令和数据一起存储。这个概念被誉为"计算机发展史上的一个里程碑"。它奠定了现代计算机的基础，现代计算机的体系结构都没有超出存储程序式体系结构的范畴。

1945 年底，ENIAC 刚完成，设计组因发明权争执而解散，影响了 EDVAC 的研制进度，直到 1952 年 EDVAC 才研制成功，如图 1-12 所示。EDVAC 使用了 3563 只电子管和 1 万只晶体二极管，用 1024 个 44 比特汞延迟线来存储程序和数据，消耗电力和占地面积只有 ENIAC 的 1/3。EDVAC 不仅可应用于科学计算，还可用于信息检索等领域，主要缘于"存储程序"的威力。

世界上第一台存储程序式计算机是剑桥大学研制的电子延迟存储自动计算机（Electronic Delay Storage Automatic Calculator，EDSAC），如图 1-13 所示。EDSAC 使用汞延迟线作存储器，利用穿孔纸带输入和电传打字机输出，EDSAC 于 1949 年投入运行。EDSAC 的主要研制者莫里斯·文森特·威尔克斯（Maurice Vincent Wilkes）于 1967 年获得第二届图灵奖。

图 1-12　EDVAC　　　　　　　　　　图 1-13　EDSAC

1951 年 3 月，由 ENIAC 的主要设计者莫奇利和埃克特设计的第一台通用自动计算机 UNIVAC-I 交付使用。它不仅能用作科学计算，而且能用作数据处理。UNIVAC（通用自动电子计算机）开创了用同一设计方案生产多台计算机的先河（此前的计算机都是"独生子"），并从一开始设计时就充分考虑了企业应用问题，涉及美国人口普查局、美国空军、美国陆军、美国通用、西屋电器等多个用户，标志着计算机进入了商业应用时代。

1.2.3　计算机的发展与分类

计算机的发明是 20 世纪最辉煌的成就之一，自 1946 年问世至今，电子计算机在制作工艺、元器件、软件、应用领域等各方面都有飞速的发展，根据所采用的电子元器件的不同，大致可将计算机的发展划分为五个时代。新一代计算机变得更小、更快、更可靠，操作成本更低。

1. 计算机的时代划分

（1）第一代计算机（1946—1957 年）

1946 年，ENIAC 面世，这也是计算机发展史上的里程碑事件，其主要逻辑元件采用电子管，如图 1-14 所示，这一代计算机也称为电子管计算机。这个时期计算机的主存储器先采用汞延迟线，后采用磁鼓；输入设备采用穿孔卡片。编制程序使用的语言是机器语言和汇编语言，主要用于数值运算。

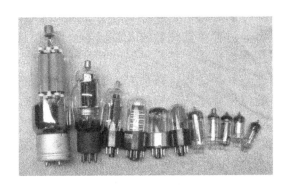

图 1-14　电子管

　　第一代计算机体积大、运算速度低、存储容量小、可靠性低，几乎没什么软件配置，主要用于科学运算。尽管如此，第一代计算机对以后计算机的发展却产生极其深远的影响，代表机型有 ENIAC、EDVAC、IBM650 等。

　　(2) 第二代计算机 (1958—1964 年)

　　1948 年，晶体管的发明使得体积庞大的电子管被取代，电子设备的体积不断减小。1956 年，晶体管在计算机中使用，晶体管和磁芯存储器导致了第二代计算机的产生。这一代的计算机也称为晶体管计算机。这个时期计算机的内存储器主要采用磁芯体；外存采用磁带或磁盘，利用 I/O 处理机提高了输入输出能力。晶体管如图 1-15 所示，晶体管计算机的代表机型有 IBM7090、IBM7094、IBM1401 等。

　　晶体管代替电子管，不仅使计算机的体积大大减小，同时也增加了计算机的稳定性，提高了计算机的运算速度。软件方面出现了操作系统，产生了汇编语言及 Fortran、COBOL 等程序设计语言。除应用于科学计算外，计算机开始应用于数据处理和工业控制等方面。

　　(3) 第三代计算机 (1965—1970 年)

　　1958 年出现了集成电路 (IC)，集成电路技术可以将相当于几千个电子管或晶体管功能的十几个甚至上百个电子元件集成到几平方毫米的单晶硅芯片上。如图 1-16 所示的 80386 微处理器，在面积约为 10mm×10mm 的单个芯片上，可以集成大约 32 万个晶体管。

图 1-15　晶体管

图 1-16　80386 微处理器

第三代计算机的主要特征是用半导体及中、小规模集成电路作为元器件，以代替晶体管等分立元件，用半导体存储器代替磁芯存储器，使用微程序设计技术简化了处理机的结构，计算机体积变得更小，功耗更低，计算速度和存储容量大大提高。软件方面则广泛引入多道程序、并行处理、虚拟存储系统和功能完备的操作系统，同时还提供了大量的面向用户的应用程序，计算机产品走向了系列化、通用化和标准化，并广泛应用于各个领域。

（4）第四代计算机（1971 至今）

20 世纪 70 年代初，集成电路技术飞速发展，大规模集成电路（LSI）可以在一个芯片上容纳几百个元件，1977 年面世的超大规模集成电路可以在一个硅晶片中集成 15 万个以上的晶体管。图 1-17 展示了 1971 年诞生的微处理器 Intel 4004，它的尺寸为 3mm×4mm，体积比一颗玉米粒还小，但其芯片内核功能与 ENIAC 相同。

图 1-17　Intel 4004

第四代计算机的主要特征是使用大规模、超大规模集成电路作为主要功能部件，半导体集成电路作主存储器，外存储器采用大容量软、硬磁盘，还引入光盘技术、虚拟存储技术，体积更小，功能更强，造价更低。软件配置丰富，软件系统工程化、理论化，在办公自动化、数据库管理、专家系统等诸多领域广泛应用。

（5）新一代计算机（1981 至今）

新一代计算机也称第五代计算机，是对第四代计算机之后各种未来型计算机的总称。新一代计算机的体系结构将改变传统的冯·诺依曼结构，它是一种具有知识存储和知识库管理功能，具有利用已有知识进行推理判断、联想和学习功能的新型智能化计算机系统。新一代计算机要达到的目标涉及诸多高新技术领域，如微电子学、计算机体系结构、高级信息处理、软件工程方法、知识工程和知识库、人工智能和人机界面（理解自然语言、处理声音、光、像的交互）等。新一代计算机是从 20 世纪 80 年代开始研制的，可以更高程度模拟人脑，具有学习、推理能力，以及知识处理功能。新一代电子计算机至今尚无突破性的进展，然而其诞生将会对人类发展产生深远影响。

2. 计算机的分类

根据综合性能指标的不同，可以将计算机划分为巨型机、大型机、小型机、工作站、微型机和嵌入式计算机。

（1）巨型机

巨型机（supercomputer）是一种超大型电子计算机，也称超级计算机，简称超算，是计算机中功能最强、运算速度最快、存储容量最大的一类计算机。世界第一台超级计算机 CDC 6600 于 1963 年在美国问世，其运算速度为每秒 300 万次，这在当时已是绝无仅有的高速，如图 1-18 所示。

图 1-18　CDC 6600

　　超级计算机多用于国家高科技领域和尖端技术研究，如我国的"天宫一号"回家路线的计算、雾霾高精度预警预报、大飞机研制、基因测序和新药筛选等都离不开超级计算机的支持。超级计算机是一个国家科研实力的体现，是国家科技发展水平和综合国力的重要标志，它对国家安全、经济和社会的发展具有举足轻重的意义。

　　（2）大型机

　　大型机（mainframe）包括通常所说的大型机、中型机。该类计算机运算速度高、存储空间大。相对巨型机来说，大型机擅长非数值计算，即数据处理，超级计算机擅长数值计算，即科学计算。大型机通常用于银行、电信之类的大型企业、商业管理机构，超级计算机则用于尖端科学领域，大型机的生产企业主要是IBM和UNISYS。

　　（3）小型机

　　小型机（minicomputer）机器规模小、结构简单、设计试制周期短，便于及时采用先进工艺。这类机器由于可靠性高，对运行环境要求低，易于操作且便于维护，用户使用机器不必经过长期的专门训练，性能和价格介于 PC 服务器和大型机之间，因而深受中小企业青睐。小型机应用范围广泛，如工业自动控制、大型分析仪器、测量仪器、医疗设备中的数据采集、分析计算等。生产企业主要有 IBM、惠普、Oracle、富士通及浪潮等。

　　（4）工作站

　　工作站（workstation）是一种高端的通用微型计算机，通常配有高分辨率的大屏、多屏显示器及容量很大的内存储器和外部存储器，并且具有极强的信息和高性能的图形、图像处理功能，其应用领域包括科学和工程计算、软件开发、计算机辅助分析、计算机辅助制造、工程设计和应用、图形和图像处理、过程控制和信息管理等。许多厂商生产有适用于不同用户群体的工作站，如 IBM、联想、DELL、惠普等。

　　（5）微型机

　　微型机（microcomputer）也称个人计算机，简称微机，通常所说的个人计算机（Personal Computer，PC）也是微机。自 1981 年 8 月美国IBM公司推出第一代微型计算机IBM-PC 以来，微型机以其执行结果精确、处理速度快捷、性价比高、轻便小巧等特点迅速进入社会各个领域，且技术不断更新。如今的微机无论从运算速度、多媒体功能、软硬件支持还是易用性等方面都比早期产品有了很大飞跃，微机的发展极大推动了计算机的普及和应用。除了台式机外，笔记本计算机、平板计算机、掌上计算机（Personal Digital Assistant，即个人数字助手，简称 PDA，工业领域的 PDA 如条码扫描器、POS 机，消费品领域的 PDA 如智能手机、游戏机）等都属于微型机的范畴。

（6）嵌入式计算机

嵌入式计算机（embedded computer）是指嵌入到各种设备及应用产品内部的计算机系统，通俗来讲，嵌入式技术就是"专用"计算机技术，即针对网络、通信、音频、视频、工业控制等某个特定领域的应用。从学术的角度讲，嵌入式系统是以应用为中心，以计算机技术为基础，并且软硬件可裁剪，适用于应用系统对功能、可靠性、成本、体积、功耗有严格要求的专用计算机系统。嵌入式系统几乎应用于生活中的所有电器设备，如手机、平板计算机、洗衣机、空调、电冰箱、汽车、自动售货机、工业自动化仪表、医疗器械等。

1.2.4　中国计算机简介

1. DJS-1 数字电子计算机（103 机）

我国于 1956 年制定的十二年科技发展远景规划将计算技术列为重点发展领域，采取中苏合作模式，由苏联提供图纸和专家，帮助我国从无到有建立计算技术。1958 年 8 月 1 日，在苏联帮助下，中科院计算所和北京有线电厂（738 厂）合作，成功仿制了苏联的 M-3 电子管计算机，称为 103 机，标志着我国第一台通用数字电子计算机的诞生。

1961 年 12 月，103 机通过鉴定，"DJS-1 通用数字电子计算机"是 103 机试制鉴定后批量生产的工业型号。1962 年初，第一台 DJS-1 机运至大连中科院物理化学研究所，月平均计算时间达 600 小时，陈毅曾参观过该机，赞扬了机器的良好工作状态。738 厂共生产 103 机 19 台，图 1-19 所示为在曲阜师范大学保存的一台 1964 年生产的完整 103 机，是我国计算机发展历史的证明。

图 1-19　DJS-1 机

2. 第一台晶体管计算机

中国第一台晶体管计算机是由哈尔滨军事工程学院研制的 441-B 计算机，也是中国首次自主创新且实现工业化批量生产的计算机，该机于 1964 年 11 月研制成功，1965 年 4 月通过鉴定。441-B 应用在"两弹一星"、军事装备，以及中国电信、大庆油田等民用领域，以生产 100 余台的数量创造了当时的全国第一。最"年长"的一台 441-B 工作到了 20 世纪 80 年代，运行时长达 39000 小时。

3. 第一台百万次集成电路电子计算机

1973 年 8 月，由北京大学负责研发的中国第一台百万次集成电路电子计算机，代号 150 机研制成功，正式型号是 DJS-11，在 1974—1978 年间，担负我国陆地和海上石油勘探大部分资料的数据处理任务。150 机经济效益明显，经其数据处理后，分别发现了华北油田、任丘油田和中原油田，在处理河北、安徽、山东、湖南煤田资料及寻找新的煤田矿藏方面都做出了重要贡献。150 机曾经生产过多台，其用户分布在石油、地质、气象等部门，安装在江汉油田的最后一台 150 机一直使用到 1988 年才退役。

1983 年，我国第一台亿次计算机研制成功。1984 年，中国出现第一次微机热。1987 年，第一台国产的 286 微机——长城 286 正式推出。中国计算机事业持续发展，当前已位居世界顶尖水平。

4. 第一台巨型计算机

1983 年，我国第一台巨型计算机"银河"研制成功，银河机 1 秒钟可以完成 1 亿次以上运算。银河机由国防科技大学协同全国多家单位于 1978 年起开始研发，它的研制成功标志着我国计算机事业的发展进入了一个新阶段，我国从此步入了世界研制巨型计算机的行列，并逐渐进入世界领先水平。巨型机的研制成功对于促进我国国民经济建设，加速实现国防现代化，推动科技事业的发展具有重要作用。

本章延展阅读部分对于我国巨型计算机的发展过程进行了简要介绍，感兴趣的读者请自行阅读。

5. 长城 0520CH 微型计算机

1985 年 6 月，由电子工业部主持研发的长城 0520CH 机诞生，这是我国自主研发的第一台中文化、工业化、规模化生产的微型计算机，其性能可以媲美当时的国外知名品牌，在显示清晰度、计算速度方面还略胜一筹。长城 0520CH 机在我国计算机发展史上具有重要的里程碑意义，它使我国在计算机领域第一次拥有同国际领先技术同等的话语权，开启了我国计算机企业通过自主创新与世界知名厂商同台竞技的历史之门。

1984 年，联想集团的前身——新技术发展公司成立，中国出现第一次微机热。1987 年，第一台国产的 286 微机——长城 286 正式推出……中国计算机事业持续发展，当前已位居世界顶尖水平。

1.3 计算理论

像任何其他工具一样，计算机也有能力上的局限，要想很好地使用计算机，必须正确地认识它的能力和局限。本节将从计算的本质和原理出发，明确什么是可计算的问题以及计算的复杂性问题。

1.3.1 计算的本质

计算与科学密不可分，计算不仅仅是一种数据分析的工具，更是一种用于思考和发现的方法。计算科学始于 20 世纪 30 年代，其确立的主要标志是由哥德尔（Kurt Gödel）、丘奇（Alonzo Church）、埃米尔·波斯特（Emil Post）、图灵（Alan Turing）等学者于 1934—1936 年间发表的一组重要论文。这些学者意识到了自动计算的重要性，为"计算"这个概念奠定了必要的数学基础，明确了计算的本质。在这些学者所处的时代，"计算"和"计算机"两个术语已得到广泛使用。当时，计算指求解数学函数的机械步骤，计算机则指的是执行计算的人。为了表达对这些学者开创全新领域的敬意，第一代数字计算机的设计者通常将其所构造的系统命名为一个带有后缀字符串"AC"的名字，含义为自动计算机（Automatic Computer）或类似变体，典型代表如前面提到的 ENIAC、UNIVAC、EDVAC、EDSAC 等。

总体来说，人类对计算本质的认识经历了三个阶段。

1）计算手段器械化：包括手指、结绳、算盘、加法器、乘法器、分析机等，都属于机械式的，无法实现自动计算。

2）计算描述形式化：人类对计算本质的真正认识，取决于对计算过程的形式化描述。形式化方法和形式化的理论研究起源于数学的基础研究。图灵从计算一个数的一般过程入手，将可计算性与机械程序和形式化系统的概念统一起来，从而真正开始了对计算本质的研究。

3）计算过程自动化：当计算机执行的过程能实现自动化时，它才能真正发挥强大无比的计算能力。存储程序概念的提出在计算机发展历史上具有革命性意义。它使运算对象（数据）和运算指挥者（指令）都一视同仁地存放于存储器，通过程序计数器，机器就可以自动连续运行，无须操作员干预，从而实现计算过程的全部自动化。

计算机的最大特点就是其能够不断重复地执行大量相似动作并获得结果，通过计算可以使只会简单操作的计算机能够完成复杂的任务，计算机的各种复杂功能都源于"计算"的威力。下面给出一个关于计算的实例。

问：琪琪是一个小学一年级学生，她刚刚学习了加法运算，如果给她一个乘法运算任务，她能够完成吗？

答：从表面上看，这个问题对于一个只学习了加法的一年级小学生来说似乎是无法完成的，但如果能明确乘法的本质就是若干相同数据的重复加法运算过程，那么问题就不难解决了。

解决问题的关键是编写合适的指令序列让她机械地执行，如计算 $a \times b$ 时可以采用如下方法：

1）在纸上写下 0，记住结果。

2）在所记结果中加上第 1 个 a，记住新结果。

3）在所记结果中加上第 2 个 a，记住新结果。

4）以此类推，直至在所记结果中加上第 b 个 a 为止。

5）记住新结果，此时的结果即为 $a \times b$ 的积。

上述每一步操作都是一年级小学生可以做到的，这就是计算能够带来的成果。人类的思维是用有限的步骤去解决问题，讲究优化与简洁；计算机则可以进行大量、重复的精确运算，并乐此不疲，计算机通过重复执行大量简单动作即可完成复杂运算。

1.3.2 计算的原理

美国海军研究生院杰出教授、著名计算机杂志《美国计算机学会通讯》（*Communications of The ACM*）前主编彼得 J.丹宁（Peter J. Denning）曾指出：计算不仅仅是一门人工的科学，还是一种自然的科学。计算不是"围绕计算机研究现象"，而是研究自然的（natural）和人工的（artificial）信息处理，计算机是工具，而计算是原理。

丹宁将计算原理描述为运行（mechanics）原理和设计（design）原理：前者指计算的结构和行为运转方式，后者指对系统和程序等进行规划和组织等。丹宁着重研究了运行原理，并将其归纳为以下八大要素。

1）计算：关注点是什么能计算，什么不能计算，其核心概念就是可计算性与计算复杂性理论等。

2）抽象：关注点是对计算问题的归约、转换及建模，其核心概念是概念模型与形式化模型、抽象层次、归约、分解与转换等。

3）自动化：关注点是信息处理算法与智能化，其核心概念是算法设计、迭代与递归、人工智能与群体智能等。

4）设计：关注点是可靠和可信系统的构建，其核心概念是模型、抽象、模块化、一致性和完备性、安全可靠等。

5）通信：关注点是不同场点间信息的可靠移动，其核心概念是编码、传输、接收与发送、通信协议等。

6）协同：关注点是多个计算间步调一致，其核心概念是并发、同步、死锁、仲裁等。

7）存储：关注点是信息的表示、存储和恢复，其核心概念是存储体系、绑定、命名、检索等。

8）评估：关注点是计算系统的性能与可靠性评价，其核心概念是模型、模拟方法、基准测试程序等。

以上内容会在操作系统、计算机网络、算法分析与设计等若干后续课程中涉及。

1.3.3 可计算性

现实中，需要计算的问题多种多样，什么样的问题才是可计算的？这是关系到计算机能做什么、不能做什么的根本问题。如何有效地学习，使学生的各门课程都能获得比较好的成绩？如何管理日常开支，使人们能够在资金有限的条件下买到心仪的商品？如何在暴风雨到来之前尽快收回农民在谷场上晾晒的谷物？如何将沉迷于游戏而荒废学业的大学生拉回正轨？显然，以上涉及物理行为和情感的问题都超过了计算机的能力范围。

什么问题计算机能比人类做得更好？它涉及这样的问题，即什么是可计算的？可计算问题是指存在算法可解的问题，不可计算问题则是不存在算法可解的问题。通俗来说，若存在一个机械的过程，对给定的某个输入，若能在有限步内给出答案，则该问题就是可计算的。可计算性理论（Computability Theory）是研究计算的一般性质的数学理论，其中心课题就是将算法这一概念精确化，建立计算的数学模型，研究哪些是可计算的，哪些是不可计算的。由于计算与算法相连，因此也将可计算性理论称为算法理论。本节将基于一些计算学科的典型实例对上述问题进行说明。

1. 排序问题

在日常工作和生活中，人们经常会遇到对一些数据按照升序或降序排列顺序的问题，如按销量由高到低的顺序显示商品信息、按距离由近到远提供商家信息、按选票数的多少对候选人排名等，因此排序问题是计算科学中一个十分重要的问题。目前已知有几十种排序算法，如冒泡排序、选择排序、希尔排序、归并排序、堆排序、快速排序等。最简单的插入排序和冒泡排序对空间要求不高，但时间效率低，其时间复杂度为 $O(n^2)$；归并排序、希尔排序等对空间要求高，但时间效率较高，其时间复杂度为 $O(n\log_2 n)$。实际应用时需结合具体问题选择合适的排序算法，但无论何种算法，排序问题都是可以计算的，并且计算代价不高。

2. 汉诺塔问题

相传在古印度北部地区贝拿勒丝的圣庙中，有一种被称为汉诺塔（Hanoi）的游戏，如图 1-20 所示。该游戏是在一块铜板装置上，有三根金刚石杆（从左到右编号为 A、B、C），印度教主神梵天在创造世界时，在 A 杆自下而上、由大到小按顺序放置了 64 个金盘。游戏的目标：把 A 杆上的金盘全部移到 C 杆上，并仍保持原有顺序叠好。总有一个僧侣按照下述法则移动金盘：每次只能移动一个盘子，并且在移动过程中三根杆上始终保持大盘在下，小盘在上，操作过程中盘子可以置于 A、B、C 中任一杆上。这个游戏多久可以完成呢？僧侣们预言，当所有的金片都从梵天穿好的那根针上移动到另一根针上时，就可以完成了。

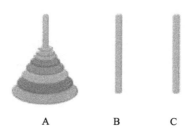

图 1-20　汉诺塔游戏

对于这个问题，可以利用下面的方法来解决。设移动盘子数为 n，为了将这 n 个盘子从 A 杆移动到 C 杆，可以通过以下三步：

1）以 C 杆为中介，从 A 杆将 1 至 $n-1$ 号盘移至 B 杆。

2）将 A 杆中剩下的第 n 号盘移至 C 杆。

3）以 A 杆为中介，从 B 杆将 1 至 $n-1$ 号盘移至 C 杆。

这样就把移动 n 个盘子的问题转化为移动 $n-1$ 个盘子的问题，经过层层递推即可将原问题转化为解决移动 $n-2$、$n-3$……3、2，直到移动 1 个盘子的操作，而移动 1 个盘子的操作是可以直接完成的。这个求解问题的方式就是计算机科学中常用的递归法，也就是将一个求解大规模实例的问题转换为求解小规模实例的问题，通过直接或间接地调用自身算法进行求解。

对于有 64 个盘子的汉诺塔问题需要进行多少次移动呢？按照上面的方法，n 个盘子的汉诺塔问题需要的移动次数是 $n-1$ 个盘子的汉诺塔问题的移动次数的 2 倍加 1，假设 $f(n)$ 为 n 个盘子的移动次数，则 $f(1)=1$，$f(2)=3$，$f(3)=7$。

$$f(n)=2f(n-1)+1$$
$$=2(2f(n-2)+1)+1=2^2f(n-2)+2+1$$
$$=2^3f(n-3)+2^2+2+1$$
$$=\cdots$$
$$=2^{n-1}+\cdots+2^2+2+1$$
$$=2^n-1$$

完成 64 个盘子的汉诺塔问题需要的移动次数是 $2^{64}-1=18\ 446\ 744\ 073\ 709\ 551\ 615$ 次。一年有 $31\ 536\ 000$ 秒，如果每秒移动一次的话，僧侣们一刻不停地移动需要花费时间是 5849 亿年，而地球至今存在大约 46 亿年，太阳系的预期寿命大概有数百亿年。

经过上述分析可以看出，汉诺塔问题属于理论上可以计算的问题，但由于其需要大量的计算资源（时间或存储量），因此实际上并不可行，这属于算法的时间复杂性问题。汉诺塔问题求解算法的时间复杂度可以用指数函数 $O(2^n)$ 表示，当 n 很大时，计算机是无法处理的；反之，当算法的时间复杂度表示函数是一个多项式，如 $O(n^2)$ 时，则可以处理。有关算法的时间复杂性问题将在第 5 章讲解。

3. 国王的婚姻

从前，有个酷爱数学的年轻国王向邻国一位美丽聪明的公主求婚，公主给国王出了一道题：求出 $48\ 770\ 428\ 433\ 377\ 171$ 的一个真因子。国王若在一天内求出，公主便会接受他的求婚。国王回去后立刻开始逐个数进行计算，从早到晚，共算了 3 万多个数，仍未求出结果。国王向公主求情，公主告知国王 $223\ 092\ 827$ 是一个真因子，公主说："我再给你一次机会，如果还求不出，将来你只好做我的证婚人了。"

国王立即回国并向时任宰相的大数学家求教，大数学家在仔细思考后认为，这个数为 17 位，则它最小的一个真因子不会超过 9 位。于是宰相让国王按自然数的顺序给全国的老百姓每人一个编号发下去，等公主给出数目后立即将其通报全国，让每个老百姓用自己的编号去除这个数，除尽了立即上报并赏金万两。最后，国王用这个方法求婚成功。

实际上，这个故事讲的就是一个求大数真因子的问题，由于数字很大，国王第一次采用的是一种顺序求解算法，其复杂性表现在时间方面，时间消耗非常大。宰相采用的是并行的方法，国王通过将可能的数字分发给百姓，才能在有限的时间内求取结果。虽然该方法增加了空间复杂度，但大大降低了时间的消耗，这就是非常典型的分治法，也就是将复杂的问题分而治之。分治法是人类在面临很多复杂问题时经常会采用的解决方法，也可将该方法作为并行的思想看待，而这种思想在计算机中的应用非常多，如现在 CPU 的发展就是如此。

1.3.4 计算复杂性

对于某个特定问题，计算的难度有多大、所需付出的代价如何也是必须考虑的现实因素。计算复杂性理论将多项式时间复杂性作为易解问题与难解问题的分界线。

1. P 类问题和 NP 类问题

多项式（Polynominal，P）类问题是指在多项式时间内可解的问题类，此类问题为易解问题，如排序问题、串匹配问题等。事实上，典型的多项式（如 n^3）与典型的指数（如 2^n）在增长率上存在巨大的差异。例如，当 $n=1000$ 时，n^3 是 10 亿，虽然是大数，但还可以处理，而 2^n 则是一个比宇宙中的原子数还大得多的数。因此，多项式时间的算法是高效的，指数时间的算法是低效的。

非确定性多项式（Nondeterministic Polynominal，NP）类问题是多项式时间可验证的问题类，或者说可以在多项式时间内猜出一个解的问题类，此类问题为难解问题，如汉诺塔问题、TSP 问题等。

非确定性是一种技术表达，指可以猜测到正确答案并在多项式时间内验证。经验表明，验证某个解要比求出某个解容易。例如，大整数的因式分解问题，直接求 9938550 的两个因数是比较困难的，但若有人很幸运地猜出并告知两个数是 1123 和 8850 时，为了判断这个猜想是否正确，可以很容易地用最简单的计算器进行验证。对于难解的问题，不可能每次都能幸运地猜到正确解，也不知道是否存在一个多项式时间的算法，每次都能解决该问题。

面对难解的问题时往往可以有若干选择，首先弄清问题困难的根源后，可能会做某些改动，使问题变得容易解决。其次，可能会转而去求问题的一个并不完美的解。在某些情况下，寻找问题的近似最优解会相对容易一些。例如，课程表的安排必须满足一些限制，如两个班不能在同一时间、同一教室上课，一个班一天安排的课程数不能超过 10 节，同一门课不能同时安排 4 节等。如果有 1000 个班需要排课，即使使用一台超级计算机，也可能需要花费若干世纪的时间才能制定出一份最好的课程表。

2. TSP 问题

旅行商问题（Traveling Salesman Problem，TSP），又称货郎担问题，是指一位商人要去 n 个城市推销货物，城市间的距离已知，商人从某一城市出发，所有城市走一遍后再回到起点，如何事先确定一条最佳线路，使其旅行费用最少。

对于此问题，人们想到的最直接的方法就是首先列出所有可能的路线，然后计算每条路线的长度，最后选出最短的路线。此问题的规则虽然简单，但在城市数量增多后求解却极为复杂。

以四个城市的 TSP 问题为例，假设四个城市分别标记为 A、B、C、D，城市间的距离已知，如图 1-21 所示。

图中从城市 A 出发，共有 6 条可能的路径，各路径及其长度如下：

图 1-21 四城市 TSP 问题示例

路径 ABCDA，长度为 4+6+4+6=20。

路径 ABDCA，长度为 4+2+4+2=12。

路径 ACBDA，长度为 2+6+2+6=16。

路径 ACDBA，长度为 2+4+2+4=12。

路径 ADBCA，长度为 6+2+6+2=16。

路径 ADCBA，长度为 6+4+6+4=20。

旅行商问题要从 n 个城市的所有周游路线中求取最小成本的路线，而从初始点出发的周游路线一共有$(n-1)!$条，即等于除初始结点外的$n-1$个结点的排列数，因此旅行商问题是一个排列组合问题。通过枚举$(n-1)!$条周游路线，从中找出一条具有最小成本的周游路线的算法，其计算时间显然为与$n!$相关的一个数量级。当城市数量不多时能够较为容易地找到最短路线，但随着城市数量的不断增大，组合路线数将呈指数级数规律急剧增长，即使是中等大小的实例，其组合路线的数量也会达到不可思议的数量级，以至无法计算，也就是所谓的"组合爆炸"问题。例如，10 个城市的 TSP 问题大约有 180 000 个可能解，20 个城市的 TSP 问题大约有 1.216×10^{17} 个可能解，若计算机以每秒 1000 万条路线的速度计算，需要花费 386 年的时间。

TSP 问题一直是算法分析与设计领域的一个重要研究内容，也是研究算法时经常采用的一个经典实例。现实世界中很多问题最终都可以归结为 TSP 问题，应用领域遍及传统的物理、化学、现代计算机科学、机器人、集成电路布线、工件排序、生产调度等科技、管理和社会生活诸多领域。此外，TSP 的问题形式也从原来的单一模式衍生出如多人 TSP、带时间窗的 TSP、瓶颈 TSP、非对称 TSP、车辆路径问题等许多变形，如汽车生产线上的汽车涂色问题对应为非对称 TSP 问题、物流配送问题归结为车辆路径问题等。

TSP 问题属于 NP 类问题，本质上难以求解，虽然无法找到有效算法，但在实际应用中必须解决，常采用的方法包括：①精确算法，如割平面法、分支定界法、动态规划法等，此类方法能求解的问题规模较小，实用性较差；②启发式算法（或近似算法），如插入算法、最近邻算法、CW 算法等；③智能型算法，如遗传算法、模拟退火算法、蚁群算法等。

3. RSA 非对称加密算法

可计算性理论与计算复杂性理论密切相关，前者把问题分成可解和不可解的，后者则是把问题分成容易计算和难以计算的。受计算复杂性理论直接影响的一个应用领域是密码技术。在绝大多数领域中，选择容易计算的问题比选择难计算的问题更可取，因为容易计算问题的求解代价更小。密码技术则与众不同，它特别需要难计算的问题，从而加大密码被破解的难度，公开密钥密码系统就是一个典型的例子。

公开密钥密码系统采用的是非对称的加密方法，其加密和解密过程采用不同的密钥，加密密钥用于加密，是公开的，称为公钥；解密密钥用于解密，只有所有者知道，是不公开的，称为私钥。公钥和私钥之间具有紧密联系，一一对应，用公钥加密的信息只能用相应的私钥解密，反之亦然。而要想由一个密钥推知另一个密钥，在计算上是不可行的。公开密钥密码系统不仅可以用来对信息加密，还可以实现对信息发送者的身份验证和数字签名，从而防止对电文的否认、抵赖以及对电文的非法篡改。

迄今为止的所有公钥密码体系中，RSA 算法是最著名、使用最广泛的一种公钥加密算法，已被国际标准化组织（ISO）推荐为公钥数据加密标准。RSA 算法是 1977 年由 Ron Rivest、Adi Shamirh 和 Leonard Adleman 在美国麻省理工学院提出的，RSA 取名来自于他们三人名字的首字母。RSA 公钥加密算法基于一个十分简单的数论事实：将两个大素数相乘十分容易，但想要对其乘积进行因式分解却极其困难，因此可以将乘积公开作为加密密钥。

4. 阿姆达尔定律

在第 1.3.3 节介绍的国王的婚姻问题中，国王在第一次采用顺序的求解方法失败后，第二次采用了并行方法求得答案并成功娶到了公主。为此，对于难解性问题，人们可能就会产生这样的疑问：顺序算法解决不了的问题是否可以用并行算法求解？求解速度能否伴随处理器数目的增加而不断提高，从而解决难解性问题？对于该问题，阿姆达尔定律给出了解答。

阿姆达尔定律是计算机系统设计的重要定量原理之一，于 1967 年由 IBM360 系列机的主要设计者阿姆达尔提出。阿姆达尔定律是指，系统中对某一部件采用更快执行方式所能获得的系统性能改进程度，取决于这种执行方式被使用的频率，或所占总执行时间的比例。对于并行系统，阿姆达尔给出了如下结论：

设 S 为固定负载情况下描述并行处理效果的加速比，f 为串行计算部分所占比例，a 为并行计算部分所占比例，n 为并行处理节点个数，则有

$$S \leqslant 1/(1-a+a/n)$$

设 $a=99\%$，$n \to \infty$，则 $f=1\%$，由上式计算可得 $S=100$。这说明在并行计算机系统中即使有无穷多个处理器，若串行操作占全部操作的 1%，则其解题速度与单处理器的计算机相比最多只能提高 100 倍。

当将一个问题分解到多个处理器上求解时，因算法中不可避免地存在必须串行执行的操作，从而极大限制了并行计算机系统的加速能力。因此，对于难解性问题，单纯提高计算机系统的速度远远不够，如何降低算法复杂度的数量级才是最关键的问题。

1.4 计算科学与学科

本节将对计算和计算机相关科学与学科的概念和定义进行简单说明，以便读者理解和学习。

1.4.1 计算机科学与计算科学

"计算机科学"和"计算科学"的概念在学术界有不断演化的定义，并无统一的标准。从计算的角度看，计算科学（Computational Science）又称为科学计算，它是一种与数学模型构建、定量分析方法以及利用计算机来分析和解决问题相关的研究领域。

从计算机的角度看，计算科学（Computing Science）是应用高性能计算能力来预测和了解客观世界物质运动或复杂现象演化规律的科学，包括数值模拟、工程仿真、高效计算机系统和应用软件等。

图灵奖得主，荷兰著名计算机科学家埃德斯加·迪杰斯特拉（Edsger W. Dijkstra）有一句名言：计算机之于计算机科学，正如望远镜之于天文学（Computer science is no more about computers than astronomy is about telescopes）。

纽厄尔（Allen Newell）、西蒙（Herbert A. Simon）和佩利（A. J. Perlis）三位图灵奖得主认为：计算机科学是研究计算机及其周边的各种现象和规律的科学。计算机科学可分为理论计算机科学与应用计算机科学两部分，自动执行是计算机科学区别于数学、自然科学和社会科学的主要特点。计算机科学研究的范围很广，如理论计算机科学领域的形式语言和自动机理论、程序语言理论、算法与计算复杂性理论、计算机系统结构、计算理论和应用计算机科学领域的计算机图形学和可视化、软件工程、人工智能等诸多方面。

1.4.2 计算机学科与计算学科

学科是指知识或学习的一门分科，尤指在学习制度中，为了教学将其作为一个完整的部分进行安排。学科是高校教学和科研的细胞组织，如我国高等教育划分为 12 个学科门类，分别是：哲学、经济学、法学、教育学、文学、历史学、理学、工学、农学、医学、管理学、艺术学。计算学科来源于对数理逻辑、计算模型、算法理论和自动计算机器的研究，始于 20 世纪 30 年代后期。

从计算的角度看，利用计算科学对其他学科中的问题进行计算机模拟或其他形式的计算而形成的学科统称计算学科（Computational Discipline），如计算物理、计算化学、计算生物等。

从计算机的角度看，计算学科（Computing Discipline）是对描述和变换信息的算法过程进行系统的研究，包括算法过程的理论、分析、设计、效率分析、实现和应用等。计算学科的基本问题是什么能被（有效地）自动进行。

计算机学科（Computer Discipline）是研究计算机的设计与制造，以及利用计算机进行信息获取、表示、存储、处理、控制等的理论、原则、方法和技术的学科。该学科包含科学和技术两方面，前者侧重于研究现象与揭示规律，后者侧重于研制计算机及通过计算机进行信息处理的方法和手段，因此，又将此学科称为计算机科学与技术。

■ 延展阅读 ▶▶▶

中国超级计算机

改革开放 40 余年，中国超级计算机经历了从无到有、从跟跑到局部领先、从关键核心技术引进到全方位自主创新的艰难发展历程。从"银河""天河"到"神威太湖之光"，中国超级计算机 11 次拿下世界第一，高端应用连续两次获得国际高性能计算机的最高奖——戈登贝尔奖。"多年来，中、美、日等国在超级计算机领域的竞争，实际就是科技实力与综合国力的竞争。"拥有超级计算机，对国家安全、科技进步、经济社会发展具有举足轻重的意义。

20 世纪 70 年代初，美国率先研制出每秒运行 1 亿次的超级计算机，随后日本也研制出自己的超级计算机。超级计算机的面世及其强大的数据处理能力在国际计算机领域引发强烈反响，国际上对超级计算机的需求猛增。发达国家在重点产业领域，利用超级计算机取得了多方面的突破。当时，美国、日本等国在一些关键核心技术上，对中国全面封锁。

以石油物探为例，当时石油物探的数据用磁带记录，数据磁带多到需要用卡车装运。受限于我国计算处理能力不足，部分石油矿藏数据和资料不得不空运到国外处理，不仅耗费巨大、处理时限无法满足工作需要，更重要的是会导致我国战略性勘探资料无密可保。

我国从 1978 年开始启动超级计算机的研制工作，由于当时技术基础、生产工艺等都与先进国家存在巨大差距，而且国际上对我国开始进行严厉的技术封锁，要把计算速度提升到每秒 1 亿次，困难重重。

以国防科技大学计算机研究所所长慈云桂为代表的研发团队踏上了我国巨型机的研制征程，当时已满 60 岁的慈云桂立下军令状：一亿次一次不少；六年时间一天不拖；预算经费一分不超。5 年后，研发团队突破关键技术，完成整体设计，比原计划提前一年成功研制出"银河-I"巨型计算机。

1983 年 12 月，我国第一台亿次巨型计算机"银河-I"正式通过国家技术鉴定，系统达到并超过了预定的性能指标，机器整体稳定可靠，并且只用了原计划经费的 1/5。我国成为继美国、日本之后第三个具备研制巨型机能力的国家。

以"银河-I"为主机系统，石油部门建立了自己的石油地震数据处理系统。1992 年 11 月，"银河-II"研制成功，应用于国家气象中心后，中心建立了中期数字天气预报系统，使我国成为当时世界上少数几个能进行 5～7 天中长期天气预报的国家之一。

进入 21 世纪，随着我国各项事业的蓬勃发展，速度更快、容量更大的超级计算机成为迫切需求。2009 年 5 月，科技部批准成立国家超级计算天津中心，随后又批准成立了深圳、济南、长沙、广州、无锡、郑州共 7 个国家级超算中心。"天河一号""神威蓝光""曙光星云""天河二号""神威·太湖之光"等一批超级计算机在超算中心完成部署和应用，开创了我国自主超级计算技术创新与产业化的跨越式发展新历程。

2009 年 10 月，我国首台千万亿次超级计算机系统"天河一号"问世。2010 年 11 月，"天河一号"超级计算机系统以峰值速度 4700 万亿次的高性能排名同期世界超算 500 强榜单的榜首，标志着我国高性能计算机的研制技术步入世界领先行列。2013 年 6 月，"天河二号"超级计算机以峰值速度 5.49 亿亿次重回世界超算 500 强榜单的榜首并蝉联六连冠。

2015 年 12 月 31 日，我国第一台全部采用国产处理器构建的超级计算机"神威·太湖之光"研制完成，以每秒 9.3 亿亿次的浮点运算速度连续 4 次在全球超级计算机比赛中夺冠。其中，2016 年 11 月，基于"神威·太湖之光"运行的高性能计算应用项目获得国际高性能计算应用领域最高奖——"戈登贝尔"奖，成为我国高性能计算应用发展的一个里程碑式的成就。

从 1993 年起，美、德两国联合编制了"TOP500（全球超级计算机 500 强）"榜单，榜单每半年更新一次。2001 年以前，我国没有一台机器能入围 TOP500，但到了 2010 年，"天河一号"横空出世，荣登超算榜首。2013 年起，"天河二号"豪取六连冠。"中国军团"崛起速度之快，令人瞩目，当然也令人眼红。2015 年，美国对中国施行超算芯片禁售，给"天河二号"的升级带来麻烦。2016 年 6 月，在 TOP500 第 47 届榜单上，中国制造的"神威·太湖之光"荣登冠军宝座。这台 100% 使用"中国芯"的新晋王者，计算速度每秒超过十亿亿次，速度比其前任快了近 2 倍，效率提升了 3 倍。"神威"和"天河"在随后 3 届榜单上蝉联冠亚军，直到 2018 年 6 月才被美国的"Summit"（"顶点"）反超。虽然在性能上暂时落后美国，但我国的集团优势已经形成，在入围的整体数量上领先。"神威"的成功充分说明，只有掌握自主权才有出路，才能不受制于人。2021 年 6 月 TOP500 榜单中，日本"富岳"和美国"顶点"分别排名前两位。中国共有 186 台超算上榜，其中"神威太湖之光"排名第四，虽然上榜数量比上一次的 212 台减少了 26 台，但仍蝉联世界第一，说明中国仍是世界第一超算大国。

超级计算机是为解决工程和科学中的重大难题而生，中、美、日、韩等国之间曾经的超算运算速度之争已演变为如今的超算应用领域之争。十多年来，中国超级计算闯出了一条技术创新与应用创新深度融合的新路，从国防建设、科技创新、国民经济发展等各个方面，都离不开超算这个"超级大脑"的强大支撑，例如，卫星在太空的运行轨迹模拟，药物筛选和疾病机理研究的开展，癌症、禽流感等药物的加快研发；治疗传染病的方法找寻和疫苗的研发，以及预测感染人数；在军事领域，可用于原子弹爆炸模拟、超高音速模拟实验、战争推演等。下面列举几个知名的案例。

1）助力完成 2008 年北京奥运会开幕式实时的"卷轴"渲染及大量数字媒体效果。

2）承担"神舟五号""神舟六号""神舟七号"载人飞船从发射到回收的全过程的目标轨道计算、空间碎片定轨计算、控制飞船入轨、发射气象气候监测、飞船发射窗口分析等任务。

3）2013 年 12 月 15 日，"嫦娥三号"在月球表面成功软着陆，"曙光"高性能计算机对其轨道设计、实时计算以及快速、毫秒必争的预报起到重要保障作用。

历经几代科研人员的艰辛努力，我国超级计算机逐渐具备了从无到有、从自主微处理器、自主互联、自主软件系统到自主应用的全方位自主创新研制能力，共同铸就了今日中国超算强国的地位。

高性能计算领域的"下一座珠峰"是 E 级超级计算机，即每秒可进行百亿亿次运算的超级计算机。E 级超级计算机将为解决全球的能源、环境及气候气象等重大难题发挥作用，每一个国家都希望尽快研制出 E 级超级计算机。目前，中国、美国、日本和欧盟各国先后部署了 E 级超级计算机的研制计划，计划在 2020 年至 2025 年完成 E 级超级计算机的研制。

知名人物

　　巴贝奇（Charles Babbage），英国数学家、发明家兼机械工程师。由于提出了差分机与分析机的设计概念（并有部分实做机器），被视为计算机先驱。巴贝奇设计计算机器的基本想法是利用"机器"将计算到印刷的过程全部自动化，能够避免因人为因素导致的错误，如计算错误、抄写错误、校对错误、印制错误等。而差分机一号（Difference Engine No.1）则是利用 N 次多项式求值会有共通的 N 次阶差的特性，以齿轮运转带动十进制的数值相加减、进位。差分机一号由英国政府出资，工匠 Joseph Clement 打造，预计完工需要 25000 个零件（大致均分在计算和印刷两部分），重达 4 吨，可计算到第六阶差，最高可以存 16 位数（相当于千兆的数）。但因为大量精密零件制造困难，加上巴贝奇不停地边制造边修改设计，从 1822 到 1832 年的十年间，巴贝奇只能拿出完成品的 1/7 部分来展示，不过差分机运转的精密程度仍令当时的人们叹为观止，至今依然是人类踏进科技的一个重大起步。

　　图灵（Alan Mathison Turing），英国数学家、逻辑学家、密码学家，计算机逻辑的奠基者，曾协助英国军方破解德国的著名密码系统 Enigma，帮助盟军取得了二战的胜利，被誉为计算机科学之父、人工智能之父。1937 年，图灵在伦敦权威数学杂志《伦敦数学会文集》发表其成名作《论可计算数及其在判定问题中的应用》，他在论文附录中描述了一种可以辅助数学研究的机器，后被称为"图灵机"。该设想第一次在纯数学的符号逻辑和实体世界之间建立了联系，图灵机模型为现代计算机的逻辑工作方式奠定了基础。1950 年，图灵发表《机器能思考吗》的论文，在文中描述了一种用于判定机器是否具有智能的测试方法，即图灵测试，如果有机器能够通过图灵测试，那它就是一个完全意义上的智能机，和人没有区别。为纪念图灵在计算机领域的突出贡献，美国计算机协会（ACM）将其于 1966 年设立的计算机届最高奖项定名为"图灵奖"。

　　约翰·冯·诺依曼（John von Neumann），美籍匈牙利数学家、计算机科学家、物理学家，20 世纪最重要的数学家之一。冯·诺依曼是罗兰大学数学博士，是现代计算机、博弈论、核武器和生化武器等领域的科学全才之一，被后人称为"现代计算机之父""博弈论之父"。历任普林斯顿大学教授、普林斯顿高等研究院教授，入选美国原子能委员会会员、美国国家科学院院士。早期以算子理论、共振论、量子理论、集合论等方面的研究闻名，开创了冯·诺依曼代数。在二战期间曾参与曼哈顿计划，为第一颗原子弹的研制做出了贡献。

习 题

1.1　简述计算机的产生及发展历史。

1.2　简述计算的概念，与人脑计算相比，使用计算机计算需要关注哪些方面？

1.3　简述冯·诺依曼思想及冯·诺依曼体系结构计算机的基本组成。

1.4　简述可计算性及计算复杂性。

1.5　举例说明理论上可行的计算问题实际上并不一定可行。

1.6　以"我身边的计算机技术"为主题，每组学生自由选择具体内容，与大家分享自己所感兴趣、有切身体会的技术发展历程，如计算机游戏、编程语言、文字处理、交友方式、机器人、智能家居、电子商务、舆情传播、个人计算机、计算机对生活方式的影响等。

第②章

计算思维

导读

　　著名科学家爱因斯坦曾经说过：想象力比知识更重要，因为知识是有限的，而想象力概括着世界上的一切，是知识进化的源泉，推动着社会的进步。要是没有能独立思考和独立创造能力的人，社会的向上发展就会不可想象。

　　当前计算机应用无处不在，各学科专业的发展都需要计算机科技的支持。作为一种运用计算机科学的基础概念进行问题求解的基本方法，本章首先介绍了计算思维的概念及其本质与特征，分析了计算思维与传统思维的区别与联系，通过典型实例描述了利用计算思维求解问题的方法，介绍了计算思维在日常生活及其他学科中的应用。

本章知识点

➢　计算思维的概念

➢　计算思维的特点

➢　计算思维与传统思维

2.1　计算思维概述

　　图灵奖得主迪杰斯特拉曾在 1972 年说过：我们所使用的工具影响着我们的思维方式和思维习惯，从而也深刻地影响我们的思维能力，这就是著名的"工具影响思维"的论点。计算机科学不仅提供一种科技工具、一套知识体系，更重要的是提供了一种从信息变换角度有效定义、分析和解决问题的思维方式，即作为计算机科学主线的计算思维。计算思维是计算时代的产物，是相关学者在审视计算机科学所蕴含的思想和方法时被挖掘出来的。随着计算机应用的无处不在、信息化的全面普及以及海量的数据积累，计算思维成为人们认识和解决问题的重要思维方式之一，与理论思维和实验思维并肩。

2.1.1 计算思维的概念

2006 年 3 月，美国卡内基梅隆大学的计算机科学家周以真教授（Jeannette M.Wing）在美国计算机权威期刊 ACM 通信（*Communications of the ACM*）上发表名为"计算思维"（Computational Thinking）的文章，文中对计算思维进行了定义：计算思维是运用计算机科学的基础概念进行问题求解、系统设计以及人类行为理解等一系列思维活动的统称。计算思维直面机器智能的不解之谜，即：什么问题人类能比计算机做得更好？什么问题计算机能比人类做得更好？它涉及这样的问题，即什么是可计算的？

图灵奖获得者理查德·卡普（Richard M. Karp）认为，自然问题和社会问题自身就蕴含丰富的属于计算的演化规律，这些演化规律伴随着物质、能量以及信息的变换。正确提取这些信息变换，并通过恰当的方式表达出来，使之成为利用计算机处理的形式，这就是基于计算思维概念解决自然和社会问题的基本原理和方法论。

计算思维中的"计算"是广义的计算，它提出了面向问题解决的一系列观点和方法，从而有助于人们更为深刻地理解计算的本质以及计算机求解问题的核心思想。也就是说，当人们在处理诸如问题求解、系统设计等方面的问题并对其进行描述与规划时都会涉及计算思维，而计算机的出现使得计算思维的研究与发展发生了根本性转变。

自 2006 年周以真教授提出以来，计算思维的培养成为世界各国教育发展的趋势之一，计算思维已成为人们认识和解决问题的重要思维方式，成为与理论和实验思维并肩的三大思维方式之一。经过十多年发展，在大数据和人工智能的推动下，计算思维从概念和实践上都有了新的飞跃。联合国教科文组织于 2019 年发布的《教育中的人工智能：可持续发展的挑战与机遇》中指出，计算思维已成为使学习者在人工智能驱动的社会中蓬勃发展的关键能力之一。伴随数字经济的到来，社会生产与生活中计算程度日益加剧，如何将计算机这种自动处理信息的能力应用到更为广泛的领域得到更多关注。

2.1.2 计算思维的本质

计算思维的本质是抽象（Abstract）和自动化（Automation），它反映了计算的根本问题，即什么能被有效地自动执行。从操作层面看，计算思维就是要确定合适的抽象，选择合适的计算方法和计算工具去解释、执行该抽象。

抽象就是对事物的性质、状态及其变化过程（规律）进行符号化描述，只保留某些重要特征以便于计算处理复杂问题。人类认识陌生事物，通常是先具象再抽象。例如，小学应用题"小明有 20 元零花钱，中午买了一块蛋糕花了 8 元，问他还剩余多少元？"，或者说"商店从厂家购进 20 箱牛奶，卖出了 8 箱，问还剩多少箱？"。显然，以上两个问题都可以抽象成"20-8=？"的算术运算题，更进一步，任何相似场景都可以抽象为求 $x-y$ 这样的两数相减的问题，即只考虑问题的数量和计算特征，而忽略是买蛋糕、还是卖牛奶等与计算无关的其他信息。

计算思维中的抽象超越了物理的时空观，可以完全用符号表示，数学抽象只是其中的一个特例。与数学抽象相比，计算思维中的抽象更加丰富、更为复杂。数学抽象的特点是抛开事物的物理、化学以及生物等特性，仅保留其量的特性和空间形式。计算思维中的抽象不仅限于此，其涉及的数据类型和计算更加复杂，例如，用数字表示文本、声音、图形、图像等。

计算思维中的抽象可以划分为不同层次，可以根据抽象的不同层次有选择地忽视某些细节，最终控制系统的复杂性。例如，在网店购买图书时，可以根据自身不同需要，按照书名信息进行精确查询或根据内容进行模糊查询，相应的，查询结果中图书信息展示的细节层次也会有所不同；通过外卖平台订餐时骑手的定位跟电商平台网购时的快递物流追踪也有较大差别，前者因为时效性要求，可以精确显示骑手与用户的距离，精确到米，而后者大多仅显示快递所在城市或区域即可；当通过微信发送消息时，实际需要通过不同抽象级的多层网络协议才能实现，普通用户则不必事先掌握网络传输知识。

计算思维中抽象的最终目的是能够机械地一步步自动执行，计算工具基于某种方法自动执行问题的求解过程，即计算思维的自动化特征。计算思维建立在计算工具的能力和限制之上，由人控制机器自动执行。程序自动执行的特性使原本无法由人类完成的问题求解和系统设计成为可能，如前面章节讲到的 TSP 问题、汉诺塔问题等。为确保机械的自动化，需在抽象过程中进行精确、严格的符号标记和建模，同时要求计算机系统或软件系统生产商能够提供各种不同抽象层次之间的翻译工具。作为抽象的最高层次，可以使用模型化方法，建立抽象水平较高的适当模型，然后根据模型实现计算机表示和处理。

国际教育技术协会（ISTE）和计算机科学教师协会（CSTA）在 2011 年给出了计算思维的一个可操作性定义，即计算思维是一个包含如下特征的问题解决过程：

1）形式化问题，并能够借助计算机和其他工具解决问题。

2）合理组织和分析数据。

3）通过抽象（如模型、仿真等）的方式呈现数据。

4）通过算法（一系列有序步骤）思想支持自动化的解决方案。

5）分析可能的方案，找到最有效的方案，并有效应用这些方案和资源。

6）将该问题的求解过程进行推广，并移植到更广泛的问题中。

计算思维的核心是解决问题的思维与能力，该思维并非一个伴随计算机的出现而产生的概念，其思想早在中国古代数学中就有体现，只不过由周以真教授进行了清晰化和系统化。中国古代学者认为，当一个问题能够在算盘上解算的时候，这个问题就是可解的，这就是中国的"算法化"思想。中国科学院院士吴文俊正是在这一基础上，围绕几何定理的证明展开研究，开拓了一个在国际上被称为"吴方法"的新领域——数学的机械化领域，即把逻辑推理问题转换为计算问题，用计算机证明几何定理。为此，吴文俊院士获得了 2000 年首届国家最高科学技术奖。

2.1.3　计算思维的特征

周以真指出，"计算思维是人类求解问题的一条途径，但绝非试图使人类像计算机那样思考"，计算思维具有如下特征：

1）计算思维是概念化，而非程序化。计算机科学不等于计算机编程，像计算机科学家一样思考不仅仅意味着能够给计算机编程，它需要在多个抽象层次上进行思考。

2）计算思维是能力，而非刻板的技能。计算思维是分析和解决问题的能力，而非单纯学习某种软件的使用这样一种刻板的、机械的重复。

3）计算思维是人的思维，而非计算机的思维。计算思维是人类求解问题的一种重要方法，而非让人像计算机那样思考。计算机是一个枯燥、沉闷的机械装置，人类则具有智慧和想象力，是人类赋予了计算机激情。有了计算设备的支持，人类就可以用自身智慧去解决那些在计算时代之前不敢尝试的问题。例如，AlphaGo 战胜著名围棋大师并不意味着机器具有思维，而是人类赋予了机器"人的思维"，从而达到"只有想不到，没有做不到"的境界。

4）计算思维是数学和工程思维的互补与融合。计算机科学在本质上源自数学思维，其形式化基础构筑于数学之上。计算机科学从本质上又源自工程思维，因为人们建造的是能够与现实世界互动的系统，由于受底层计算设备和应用场景的限制，计算思维比数学思维更加具体，更加受限。因此，计算机科学家必须从计算角度思考，而不能仅考虑数学性思考。此外，计算思维比工程思维有更大的想象空间，可以运用计算技术构造出超越物理世界的各种系统。

5）计算思维是思想，而非人造品。计算思维不仅以软件、硬件等人造物品的形式呈现并时刻影响人们的生活，更重要的是计算概念，这种概念能用于问题求解、日常生活管理、与他人交流互动等与计算相关的多种场景。

6）计算思维面向所有人。当计算思维真正融入人类活动，成为人人都掌握、处处被使用的问题求解工具，且不再表现为一种显式哲学时，就成为一种人类特有的思想。

2.2 计算思维与传统思维

综合看来，计算思维就是在计算机科学的基础上定义、理解和解决问题。计算思维建立在计算过程的能力和限制之上，这是计算思维区别于其他思维方式的一个重要特征。因此，在用计算机解决问题时要遵循的基本原则是，既要充分利用计算机的计算和存储能力，又不能超出计算机的能力范围。计算思维在实践中共用了算法思维、编程思维、数学思维和工程思维，几种思维之间的关系如图 2-1 所示。

图 2-1 思维关系图

2.2.1 算法思维

当去图书馆借书时，首先会在图书馆计算机上查找是否有想要的书籍，然后根据系统提供的索引信息确定图书所在的区域和位置，接下来就是规划合适的路线以到达图书所在的书架，最后根据书的编号找到想要的图书。在借书时并非漫无目的地乱找，否则无异于大海捞针，这个过程就体现了算法思维。

根据周以真的定义，算法思维是计算思维的核心概念之一，培养学生的算法思维可有效促进其计算思维的发展。算法思维（Algorithmic Thinking）是理解计算机科学的关键，与构建和理解算法的指令有关，包括功能分解、重复（迭代和/或递归）、基本数据组织（记录、数组、列表）、泛化和参数化、算法和程序、自顶向下的设计和细化。算法思维就是能清楚说明问题解决的方法，能够将一个复杂问题转化为若干子问题并进一步简化，以达到解决问题的目的。算法思维还能够明确并分析问题解决方法的优劣，能够设计与构造操作步骤更少、更经济的算法。本书第 5 章将对算法的概念及常用算法进行详细描述。

2.2.2 编程思维

编程思维（Programming/Coding Thinking）是以程序的方式来思考，并通过分析概念的本质和属性来解决问题，简单来说，就是从发现问题到解决问题的思维过程，由分解思维、抽象思维、模式识别、算法执行四个步骤构成。

分解思维将一个大问题分解为若干更容易解决的小问题，即把复杂问题简单化。例如，申请汽车驾驶执照的问题可以分解为报名、学车及参加考试几个小问题。当然，还可以将后面两个问题进一步细分为科目 1、科目 2 等各科的学习及考试问题。

抽象思维是在分析事物时抽取事物最本质的特性而形成概念，并运用概念进行推理、判断的思维活动。抽象思维以文字、数字或抽象符号作为思维活动的载体。例如，用 x 对具体数字进行抽象，用☆的多少代表等级的高低等。

模式识别简单来说就是找到事物规律，找出不同问题中的相似模式，制定规则以举一反三解决更一般的问题。例如，英语动词的进行时态是在单词后加 ing，一些特殊的单词是去 e 加 ing，或者 ie 变 y 加 ing，这就是英语单词一个时态的规律，实际上就是一个模式识别的过程。当掌握了这个规律以后，学习英语的过程就可以不断复制并重复执行该过程。又如，在网上购买商品时，可以将购买过程分解为查找商品、查看商品信息、选择商品、下单支付等几个流程；在选择商品时可以从商品销量、商品价格、用户评价、商家距离等多个角度出发，以升序或降序的方式查看商品信息，但无论选择哪个角度、升序还是降序，其本质都是若干数据的排序问题；不论购买什么商品，都是按顺序重复执行以上流程。

编程思维显然离不开程序的编写，编写程序是培养计算思维最重要的手段。通过编程，将以上过程中涉及的具体算法转换为程序，然后执行算法就可以切实解决问题。编程思维包括框架思维、拆解思维、函数思维等，它要求学习者理解编程语言也是一种语言，了解计算机的代码如何解释，认识一些基本的逻辑结构，明确为达到问题求解目标可以有不同方法以供选择。

2.2.3 数学思维

数学思维（Mathematical Thinking）是一种看待事物的方式，即把事物分解成数字、结构或逻辑的本质，并分析潜在的模式，其最大的认知特征是概念化、抽象化、模式化。在解决问题时强调定义和概念，明确问题条件，把握其中的函数关系，通过抽象、归纳、推导和证明，将概念和定义、数学模型、计算方法等与现实事物建立联系。

数学思维是大脑的思维，解决问题的方式是人脑所擅长的抽象、归纳、推导和证明等；计算思维同样是大脑的思维，解决问题采用的是计算机科学领域的思想、原理与方法，采用计算工具能够实现的方式进行操作。

计算思维与数学思维在本质上非常相似，计算思维吸收了数学思维的部分理论和方法用以解决问题，如抽象化、模式化等，二者的发展具有正相关性。数学思维所形成的解决方案可以单纯依靠人的大脑实现，而经过计算思维形成的解决方案，大都可以借助计算工具，通过机器的"自动执行"实现，例如，前面提到的对前100个自然数的求和问题可以靠人脑计算，但当要求和的自然数更多时，通过机器计算显然更方便。

2.2.4 工程思维

工程思维（Engineering Thinking）是在工程的设计和研究中形成的思维，是运用各种知识解决工程实践问题的核心。作为一种筹划型的思维方式，工程思维要求逻辑地发现主客体的属性，将主客体之间的各种价值联系非逻辑地复合在一起，并识别和评价出最佳的解决方案。工程思维可分为逻辑思维、形象思维和顿悟思维。工程思维最大的特点就是要在时间、成本、质量等约束条件下"把事情做成"，即"交付可靠、可用的成果"。科学研究就没有这些限制，因为在一开始，就不知道具体的方向在哪里。

相比较而言，"科学思维"是认识规律、发现规则，不关注于实际应用；而工程思维就是要"脚踏实地"，将科学家发现的原理转化并实际应用。从解决问题的视角，计算思维可以说是工程思维的一个组成部分，但计算思维强调的是在计算机科学基础上的问题解决，在实践中继承了工程思维的统筹特性。

综上，计算思维根据计算机科学领域特有的问题解决方法，对问题进行抽象和界定，通过量化、建模、算法设计和编程等方式，形成可供计算机处理的解决方案。

2.3 计算思维应用举例

作为一种与计算机及其特有的问题求解方法密切相关的思维形式，计算思维可以使人们根据自身工作和生活的需要，在不同的应用层面上基于该思维去解决问题。本节将列举一些基于计算思维求解问题的实例，讨论计算思维在不同学科领域的影响及应用。

2.3.1 计算思维与日常生活

计算思维与生活密切相关，日常生活中的很多做法都体现出计算思维的思想。例如，打算周末请朋友来家里吃饭，为此需要事先做哪些准备呢？第一步，确定做多少道菜，主食是什么，做什么汤；第二步，确定采购哪些食材，采购数量；第三步，根据菜品的不同，加工及分配食材；第四步，开始做菜。炒菜的模式基本相同，如放油、加工食材、添加调料等；而炖菜则与炒菜不同，需要更多的水和时间，但无论炖鸡还是炖鸭，其模式是相同的。当然，最后都需要落实到你所拥有的加工工具上，传统煤气灶具和微波炉、烤箱、电饭煲等不同的厨具能够加工的食物是不一样的。

又比如，放学回宿舍后发现钥匙找不到了，此时会顺着原路返回寻找，这就体现了算法中的回溯思想；早晨上学时，把当天所需要的东西放进背包，这就是"预置和缓存"；在超市结账付款时，决定排哪个队，这就是"多服务器系统"的性能模型。可见，计算思维与人们的工作与生活密切相关，计算思维应当成为人类不可或缺的一种生存能力。

2.3.2 计算思维典型案例

1. 七桥问题

18 世纪初普鲁士的哥尼斯堡城有一条河穿过，河上有两个小岛，有七座桥把两个岛与河岸联系起来，如图 2-2 所示。当地居民喜欢散步，并提出这样一个问题：一个步行者怎样操作才能不重复、不遗漏地一次走完七座桥，最后返回起点。

当时很多人都探讨了这个问题，百思不得其解。图论奠基人、瑞士数学家欧拉（Euler）在 1736 年对七桥问题进行了解答。他的具体做法是保留问题最本质的部分，忽略如桥的长度、宽度等非本质的部分，将陆地抽象为点、桥抽象为线，从而把问题归结为如图 2-3 所示的简单的点和线连接的一笔画问题，即能否从某一点开始，一笔不重复地画出此图形，最后回到出发点。欧拉证明了上述走法是不存在的，其本质原因在于，图中每个点所关联的都是奇数条边。欧拉给出了连通图可以一笔画的充要条件：奇点（与一个点相连的线条的数目如果是奇数条，就称为奇点，如果是偶数条就称为偶点）的数目不是 0 个就是 2 个，要想一笔画成，必须中间点均是偶点，也就是有来路必有另一条去路，奇点只可能在两端，因此任何能一笔画成的图，奇点要么没有，要么在两端。

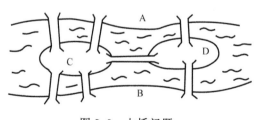

图 2-2　七桥问题

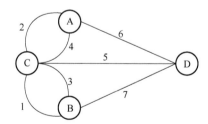

图 2-3　七桥问题模型

七桥问题是对问题进行抽象处理的典型实例，如何抽象、忽略哪些信息、保留哪些信息是根据问题决定的。例如，运动物体中的相遇问题和火车过桥问题就是两种抽象化的方式。相遇问题一般把运动的物体或者人都抽象化成一个点，点在线上移动，然后再去解决问题。但对于火车过桥问题，就要考虑火车的长度，不能抽象为一个点，而是抽象成一条线。

2. 四色问题

计算思维优势的最典型体现就是"四色问题"的解决，如图 2-4 所示。四色问题又称四色猜想、四色定理，由英国一位大学生于 1852 年提出。四色问题要求证明，在平面地图上只用四种颜色就可以使任何复杂形状的各块相邻区域间颜色不会重复，也就是说，相互之间都有交界的区域最多只能有四块。用数学语言表示，就是将平面任意细分为不相重叠的区域，每一个区域总可以用 1、2、3、4 这四个数字之一来标记，且不会使相邻的两个区域得到相同的数字。四色问题是公认的数学难题，与哥德巴赫猜想、费马大定理一起被称为世界三大著名数学难题。

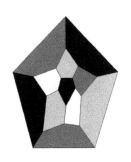

图 2-4 四色问题

四色问题实际上是染色数和图形结构的关系问题，区域数越多，可能的构形也就越多。该问题自提出以来，经过数百位数学家的努力，直至 1976 年 6 月，美国伊利诺伊大学两位数学家阿佩尔（Appel）与哈肯（Haken）凭借计算机"不畏重复不惧枯燥"、快速高效的优势，利用两台计算机，耗费将近 1200 小时，验证了 100 多亿个逻辑判断，终于完成了四色定理的证明。

此外，像前面章节中介绍的汉诺塔问题、TSP 问题以及后续章节介绍的斐波那契数列等许多问题都属于计算思维求解的典型问题。

2.3.3 计算思维与其他学科

诺贝尔物理学奖获得者威尔森（J.W.Willson）于 1989 年发文，认为计算是所有科学的研究范式之一，区别于理论和实验，所有的学科都面临算法化的"巨大挑战"，所有涉及自然和社会现象的研究都需要通过计算模型做出新发现和推进学科发展。2011 年图灵奖得主朱迪亚·珀尔（J.Pearl）也多次强调了模型在科学研究中的重要性。诺贝尔生理学或医学奖得主戴维·巴尔的摩（D.Baltimore）于 2001 年发文，认为生物学是信息科学。Denning 也于 2017 年发文指出，计算思维最本质的概念是计算模型。作为现代科学，模型是十分重要和基础的，包括社会科学和人文科学在内的所有学科的研究都是在一个或者几个模型架构上展开的，区别在于，不同学科采用的模型结构和性质有所不同。现代计算机的诞生，使人类可以解决那些之前不敢尝试的问题，计算机科学与其他领域科学家合作解决了许多相关领域的难题，诞生了新的交叉学科。

1. 生物信息学

生物信息学（Bioinformatics）是伴随人类基因组计划发展起来的新兴交叉学科，是由生物学、计算机科学、数学和统计学等多学科交叉融合而形成的一门综合学科，其实质是利用计算机技术分析和处理不同类型的生物分子数据，以发掘数据中蕴涵的生物学意义。其研究内容大致包括三个方面：新算法和统计学方法研究，各类数据的分析和解释，研制有效利用和管理数据的新工具。

生物信息学的研究重点主要体现在基因组学和蛋白质组学两方面，具体来说就是从核酸和蛋白质序列出发，把基因组 DNA 序列信息分析作为源头，在获得基因序列和蛋白质编码区的信息后，进行蛋白质功能、结构的模拟和预测等；然后依据特定蛋白质的功能进行必要的药物设计等一系列应用性研究。例如，生命科学研究者利用软件工具从海量序列中发现基因的表达调控以及分子进化的模式规律，利用计算机模拟细胞间蛋白质的交换，发现控制西红柿大小的基因与人体癌症的控制基因拥有相似性。

2. 化学信息学

化学是一门以实验为基础的古老学科，科学家们致力于探索新物质的各类化学属性。随着实验技术的进步，人们获取数据的能力已有了很大的提高。时至今日，面对呈指数增长的化学数据，化学家们发现，在本学科的探索中，最大的瓶颈已不再是如何获取未知物质的性质，而是如何从已有的大量实验数据中提取更多的化学信息，以总结规律。在此背景下，化学信息学（Cheminformatics）应运而生，它是建立在化学、数学、计算机科学等多学科基础上的交叉学科，主要是通过对化学信息进行表示、管理、分析、模拟和传播，以实现化学信息的提取、转化与共享，揭示化学信息的实质与内在联系。

化学信息学的本质就是将信息学方法、计算机及网络技术等应用于化学等学科的相关研究之中，主要内容涉及化学信息的获取与表达、管理与传播，并在此基础上进行化学信息的分析与挖掘，进而实现化学学科的知识创新，其应用有化学中的数值计算、数据处理、图形显示、化学中的模式识别、化学数据库及检索、化学结构及反应式绘制与分析、化学专家系统等。化学信息学在化学、化工、药物设计、材料科学等许多领域中都已得到广泛的应用。例如，在化工领域中，化学信息学被用来对反应条件进行优化和筛选催化剂等，这主要是通过对实验数据进行建模，然后使用该预测模型实现对实验工作的指导；在药物设计领域，主要被用来进行分子模拟、虚拟合成、构效关系分析、虚拟筛选等；在材料科学领域，化学信息学被用于分子模拟和分子设计，并在分子性能预测的基础上，从所设计的分子中筛选出进行实际合成的分子，以得到经过性能优化的材料。

3. 计算经济学

经济学为人类生产、分配、消费行为等提供了分析方法，辅助人们进行预测和决策。而计算机科学则告诉人们如何设计、分析、运行各种算法，使人们从大规模复杂计算中解脱出来。近年来，经济与计算这两个重要学科的发展出现了越来越多的交叉与融合。经济学研究中涌现出对计算的需求，借助计算手段对经济行为进行分析以设计最优策略。计算机的研究也越来越离不开经济学的分析方法。最适用的算法设计不仅是计算机科学问题，也要符合基于经济学原理的个体优化原理。两个学科相互交融，不断交叉产生新方向，特别是互联网的高速发展让互联网经济应运而生。

计算经济学（Computational Economics）是经济学的一个重要分支，是为处理上述环境中不同人群交互行为而产生的一个计算机科学和经济学的交叉学科。例如，在互联网经济中，对互联网广告的生产、分配以及消费的分析与设计是一个重要课题。计算广告学研究这种新兴的广告形式，研究如何高效、精确地将广告通过面向大众的互联网服务传递至受众，并以广告收入来支撑互联网公司，甚至获取巨大的利润。计算广告商业成功的背后，离不开监督学习、深度学习、强化学习等机器学习技术。此外，基于机器学习对用户行为进行分析，学习最优广告竞价策略，设计最优的广告拍卖机制；在电力市场，随着智能电表的普及，针对用户用电曲线，基于人工智能用户画像实现市场定价等诸多实例都是计算经济学应用的体现。

4. 人文计算

人文计算（Humanities），又称数字人文（Digital Humanities），是针对计算与人文学科之间的交叉领域进行研究、学习以及创新的一门学科。人文计算以数据为研究的基本素材，研究过程涉及统计学、计算机科学、语言学、图书情报学、人文科学等诸多学科领域。通过数据可视化、智能检索、数据挖掘、统计分析、文本挖掘以及数字出版等技术和手段达成人文科学的研究目标。

例如，奥巴马团队在 2012 年美国总统大选中利用计算社会学研究成果，通过对各州选民投票倾向样本数据的建模，每晚用云平台模拟 6.6 万次大选，并于每天上午获得计算结果，了解在这些州胜出的可能性，从而有针对性地分配资源，对其最终赢得大选起了重要作用。又如，有学者以贝叶斯公式为理论依据来统计单词出现频次，通过词与词之间的依存关系实现了美国历史上地位崇高的、中小学生的必读书《联邦党人文集》的作者识别；基于数据挖掘和文本挖掘技术，在商业销售领域用来发现顾客行为模式、分析顾客购买偏好、在金融保险领域发现利润丰厚的客户等。再如，新西兰学者将生物信息计算的概率推理模型引入语言发源研究，通过量化考察语言的变化时间和空间上的表现，成功推断出印欧语系起源的地理位置等。

5. 文化和艺术

DIKW 模型是一个关于数据（Data）、信息（Information）、知识（Knowledge）、智慧（Wisdom）的模型，它描述了人类认知的金字塔等级，其中数据处于最基础的地位，信息、知识和智慧都可以与数据关联起来。然而，受制于以往的有限计算能力，数据并不能被有效利用。计算机网络、人工智能和大数据技术的发展正在改变人类的生活和认知。

关联思维是艺术中的创作和欣赏活动，这种思维方式包含了复杂的关系，涉及时间-空间、历史-社会的维度，例如，梅、兰、竹、菊象征着君子的品格，也就是将植物的自然属性（忍耐严酷环境）与君子的社会属性（道德品质）进行了关联，这种联系的背后是历史文化的积淀。长期以来，这种艺术的关联是无法解释的，更无法对其进行表示和计算。然而，大数据和人工智能的出现使得这种现象发生了改变，关联思维和计算思维相结合，可以使艺术中的关联思维用算法表示，并进一步体现在人工智能艺术以及情感计算等方面。例如，不同的色彩、形状、笔触等会引发人们的不同情感。美剧《纸牌屋》的出品公司 Netflix 在制作电视剧时，通过大数据对色彩的分析来"测量客户之间的差别"，进而帮助公司分析客户对不同色彩、情节、人物和故事的偏好；近几年风靡的 IP（Intellectual Property）产品（多指具有巨大经济价值的网络小说、影视剧、游戏等文化产品），其开发过程非常重视对粉丝大数据的分析，通过计算流量、曝光率、关注度等方式来衡量 IP 的商业价值，甚至根据分类与流量的需求来修改自己的作品；微软小冰程序基于情感计算框架的创造模型，通过学习大量的诗歌作品学会写诗；CAN（Creative Adversary Networks）系统、Google Deepdream 程序、清华"道子"程序可以生成油画和中国画作品等。

总之，计算思维正在改变着学者们的思考方式，除了以上所述学科外，计算思维对地质学、天文学、数学、医学、法学、体育、教育等都产生着重要影响。

■ 延展阅读 ▶▶▶

计算思维产生背景及发展

计算思维的提出与美国总统信息技术咨询委员会（PITAC）于 2005 年 6 月提交的名为《计算科学：确保美国竞争力》的报告密切相关，报告中明确说明：21 世纪科学上最重要的、经济上最有前途的前沿研究都有可能通过熟练地掌握先进的计算技术和计算科学而得以解决，计算科学具有促进其他学科发展的重要作用。自提出后，计算思维得到美国、英国、澳大利亚、韩国等多个国家在内的诸多学者的广泛关注，计算思维的培养也成为世界各国教育发展的趋势之一。

美国 2007 年度"大学计算机教育振兴的途径"（Pathways to Revitalized Undergraduate Computing Education，CPATH）国家计划和"计算使能的科学发现与技术创新"（Cyber-Enabled Discovery and Innovation，CDI）国家重大计划将计算思维作为其核心概念，旨在使用计算思维（特别是该领域产生的新思想、新方法）促进美国自然科学和工程技术领域产生革命性的成果。

2010 年 7 月，由北京大学、清华大学、西安交通大学等 9 所首批 985 高校组成的"九校联盟（C9）"发表联合声明，就大学生计算思维能力的培养达成共识，强调要把学生计算思维能力的培养作为计算机基础教学的一项重要内容。2013 年，教育部高等学校大学计算机课程教学指导委员会发布的《计算机教学改革宣言》提出，通过培养学生计算思维意识和方法，提高计算机应用水平的目标。大数据和人工智能的快速发展使计算思维得以进一步发展，陈国良院士于 2020 年提出了计算思维 2.0 的概念。具备计算思维和多学科交叉融合能力、有创新精神和协作能力、能够从信息变换角度有效定义、分析和解决问题是新时代人才的必备素养。

知名人物

　　欧拉（Leonhard Euler），瑞士数学家、自然科学家。欧拉是数学史上最多产的数学家，平均每年撰写八百多页的论文，还写了大量的力学、分析学、几何学、变分法等相关教材，所著《无穷小分析引论》《微分学原理》《积分学原理》等都成为数学界中的经典著作。欧拉对数学的研究非常广泛，在许多数学的分支科学中经常能够见到以他的名字命名的重要常数、公式和定理。此外，欧拉的研究还涉及建筑学、弹道学、航海学等领域。瑞士教育与研究国务秘书 Charles Kleiber 曾表示：没有欧拉的众多科学发现，我们将过着完全不一样的生活。法国数学家拉普拉斯则表示：读读欧拉，他是所有人的老师。

迪杰斯特拉（Edsger Wybe Dijkstra），荷兰第一位以程序为专业的计算机科学家，早年钻研物理及数学，而后转为计算学，其贡献覆盖编译器、操作系统、分布式系统、程序设计、编程语言、程序验证、软件工程、图论等诸多领域，曾在 1972 年获得图灵奖，1974 年获得 AFIPS Harry Goode 纪念奖，1989 年获得 ACM SIGCSE 计算机科学教育教学杰出贡献奖。在他 2002 年去世前不久，获得 ACM PODC（分布式计算原理）最具影响力论文奖，以表彰他在分布式领域中关于程序计算自稳定的贡献。为了纪念他，这个每年一度的奖项也在此后被更名为"Dijkstra 奖"。

习　题

2.1　简要说明计算思维的概念及本质。

2.2　简述计算思维与传统思维的关系。

2.3　谈谈你对计算思维的理解。

2.4　列举几个日常生活或工作中使用计算思维的例子。

2.5　查阅资料，寻找并简述计算思维在你所感兴趣的学科中使用的例子。

2.6　马先生是某平台的汽车销售经理，他经常需要回答顾客的各种咨询，其中提问最多的就是如何根据预算选择性价比最高的心仪车型，是一次性付全款还是首付分期付款？面对众多车型品牌、价位及客户的需求，请你从计算思维的角度出发，帮助马先生设计购车推荐方案。

2.7　组委会要举办大学生创新创业大赛，比赛提供了多个主题，不同主题的参赛队伍和学生人数不同。现在要进行题目演讲展示环节，现有多个容量不同的场地，每个场地的租金不同，请你考虑可能的情况，从计算思维的角度出发为举办方提供合理的场地租用方案。

2.8　查阅资料，了解新工科、新文科、新医科、新商科等，表述观点，以阐明你认为它们跟计算思维有没有关系？

第❸章

计算的基础

为了使计算机能够完成用户的计算要求，需要将现实世界中使用的数据转换为机器世界能够识别和处理的形式。本章介绍了数制及不同类型数据间的转换方式，讲解了不同类型数据的编码方法，列举了一些利用计算机解决现实问题的实例。

本章知识点

➤ 数制的转换

➤ 数值的编码

➤ 字符的编码

3.1 计算机与二进制

计算思维根本归结为对各种类型的数据进行计算或处理，因而需要采用一定的方式将信息转换为计算机可以识别和处理的数据。人们习惯采用十进制计数，但由于技术上的原因，计算机内部采用二进制的形式表示数据，因而需要明确数制及其之间的转换方式。

3.1.1 为何采用二进制

在日常生活中，人们最熟悉的是十进制数，数据的计算和表示都是采用十进制。除了十进制外，其他进制也在生活中使用，如用于计时的十二进制、二十四进制、六十进制。除了这些常见的进制之外，历史上还出现过其他进制，例如，玛雅人用全部手指和脚趾计算，所以采用二十进制，因此，玛雅人的一个世纪是 400 年，称为太阳纪。2012 年正好是这个太阳纪的最后一年，2013 年将是新的太阳纪的开始。相较于十进制，二十进制有许多不便之处，例如，即使不识字的人也能背诵九九乘法表，若换成二十进制则可能要背诵的就是19×19的围棋棋盘，即使到了人类文明的中期，即公元前后，除非是学者，几乎没人能做到这一点。这也有可能是玛雅文明发展缓慢的原因之一，更重要的原因是其文字极为复杂，以至于每个部落没有几个人能认识。

在计算机内所有的数据都是以二进制的形式存储、处理和传送的，计算机采用二进制而不采用人们熟悉的十进制来存取和处理数据，主要原因如下。

1）易于物理实现。若使用十进制数，则需要这样的电子器件，它必须有能表示0～9数码的10个状态，这在技术上几乎是不可能的。而使用二进制，只需表示"0"和"1"两个状态，如晶体管通为"1"，截止为"0"；高电压为"1"，低电压为"0"；灯亮为"1"，灯灭为"0"。计算机采用具有两种不同稳定状态的电子或磁性器件表示"0"和"1"，这在技术上是容易实现的。

2）运算简单。二进制数的运算法则比较简单，可以使计算机运算器的结构大大简化。控制简单，从而提高了运算速度。

二进制加法法则：

$$0+0=0$$
$$0+1=1$$
$$1+0=1$$
$$1+1=10$$

二进制减法法则：

$$0-0=0$$
$$1-0=1$$
$$0-1=1（高位借1，借1当2）$$
$$1-1=0$$

二进制乘法和除法法则与十进制类似，此处不再赘述。

3）机器可靠性高。使用二进制数只有两个状态，数字的传输和处理不容易出错，计算机工作可靠性高。

4）通用性强。由于二进制数只有0和1两个数，可以代表逻辑代数中的"真"和"假"，因而逻辑代数能够成为计算机设计的数学基础。

3.1.2 逻辑代数

逻辑代数起源于19世纪初，又称布尔代数，由19世纪英国数学家乔治·布尔提出。逻辑代数是实现逻辑运算的数学工具，它不像普通代数那样表达和演算事物之间的数值关系，而是表达事物和演算间的逻辑关系。逻辑代数中只有两个值，即"真"和"假"。在计算机科学中，逻辑代数常用于逻辑线路的设计以及程序设计中条件的描述等，是计算机的理论基础，也是计算机实现控制的基本理论依据。

在计算机硬件设计方面，可以用基本的逻辑元件来实现逻辑代数中的各种基本逻辑操作，而基本的逻辑元件可以构成各种复杂的逻辑部件，从而可以设计出各种按照既定目标工作的硬件设备。此外，逻辑元件可以组合出各种各样的控制信号，用来控制和协调各个部件的工作过程。

在软件设计方面，可以通过组合若干被称作逻辑表达式的逻辑操作来实现逻辑推理，程序设计中的条件判断、条件组合等都是逻辑表达式的例子。为实现逻辑推理，机器指令系统也设计有专门的逻辑机器指令。

1. 逻辑数据的表示

由于逻辑数据只有真和假两种取值，很自然地可以用 1 位二进制数据表示，通常用"0"表示假，用"1"表示真。在逻辑代数中，"1"和"0"不表示具体的数量，而只表示逻辑状态，例如，电位的高与低、信号的有与无、电路的通与断、开关的闭合与断开、晶体管的截止与导通等。

2. 逻辑运算

逻辑运算主要包括逻辑加法（又称"或"运算）、逻辑乘法（又称"与"运算）和逻辑否定（又称"非"运算）三种基本运算，任何复杂的逻辑关系都可以由这三种基本运算组合而成。对两个二进制数进行逻辑运算时，位与位之间相互独立，不涉及位权的概念，运算时按位进行，不存在进位与借位。

（1）逻辑"与"

逻辑"与"运算近似于乘法，即参与运算的量同为真时才为真，可以用 and、×、∧、∩等表示，运算规则如下：

$$0 \wedge 0 = 0$$
$$0 \wedge 1 = 0$$
$$1 \wedge 0 = 0$$
$$1 \wedge 1 = 1$$

【例 3-1】设 X=1011，Y=0101，求 $X \wedge Y$ 的值。

解：

$$
\begin{array}{r}
1011 \\
\wedge \quad 0101 \\
\hline
0001
\end{array}
$$

（2）逻辑"或"

逻辑"或"运算近似于加法，即参与运算的量同为假时才为假，可以用 or、+、∨、∪等表示，运算规则如下：

$$0 \vee 0 = 0$$
$$0 \vee 1 = 1$$
$$1 \vee 0 = 1$$
$$1 \vee 1 = 1$$

【例 3-2】设 X=1011，Y=0101，求 $X \vee Y$ 的值。

解：

$$
\begin{array}{r}
1011 \\
\vee \quad 0101 \\
\hline
1111
\end{array}
$$

(3) 逻辑"非"

逻辑"非"运算即"求反"操作，由"真"变"假"，由"假"变"真"，可以用 not 或在逻辑变量上面加一横线表示，运算规则如下：

$\overline{0} = 1$

$\overline{1} = 0$

3.2 数制的表示与转换

在计算机系统内部，所有的数据都是以二进制形式表示的，但在输入/输出或书写时，为了用户的方便，也经常用到八进制、十进制和十六进制。

3.2.1 数制的表示

在生活中常见的十进制系统中，进位原则是"逢十进一"。由此可以推知，在二进制系统中，其进位原则是"逢二进一"；在八进制系统中，其进位原则是"逢八进一"；在十六进制系统中，其进位原则是"逢十六进一"。以此类推，可以将其推广到任意进制。

在进位计数的数字系统中，如果只用 R 个基本符号（如 0，1，2，…，R）来表示数值，则称其为"基 R 数制"。在进制中，基数和位权两个基本概念对数制的理解和多种数制之间的转换起着重要作用。

基数：称 R 为该数制的基数，简称基或底。例如，十进制数制的基 R=10，它有 0，1，2，…，9 共 10 个基本符号；对二进制数制，则取 R=2，其基本符号为 0 和 1。

位权：任意数值中每一个固定位置对应的单位称为位权，简称权，它以数制的基为底，以整数为指数组成。例如，十进制数 12.34 的位权从左到右依次为 10^1、10^0、10^{-1} 和 10^{-2}。

常见进制的基数、位权及其基本符号见表 3-1。

表 3-1 常见进制的基数、位权及其基本符号

进 制	基 数	位 权	基 本 符 号
二	2	…，2^2，2^1，2^0，2^{-1}，2^{-2}，…	0，1
八	8	…，8^2，8^1，8^0，8^{-1}，8^{-2}，…	0，1，2，…，7
十	10	…，10^2，10^1，10^0，10^{-1}，10^{-2}，…	0，1，2，…，9
十六	16	…，16^2，16^1，16^0，16^{-1}，16^{-2}，…	0，1，2，…，9，A，B，C，D，E，F

为了表示不同数制的数值，常用下标法和字母法两种形式。下标法是用圆括号将所表示的数括起来，然后在右侧括号外的右下角写上数制的基数 R；字母法是在所表示的数的末尾加上相应数制字母，进制与字母符号对照表见表 3-2。

表 3-2　进制与字母符号对照表

进　　制	二 进 制	八 进 制	十 进 制	十 六 进 制
字母符号	B	Q	D	H

注：八进制用"Q"表示，即单词 Octal 的字头，为避免将字母"O"与数字"0"相混淆，将"O"改为用"Q"。

例如，1011.01B、678Q、156D（通常 D 可省略）、79H 分别表示二进制数、八进制数、十进制数和十六进制数。

R 进制数进位基数的编码符合"逢 R 进位"的原则，各位的权是以 R 为底的幂，一个数可按权展开为多项式。例如，十进制数 $349.34=3\times10^2+4\times10^1+9\times10^0+3\times10^{-1}+4\times10^{-2}$。

因此，可将含有 n 位整数，m 位小数的 R 进制数 K 表示为如下通式：

$$K=K_{n-1}\times R^{n-1}+K_{n-2}\times R^{n-2}+\cdots+K_1\times R^1+K_0\times R^0+K_{-1}\times R^{-1}+K_{-2}\times R^{-2}+\cdots+K_{-m}\times R^{-m}$$

$$=\sum_{i=n-1}^{-m}K_i\times R^i$$

式中，符号 i 表示数位；m 和 n 为正整数；R 为基数；K_i 为第 i 位数码。

综上，任意的 R 进制数 N 有以下两种表示方法。

位置计数法：$(N)_R=a_{n-1}a_{n-2}\cdots a_1a_0a_{-1}\cdots a_{-m}$。

按权展开法：$(N)_R=a_{n-1}\times R^{n-1}+a_{n-2}\times R^{n-2}+\cdots+a_1\times R^1+a_0\times R^0+a_{-1}\times R^{-1}+\cdots+a_{-m}\times R^{-m}$。

3.2.2 其他进制与十进制

任何一个数字，既可以表示为十进制的形式，也可以表示为二进制、八进制、十六进制等其他进制的形式。十进制描述虽然符合人们的习惯，但其很难与计算机结构直接关联。因为十六进制数与二进制数之间的四位对应一位的特殊关系，用其描述诸如地址、代码等信息时，更利于结合计算机硬件结构进行理解。所以引入十六进制作为过渡，就能较好地解决人与计算机之间的沟通问题，从而产生了不同进制数之间的转换问题。

1．R 进制转换为十进制

R 进制转换为十进制具体转换方法：相应位置的数字乘以对应位的权值，再将所有的乘积进行累加，即得对应的十进制数，对任意的 R 进制数可以表示为通式：$K_{n-1}\times R^{n-1}+K_{n-2}\times R^{n-2}+\cdots+K_1\times R^1+K_0\times R^0+K_{-1}\times R^{-1}+\cdots+K_{-m}\times R^{-m}$。

【例 3-3】分别把 $(1101.1)_2$ 和 $(653)_8$ 转化为十进制数。

解：$(1101.1)_2=1\times2^3+1\times2^2+0\times2^1+1\times2^0+1\times2^{-1}=8+4+0+1+0.5=13.5$

$(653)_8=6\times8^2+5\times8^1+3\times8^0=384+40+3=427$

2．十进制转换为 R 进制

十进制数转换为 R 进制数分整数转换与小数转换两种情形，整数部分的转换方法称为"除 R 反向取余法"，小数部分的转换方法称为"乘 R 取整法"。

整数部分的转换：将十进制数除以 R，得到一个商数和余数；再将得到的商数除以 R，又得到一个商数和余数；这样一直继续下去，直到商数等于 0 为止。第一次得到的余数是对应二进制数的最低位，最后一次得到的余数为对应的二进制数的最高位，其他余数依次类推。

小数部分的转换：首先对十进制数的小数部分乘 R，然后不断地对前次得到的积的小数部分乘 R 并列出该次得到的整数部分的数值，直到小数部分乘积为 0，最后按从前向后的次序排列得到的数据序列即为所求。

【例 3-4】将十进制数 358.375 转换为二进制数。

解：整数部分和小数部分分别转换，具体步骤如下：

整数部分转换：
余数部分

2	358	0
2	179	1
2	89	1
2	44	0
2	22	0
2	11	1
2	5	1
2	2	0
	1	1

小数部分转换：
整数部分

```
  0.375
   ×2
  0.750 ......... 0
   ×2
  1.500 ......... 1
   ×2
    1   ......... 1
```
（取1后乘2）

可知整数部分 358D=101100110B，小数部分 0.375D=0.011B，将整数和小数部分合并，则 358.375D=101100110.011B。

在将十进制小数转换为二进制小数的过程中，有时会出现乘积的小数部分总不等于 0 的情况，如（0.4435）$_{10}$ 就不能在十步内使乘积的小数部分等于 0；甚至还会出现循环小数的情况，如（0.6）$_{10}$=（0.100110011001…）$_2$。在上述情况下，乘 2 过程的结束由所要求的转换精度确定。

【例 3-5】将（0.2）$_{10}$ 转换成二进制小数。

解：求解步骤如下：

```
0.2×2=0.4 ......... 0
0.4×2=0.8 ......... 0
0.8×2=1.6 ......... 1
0.6×2=1.2 ......... 1
0.2×2=0.4 ......... 0
0.4×2=0.8 ......... 0
0.8×2=1.6 ......... 1
0.6×2=1.2 ......... 1
      ⋮          （至满足需要精度为止）
```

因此，（0.2）$_{10}$=（0.00110011…）$_2$。

3.2.3 二进制、八进制和十六进制

二进制数、八进制数和十六进制数实质上都是同一类数，它们可视为本质相同的

数的不同表示，这些进制间的相互转换也十分简单。

1. 二进制转换为八进制和十六进制

由 3 位二进制数组成 1 位八进制，4 位二进制数组成 1 位十六进制数。对于同时有整数和小数部分的数，则以小数点为界，对小数点前后的数分别向左向右进行分组处理，不足的位数用 0 补足，对整数部分将 0 补在数的左边，对小数部分则将 0 补在数的右边。

可以将二进制转换为八进制的方法称为"三位一并法"，二进制转换为十六进制的方法称为"四位一并法"。

【例 3-6】$(1\ 011.101\ 1)_2 = (001\ 011.101\ 100)_2 = (13.54)_8$

【例 3-7】$(11\ 0110\ 1110.1101\ 01)_2 = (0011\ 0110\ 1110.1101\ 0100)_2 = (36E.D4)_{16}$

2. 八进制和十六进制转换为二进制

十六进制数转换成二进制数时，以小数点为界，向左或向右，将每一位十六进制数用相应的四位二进制数取代，然后将其连在一起即可。注意：整数部分最高有效位"1"前面的若干个"0"，小数部分最低有效位"1"后面的若干个"0"无意义，在结果中可以舍去。

同样，八进制数转换为二进制数时，以小数点为界，向左或向右，将每一位八进制数用相应的三位二进制数取代，然后将其连在一起即可。可以将十六进制转换为二进制的方法称为"一分为四法"，八进制转换为二进制的方法称为"一分为三法"。

【例 3-8】$(175.4E)_{16} = (000101110101.01001110)_2 = (101110101.0100111)_2$
$(A3B.C)_{16} = (101000111011.1100)_2 = (101000111011.11)_2$
$(13.2)_8 = (001011.010)_2$

3.3 数据的存储

计算机的基本功能就是对信息进行处理，人类用数字、文字、声音、图像等表达和记录各种信息。要在计算机中处理各类信息的时候，首先要解决的一个问题是如何表示信息。从计算机应用的角度看，计算机既能处理数值类的信息，又能处理非数值类的信息。

信息和数据是计算机中常用的两个概念，虽然二者通常可以互换使用，但明确二者的区别有助于理解计算机在协助人类解决问题时所扮演的角色的本质。

数据是基本值或事实，信息则是通过某种能够有效解决问题的方式组织或处理过的数据。数据是未组织过的，缺少上下文，信息则能帮助我们回答问题。人通过接收信息来认识事物，从这个意义上说，信息是一种知识，是接收者原来不了解的知识。数据是信息的载体，数值、文字、语言、图形、图像等都是不同形式的数据，这些数据最终都被表示为由 0 和 1 组成的符号串。

3.3.1 数据的单位

在衡量计算机中数据量的大小时，经常用到下述几个基本单位。

1）位。二进制数据中的一个位（bit），是计算机存储数据的最小单位。一个二进制位只能表示 0 或 1 两种状态，要表示更多的信息，就要把多个位组合成一个整体，一般以 8 位二进制组成一个基本单位。

2）字节。字节（Byte）是计算机数据存储和处理的最常用的基本单位，简记为 B，规定一个字节为 8 位，即 1B=8bit。每个字节由 8 个二进制位组成，计算机的存储器通常是以多少字节来表示容量的，数据容量单位见表 3-3。

表 3-3 数据容量单位

符　号	中　文　名	简　称	换　算　关　系
KB	千字节	K	$1KB=2^{10}B=1024B$
MB	兆字节	M	$1MB=2^{10}KB=2^{20}B$
GB	吉字节	G	$1GB=2^{10}MB=2^{30}B$
TB	太字节	T	$1TB=2^{10}GB=2^{40}B$
PB	拍字节	P	$1PB=2^{10}TB=2^{50}B$
EB	艾字节	E	$1EB=2^{10}PB=2^{60}B$
ZB	泽字节	Z	$1ZB=2^{10}EB=2^{70}B$
YB	尧字节	Y	$1YB=2^{10}ZB=2^{80}B$

3）字。字（Word）是计算机进行数据处理时，一次存取、加工和传送的数据长度，一个字通常由一个或若干个字节组成。由于字长是计算机一次所能处理信息的实际位数，所以，它决定了计算机数据处理的速度，是衡量计算机性能的一个重要指标，计算机字长越长，反映出它的性能越好。

3.3.2 编址与地址

计算机中每个存储单元（位）能存放 1 或 0，8 个存储单元组合为一个字节，字节又组合为字。如同学校教学楼或居民住宅区的管理，为区分不同建筑中的不同房间，需要为其编号，由所在楼的序号、单元号或楼层号以及房间号等构成的房间编号就是每个房间的地址。由于计算机的存储设备是一系列存储单元的集合，为了对存储设备进行有效的管理，需要对每个存储单元编号以便区分不同的单元，这些工作由操作系统完成。

操作系统对计算机存储单元编号的过程称为"编址"，用于实现对存储设备的组织和管理；存储单元的编号称为"地址"，用于数据访问以及通过地址访问存储单元中的数据。在计算机中，地址用二进制编码并以字节为单元表示，为便于识别，通常采用十六进制形式描述。地址值与存储单元一一对应，通过地址实现对存储单元中数据的访问。存储空间及其地址的表示形式如图 3-1 所示，其中展示了字符串 HELLO 的一种可能的存储形式。

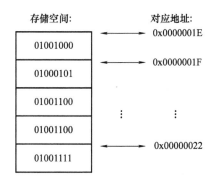

图 3-1　存储空间及其地址的表示形式

3.4 数值型数据的表示

除数值运算外，计算机还需进行大量非数值计算范畴的信息处理工作。在进行信息处理时，无论是数字、英文字母、符号、汉字、音频、视频等信息都需要用 0 和 1 表示成计算机可以识别和处理的形式，因而需要明确数据在计算机内部的编码方式。所谓计算机编码，是指把信息编成二进制数码的方法。数值型数据和非数值型数据需要采用不同的编码方式，而数值型数据有整数和实数、正数和负数之分，在计算机内部如何表示小数点以及数的正负呢？本节将介绍数值型数据的编码方法。

3.4.1 整数的表示

在计算机中参与运算的数分为两大类：无符号数和有符号数。如果二进制数的全部有效位都用来表示数的绝对值，即没有符号位，此种方法表示的数为无符号数。如果一个数既包括数的绝对值部分，又包括符号部分，此种方法表示的数为有符号数。

在计算机中通常把最高位（即左边第一位）作为数的符号，并规定用"0"表示正数，用"1"表示负数，即数学符号数字化。这种在机器中使用的把符号数字化了的数称为机器数，而把它所代替的实际值称为机器数的真值。通常情况下，机器数按照字节的整数倍存放。例如，8 位二进制有符号数的真值和机器数示例见表 3-4。

表 3-4　8 位二进制有符号数的真值和机器数对照示例

真　值	机　器　数
$(+0010)_2$	0000 0010
$(-1100)_2$	1000 1100

在机器字长相同时，无符号数和有符号数所对应的数值范围是不同的，字长为 n 位的无符号数表示范围是 $0 \sim (2^n-1)$。例如，机器字长为 16 位时，无符号数的表示范围为 $0 \sim 65535$。

3.4.2 原码、反码和补码

前面章节讲到，计算机可以进行加法、减法、乘法和除法等算术运算，这样是否意味着计算机系统拥有执行这些运算的专门器件呢？答案是否定的，事实上，在计算机中，其大脑——CPU 的核心部件就是加法器，其他算术运算都是转换为加法实现的。原码、反码和补码是有符号机器数的三种编码方法，进行上述转换的原因与原码、反码和补码概念的引入密切相关。一般用 X 表示真值，$[X]_原$、$[X]_反$、$[X]_补$ 分别表示 X 的原码、反码和补码。

1. 原码

原码表示法是最简单的机器数表示法，用最高位表示符号位，符号位为"0"表示该数为正，符号位为"1"表示该数为负。数值部分就是原来的数值，即真值的绝对值，所以原码表示又称为带符号的绝对值表示。

例如，下述数据的 8 位二进制原码为

X=+1001，$[X]_原$=0000 1001。

X=−1001，$[X]_原$=1000 1001。

X=−0.1001，$[X]_原$=1.1001。

X=−0.1001，$[X]_原$=0.1001。

用原码表示时，0 的原码不唯一，有两种表示形式。

若是整数，即 X=+0，$[X]_原$=0000 0000，X=0，$[X]_原$=1000 0000。

若是小数，即 $[+0]_原$=0.000 0000，$[−0]_原$=1.000 0000。

原码表示时，字长为 n 位的有符号数表示范围是−$(2^{n-1}-1)$～$2^{n-1}-1$。例如，机器字长为 16 位，则有符号数的原码表示范围为−32767～+32767。

原码的优点是表示方法简单，与真值的转换方便。但当进行两个异符号数的加法运算时，需要进行减法操作，首先需比较两个数的绝对值大小，然后用绝对值大的数去减绝对值小的数，最后确定结果的符号。上述操作会造成运算器的结构复杂，增大计算的时间，因此，计算机中很少采用原码。

2. 反码

反码表示法即正数的反码与原码相同，负数的反码的数值部分是原码的数值按位求反，符号位为 1。

例如，下述数据的 8 位二进制反码为

X=+1001，$[X]_反$=0000 1001。

X=−1001，$[X]_反$=1111 0110。

用反码表示时，整数 0 有两种表示形式，即：

X=+0，$[X]_反$=0000 0000。

X=−0，$[X]_反$=1111 1111。

反码表示时，字长为 n 位的有符号数表示范围是−$(2^{n-1}-1)$～$2^{n-1}-1$。例如，机器字长为 16 位，则有符号数的反码表示范围为−32767～+32767。

由反码求真值时，若符号位为"0"，则真值符号为正，数值位不变；若符号位为"1"，则真值符号为负，数值位为反码的数值位按位取反。反码通常作为求补过程的中间值，通过反码可以简单地得到数的补码形式。

3．补码

补码是应用最广泛的一种机器数的表示方法，在介绍补码前，先来看几个生活中的例子。例如，现在时间是下午 3 点，但时钟指向下午 5 点，此时可以采用两种办法校准时钟：时针倒退（逆时针）2 个小时，或时针前进（顺时针）10 个小时。倒退 2 小时和前进 10 小时的方法是等价的，都可以调整到下午 3 点的位置，12 是这个例子的模，称 10 是以 12 为模的-2 的补数。

另一个例子是两个十进制数之间的运算，例如，9-4=5，9+6=15=10+5。若运算器只能做 1 位十进制运算，则在做加法 9+6 时，结果中超出 10 的部分就会被自动舍弃，只能保留个位部分的 5；在做加法 9-4 时，用加法 9+6 也可以得到同样的结果，10 是本例子的模，6 是以 10 为模的-4 的补数。

补数源于数学中的"同余"概念，为了避免混淆，采用"补码"描述。补码可以把二进制的负数转换为正数，使减法转换为加法，它不必判断数的正负，只要将符号位也参与运算，就能得到正确的结果。从而使正负数的加减运算转化为单纯的正数相加的运算，简化了判断过程，从而提高计算机的运算速度，并节省设备开销。

补码表示法即正数的补码与原码相同，负数的补码为数值位按位求反后再在最末尾加 1，符号位为"1"，即在该负数反码的最低有效位上加 1 而得。

例如，下述数据的 8 位二进制补码为

X=+1001，$[X]_{补}$=0000 1001。

X=-1001，$[X]_{补}$=1111 0111。

用补码表示时，0 只有一种表示形式，即：

X=+0，$[X]_{反}$=0000 0000。

X=-0，$[X]_{反}$=0000 0000。

补码表示时，字长为 n 位的有符号数表示范围是 $-2^{n-1} \sim 2^{n-1}-1$。例如，机器字长为 16 位，则有符号数的补码表示范围为-32768～+32767。

补码运算规则为

$$[X+Y]_{补}=[X]_{补}+[Y]_{补}$$
$$[X-Y]_{补}=[X]_{补}+[-Y]_{补}$$

符号位参与运算，但是若符号位有进位，则舍去进位。

引入补码后，可以将减法变成加法，而乘法可以转化为加法，除法可以转化为减法，使得加、减、乘、除算术运算都可以用加法器实现，从而极大简化了运算器的结构，加快了运算速度。

由补码转换为真值时，若符号位为"0"，则符号为正，数值位不变；若符号位为"1"，则符号为负，数值位按位取反，最低位加 1（即再次求补），或数值位先减 1，然后按位取反。

【例 3-9】用补码求-1000-0011。

解：$[X]_{补}=[-1000]_{补}$=11000。

　　$[Y]_{补}=[-0011]_{补}$=11101。

新编计算机导论

```
        11000
       +11101
       ─────────
       110101         符号位进位
          ↓
        10101          丢掉最高位
```

因此，$[-1000-0011]_{补}=[-1000]_{补}+[-0011]_{补}=10101$，即$-1000-0011=-1011$。

补码的引入使得计算机巧妙地实现了将所有算术运算都由加法器完成，这种设计思想体现了通过约简、嵌入、转化和仿真等方法实现问题求解的计算思维方法。

3.4.3 实数的表示

当所要处理的数据含有小数部分时，计算机不仅要解决数据的表示问题，还需考虑小数点的处理问题。由于计算机的"位"非常珍贵，计算机系统中并不采用某个二进制位来表示小数点，而是用隐含规定小数点位置的方式来表示。根据小数点的位置是否固定，可以分为定点数和浮点数两种类型。

1. 定点数

定点数是指小数点位置固定的数，分为定点小数和定点整数。如图 3-2 所示，定点小数的小数点固定隐含在数值最高位的左边，能表示的数都是绝对值小于 1 的纯小数；如图 3-3 所示，定点整数的小数点固定隐含在数值最低有效位的右边，所能表示的数都是纯整数。

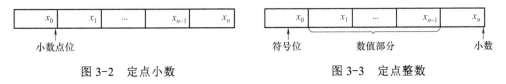

图 3-2　定点小数　　　　　　　图 3-3　定点整数

早期的计算机只有定点数，这种表示法具有简单、直观、节省硬件等优点。然而由于定点数的长度是固定的，因而数据的表示范围有限。例如，使用定点小数参加运算时的所有操作数、运算过程中产生的中间结果和最后结果的绝对值都应小于 1，否则就无法正确表示数据，这种情况称为"溢出"，即计算机中要表示的数据超出了计算机所能表示的数据范围。当数据小于定点数能表示的最小值时，计算机将它们做 0 处理，称为下溢；大于定点数能表示的最大值时，计算机将无法表示，称为上溢；上溢和下溢统称为溢出。

利用定点表示进行计算时，需要将所有数据值按一定比例予以缩小（或放大）后送入计算机，同时将计算结果以同一比例放大（或缩小）后才能得正确结果值。当前，定点表示法已很少使用。

2. 浮点数

浮点数是指小数点位置不固定的数，浮点表示法的思想源于基数为 10 的科学计数法。例如，十进制数 1234.5 的科学计数法可以有 0.12345×10^4、1.2345×10^3、12345×10^{-1} 等多种表示形式。显然，二进制数也可以有类似的表示形式，如二进制数 101101.0101= $1011.010101\times2^2=1011010.101\times2^{-1}$。

在计算机中，任意一个二进制数 N 都能够以指数形式表示为 $N=M\times2^E$，其中 N 为浮点数，E 称为阶码，M 称为尾数，E 和 M 都有符号位，称为"阶符"和"数符"。阶码 E 为定点整数，尾数 M 为定点小数，阶码的位数多少决定了浮点数的表示范围，尾数的位数决定了浮点数有效数值的精度。阶码和尾数可以采用原码、补码或其他编码方式表示，在位数相同的情况下，浮点数的表示范围要比定点数大很多。

由于一个数的浮点表示可以有多种形式，如 $0.1001\times2^{10}=0.01001\times2^{11}=0.001001\times2^{12}$ 等，不同表示形式所需要的编码长度也是不同的。为了使浮点数有一种标准的表示形式，并且能够使数的有效数字部分尽可能多地占据尾数部分，以提高数的表示精度，规定非零浮点数的尾数 M 的最高位必须是 1，称满足这种要求的浮点数为规格化的浮点数；把不满足这一表示要求的尾数，通过尾数移位和修改阶码转为满足这一要求的过程，叫作浮点数的规格化处理。浮点数在计算机内的存储形式如图 3-4 所示。

阶符	阶码	数符	尾数

图 3-4　浮点数在计算机内的存储形式

【例 3-10】若规定用四个字节表示一个浮点数，阶符和数符各占 1 位，阶码长度为 7 位，尾数长度为 23 位。给出十进制数 6.75 在计算机内的二进制浮点表示形式。

解：$(6.75)_{10}=(110.11)_2=(0.11011\times2^{11})$，因此，该数在计算机内的 32 位浮点数表示形式如图 3-5 所示。

0	011	0	11011…0

图 3-5　数 6.75 的 32 位浮点数表示形式

3.5　信息的编码

除了数值计算外，计算机还需要进行大量的信息处理工作，英文字母、标点符号、汉字、图形图像、音频视频等非数值信息都需要用二进制形式进行编码。编码就是以若干位数码或符号的不同组合来表示非数值信息的方法，是人为对若干位数码或符号的某个组合指定一种唯一的含义。编码需满足三个主要特征：唯一性，即不能产生二义性；公共性，即不同组织、应用程序都承认并遵循该规则；规律性，有一定规则，便于识别及使用。

3.5.1　西文字符的编码

将大小写字母、数值符号、标点符号和一些控制符号等，称为字符。不同于数值型数据，字符型数据没有相应的转换规则可以使用，需要人们规定出每个字符对应的二进制编码形式。

字符是计算机中使用最多的非数值型数据，西文字符广泛采用的编码是 ASCII（American Standard Code for Information Interchange）码，即"美国信息交换标准码"。ASCII 码最初是美国国家标准，为不同计算机在相互通信时用作共同遵守的西文字符编码的规范，后被 ISO 和 CCITT 等国际组织采用。

标准 ASCII 码采用 7 位二进制编码，每个字符可以用一个字节表示，字节的最高位为 0，即 0000 0000～0111 1111。ASCII 码字符集共有 128 个常用字符，包括 52 个大、小写英文字母，10 个阿拉伯数字 0～9，32 个通用控制字符和 34 个专用字符，见表 3-5。

表 3-5　ASCII 码表

十进制	字符	十进制	字符	十进制	字符	十进制	字符
0	NUL	32	SPACE	64	@	96	`
1	SOH	33	!	65	A	97	a
2	STX	34	"	66	B	98	b
3	ETX	35	#	67	C	99	c
4	EOT	36	$	68	D	100	d
5	ENQ	37	%	69	E	101	e
6	ACK	38	&	70	F	102	f
7	BEL	39	‘	71	G	103	g
8	BS	40	(	72	H	104	h
9	HT	41	)	73	I	105	i
10	LF/NF	42	*	74	J	106	j
11	VT	43	+	75	K	107	k
12	FF/NP	44	,	76	L	108	l
13	CR	45	−	77	M	109	m
14	SO	46	.	78	N	110	n
15	SI	47	/	79	O	111	o
16	DLE	48	0	80	P	112	p
17	DC1/XON	49	1	81	Q	113	q
18	DC2	50	2	82	R	114	r
19	DC3	51	3	83	S	115	s
20	DC4	52	4	84	T	116	t
21	NAK	53	5	85	U	117	u
22	SYN	54	6	86	V	118	v
23	ETB	55	7	87	W	119	w
24	CAN	56	8	88	X	120	x
25	EM	57	9	89	Y	121	y
26	SUB	58	:	90	Z	122	z
27	ESC	59	;	91	[	123	{
28	FS	60	<	92	\	124		
29	GS	61	=	93	]	125	}
30	RS	62	>	94	^	126	~
31	US	63	?	95	_	127	DEL

ASCII 码字符集中的符号也可以分成两类，即控制字符和显示字符。显示字符的数据范围是 32～126，指那些能从键盘输入、显示器上显示或打印机上打印的字符。控制字符的范围是 0～31，主要用来控制输入、输出设备或通信设备。例如，数字 0～9 的 ASCII 码分别为 30H～39H，大写英文字母 A～Z 的 ASCII 码为 41H～5AH。ASCII 码表中有一些符号是作为计算机控制字符使用的，这些控制符号有专门用途，表中给出了这些控制字符的含义。例如，回车字符 CR 的 ASCII 码为 0DH，换行符 LF 的 ASCII 码为 0AH 等。又如，NUM 表示空白、SOH 表示报头开始、STX 表示文本开始、ETX 表示文本结束、EOT 表示发送结束、ENQ 表示查询、ACK 表示应答、BEL 表示响铃、BS 表示退格、FF 表示换页、CR 表示回车等。

为表示更多符号，在标准 ASCII 码的基础上，将 7 位 ASCII 码扩充到 8 位，可表示 256 个字符，称为扩充的 ASCII 码。扩充的 ASCII 码可以表示某些特定的符号，如希腊字符、数学符号等。扩充的 ASCII 码只能在不用最高位作校验位或其他用途时使用。这种编码是在原 ASCII 码 128 个符号的基础上，将它的最高位设置为 1 进行编码，扩展 ASCII 码中的前 128 个符号的编码与标准 ASCII 码字符集相同。

3.5.2　汉字的编码

英文是拼音文字，常用的不超过 128 个字符的字符集就可满足英文处理的需求。而汉字是象形文字，种类繁多，编码比较困难。汉字信息的处理涉及汉字的输入、汉字的信息加工、汉字信息在计算机内的存储和输出等方面，编码较为复杂。

1. 汉字国标码

1980 年我国发布了中文信息处理的标准《信息交换用汉字编码字符集—— 基本集》，标准号为 GB 2312—80，即汉字国标码。据统计，常用的汉字有 6763 个，所以一个字节的编码已经不能满足要求了。GB 2312—80 收录了常用的 6763 个汉字以及 682 个符号，共 7445 个字符，奠定了中文信息处理的基础。这些常用的 6763 个汉字分成两级：一级汉字 3755 个，按照汉字拼音排列；二级汉字有 3008 个，按偏旁部首排列。

此标准将汉字按一定的规律排放在一个 94 行、94 列的方阵中，每个汉字在方阵中对应一个位置，方阵中的行号为区号，列号为位号，每个汉字的区号和位号合在一起构成"区位码"，实际上就是把汉字表示成二维方阵，每个汉字在方阵中的下标就是区位码，区码和位码各用两个十进制数字表示，如"中"字在方阵的第 54 行、第 48 列，它的区位码为 5448。区号和位号各加十进制数 32 就构成了国标码，这是为了与 ASCII 码兼容，每个字节值大于 32（0～32 为非图形字符码值），所以"中"字的国标码为 8650。

2. 汉字机内码

汉字机内码，简称"内码"，指计算机内部存储、处理、加工和传输汉字时所用的由 0 和 1 符号组成的代码。输入码被接收后就由汉字操作系统的"输入码转换模块"转换为机内码（与所采用的键盘输入法无关），然后才能在机器内传输、存储、处理。机内码是汉字最基本的编码，不管是什么汉字系统和汉字输入方法，输入的汉字外码到机器内部都要转换成机内码，才能被存储和进行各种处理。

西文字符和汉字都是字符，汉字在计算机内部其内码是唯一的。因为汉字处理系统要保证中西文的兼容，当系统中同时存在 ASCII 码和汉字国标码时，将会产生二义性。例如，有两个字节的内容为 30H 和 21H，它既可表示汉字"啊"的国标码，又可表示西文"0"和"!"的 ASCII 码。为此，汉字机内码应对国标码加以适当处理和变换。为了在计算机内部能够区分汉字和字符的编码，将国标码的每个字节的最高位由"0"变为"1"，变换后的国标码称为汉字机内码。由此可知，汉字机内码的每个字节对应的数值都大于 128，而每个西文字符的 ASCII 码值均小于 128。

3. 汉字输入码

为了将汉字输入计算机而编制的代码称为汉字输入码，也叫外码。西文码输入时，想输入什么字符便按什么键，输入码与机内码总是一致的。汉字输入则不同，需要与汉字机内码不同的其他输入码，即常见的各种输入编码，目前汉字主要是经标准键盘输入计算机的，所以汉字输入码都是由键盘上的字符或数字组合而成。目前有许多流行的汉字输入码的编码方案，但总体来说可分为音码、形码、音形结合码三大类。音码是根据汉字的发音进行编码的，如全拼输入法；形码是根据汉字的字形结构进行编码的，如五笔字型输入法；音形码则结合了两者，如自然码输入法。

需要说明的是，无论采用哪种汉字输入码，当用户输入汉字时，存入计算机中的总是汉字的机内码，与采用的输入法无关。实际上，无论采用哪种输入法，在输入码和机内码之间都存在着一个一一对应的转换关系，因此，任何一种输入法都需要一个相应的能够把输入码转换为机内码的转换程序。

4. 汉字字形码

汉字是一种象形文字，每个字都可以看成是一个特殊的图形，为了汉字的输出显示和打印，需要描述汉字的字形，即对汉字的字形进行编码，称为汉字的字形码，也称为汉字字模。汉字字形码通常有两种表示方式，点阵方式和矢量方式。

（1）点阵方式

用点阵表示字形时，汉字字形码指的就是这个汉字字形点阵的代码。根据输出汉字的要求不同，点阵的大小也不同。简易型汉字为 16×16 点阵，提高型汉字为 24×24 点阵、32×32 点阵、48×48 点阵等。以 16×16 点阵为例，每个汉字要占用 32 字节，一个 32×32 点阵的汉字则要占用 128 字节。如图 3-6 所示为"中"字的 16×16 字形点阵及编码。

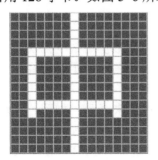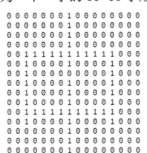

图 3-6 "中"字的 16×16 字形点阵及编码

所有汉字的点阵字形编码的集合称为"汉字库"，不同字体（如宋体、仿宋、楷体、黑体等）对应着不同字库。

显然，点阵编码存储方式简单，无须转换即可直接输出。点阵规模越大，字形越清晰美观，同时其编码也就越长，所需的存储空间也就越大，但放大后产生的效果差。

（2）矢量方式

矢量表示方式存储的是描述汉字字形的轮廓特征，如一个笔画的起始和终止坐标、半径、弧度等。当要输出汉字时，通过计算机的计算，由汉字字形描述生成所需大小和形状的汉字点阵。

矢量化字形描述与最终文字显示的大小、分辨率无关，放大后不会失真，由此可产生高质量的汉字输出，Windows 中使用的 TrueType 技术就是汉字的矢量表示方式。

5．汉字地址码

每个汉字字形码在汉字字库中的相对位移地址称为汉字地址码，即指汉字字型信息在汉字字模库中存放的首地址。每个汉字在字库中都占有一个固定大小的连续区域，其首地址即是该汉字的地址码。需要向输出设备输出汉字时，必须通过地址码，才能在汉字字库中取到所需的字形码，最终在输出设备上形成可见的汉字字形。图 3-7 展示了几种汉字编码之间的关系。

图 3-7　几种汉字编码之间的关系

事实上，无论是字母、数字、还是中文的笔画等，实际上都是信息编码的不同单位。任何一种语言都是一种编码的方式，而语言的语法规则是编解码的算法。编码的结果就是一串文字，若对方懂得相应的语言，则他就可以用该语言的解码方法获得说话（编码）人所要表达的信息，这就是语言的数学本质。

3.5.3　多媒体编码

多媒体（Multimedia）是多种媒体的组合，多媒体信息是以文字、声音、图形和图像等为载体的信息。

1．图形图像信息

图形是由直线、圆等基本单位组成的画面，以矢量图形文件形式存储，图形文件中只记录生成图的算法和图上的某些特征点。图形使用数学方法表示，能够节省存储空间，可以任意放大，不会失真；但实现方法复杂，显示时需经过复杂的数学运算。常见的图形文件格式有 WMF、EMF、EPS、DXF、SWF 等。

图像也称为位图，是一种模拟信号，用点阵来表示，如照片、海报等，描绘图像的点称为像素（Pixel）。图像表示方法简单，能较好地表示丰富的色彩信息，但占用存储空间较大，放大后会产生失真。常见的图像格式有 BMP、JPG、GIF、PCX、TIF 等。

2．声音信息

现实中的信息是具有一定振幅和频率且随时间变化的声波，通过话筒等可将其转换为光滑连续的声波曲线，即模拟信号。声音波形可以用振幅和频率两个参数来描述，因计算机无法直接处理模拟信号，需要对其进行数字化处理，也就是以固定的时间间隔对模拟信号的幅度进行采样并转换为二进制的数字信息。标准的采样频率有 11.025kHz，即语音效果；22.05kHz，即音乐效果；44.1kHz，即高保真效果；音频文件格式有 WAV、MID、MP3、MP4、WMA 等。

3.6 二进制与问题求解

大科学家牛顿曾经说过：人们发觉真理在形式上从来是简单的，而非复杂和含糊的（Truth is ever to be found in simplicity, and not in the multiplicity and confusion of things）。某些貌似很复杂的问题，其实可以用一些简单的思想求解，本节将介绍一些运用二进制思维求解问题的实例。

3.6.1 毒水检验

问题描述：有 1000 个外观一样的瓶子，其中仅有一个瓶中的水有毒，小白鼠喝一点带毒的水后会在 24 小时内死亡，问至少需要多少只小白鼠才能在 24 小时内检验出哪瓶水有毒？如何进行检验？

解：由于每瓶水存在有毒或无毒两种状态，可以用 0 表示无毒，1 表示有毒，考虑采用二进制求解。首先对水瓶进行二进制编号，假设有 n 位，记为 $B_n \cdots B_2 B_1 B_0$，类似地，把小白鼠编号为 M_n、$\cdots$、M_1、M_0；然后让小白鼠按位的值去喝水，遇见 1 喝，遇见 0 则不喝。24 小时后观察小白鼠的状态，若小白鼠 M_i 死了，则 $M_i=1$，否则 $M_i=0$。

假设有 6 瓶水，其中一瓶有毒，使用 3 位二进制数即可实现对水瓶的编号，因此考虑使用 3 只小白鼠，记为 M_2、M_1、M_0，水瓶编号及小白鼠对应情况见表 3-6。

表 3-6 水瓶编号及小白鼠对应情况

瓶 号	M_2	M_1	M_0
0	0	0	0
1	0	0	1
2	0	1	0
3	0	1	1
4	1	0	0
5	1	0	1

根据表 3-6 中数据，对应小白鼠所在列中取值为 1 的单元格，让小白鼠 M_2 喝编号为 4 和 5 的瓶子中的水；小白鼠 M_1 喝编号为 2 和 3 的瓶子中的水；小白鼠 M_0 喝编号为 1、3 和 5 的瓶子中的水。24 小时以后将三只小白鼠的状态值相连：

如果 $M_2 M_1 M_0 = 000$，即小白鼠都没死，则编号为 0 的瓶中的水有毒；

如果 $M_2 M_1 M_0 = 001$，即小白鼠 M_0 死，则编号为 1 的瓶中的水有毒；

如果 $M_2 M_1 M_0 = 010$，即小白鼠 M_1 死，则编号为 2 的瓶中的水有毒；

如果 $M_2M_1M_0$=011，即小白鼠 M_1 和 M_0 死，则编号为 3 的瓶中的水有毒；

如果 $M_2M_1M_0$=100，即小白鼠 M_2 死，则编号为 4 的瓶中的水有毒；

如果 $M_2M_1M_0$=101，即小白鼠 M_2 和 M_0 死，则编号为 5 的瓶中的水有毒。

因此，采用上面所述方法，1000 瓶水需要用到 10 只小白鼠验毒，若 24 小时后观察到的小白鼠状态为 $M_9M_8M_7M_6M_5M_4M_3M_2M_1M_0$=1111100100，则说明第 996 号瓶中的水有毒。

3.6.2　布尔代数与搜索引擎

当人们使用搜索引擎搜索信息时，能在很短的时间内找到成千上万、甚至上亿条搜索结果的根本原因就是索引的建立。对于互联网搜索引擎来讲，每一个网页就是一个文献，最简单的索引结构就是用一个很长的二进制数表示一个关键字是否出现在每篇文献中。有多少篇文献，就有多少二进制位，每一位对应一篇文献，用 1 代表相应的文献中有这个关键字，0 代表没有。

例如，要查找有关 TSP 问题应用的文献，关键字"TSP 问题"对应的二进制数是 0100 1000 1010 0010…，表示第 2、第 5、第 9、第 11、第 15 篇文献包含这个关键字；假定"应用"对应的二进制数是 0001 1010 1001 0111…，当要找到同时包含"TSP 问题"和"应用"的文献时，只需要将这两个二进制数进行逻辑与运算即可，而计算机进行逻辑运算的速度非常快，一秒钟可以进行数十亿次以上的计算。根据运算结果 0000 1000 1000 0010 可知，第 5、第 9 和第 15 篇文献满足要求。

由于这些二进制数中的绝大部分位数的值都为 0，只需要记录那些等于 1 的位数即可。因此，搜索引擎的索引就是一张很大的表，表中的每一行对应一个关键字，每一个关键字后面对应一组数字，即包含该关键字的文献序号。

由于互联网上网页的数量极为庞大，搜索引擎在实际设计过程中还会考虑每个词出现的位置、次数等以方便网页排名，以及网页在不同服务器上的分布式存储和查询等工程问题，但不论工程问题如何复杂，其原理保持不变。

■ 延展阅读

二进制与人脑

人们常常把人脑比喻成计算机，或者希望计算机具备人脑一样的智能。计算机里的信息是以"0"和"1"二进制的形式储存的，那么人脑中有类似计算机的机制吗？1932 年诺贝尔生理学或医学奖获得者埃德加·阿德里安（Edgar Adrian）研究了神经元产生的电信号和接受刺激的强度之间的关系。

神经元兴奋时，细胞膜两侧会存在带电离子的定向移动，形成一定的离子浓度差，如同水位差一样，这样即可产生可测量的电压，此现象在生理学中称为"去极化"。在"去极化"过程结束后，神经元会自发地开始"复极化"过程，电压降低，神经元会逐渐恢复静息电位。

神经细胞受到特定刺激时，有一定的"阈值"，可以理解为细胞兴奋的临界点。神经细胞对于强度在阈值以下的刺激，同样会产生一定的生理变化，但产生的电信号不能传向远处，相当于二进制的"0"。而刺激强度只要达到阈值以上，不论强度如何，都可以引起同等强度的电压变化，并在神经元之间传递，相当于二进制的"1"。阿德里安的发现告诉人们，神经细胞的生理活动确实与二进制有某些相似之处，不过，在他进行研究的时候，距离计算机的诞生还有几十年。

阿德里安的研究揭示了神经元工作的原理，也间接促成了算法学的进步。早在计算机发明之前，科学家们就根据当时神经生理的知识，提出了影响深远的神经网络算法。人们在研究神经科学的过程中，发展了信息技术，而通过计算机对神经活动的模拟，深入认识了人类赖以思考的大脑，神经系统中的"0"和"1"与计算机中的二进制最终被紧密结合在一起。

知名人物

布尔（George Boole），英格兰数学家、哲学家，数理逻辑学先驱。1847年，出版《逻辑的数学分析》，这是他对符号逻辑诸多贡献中的第一个贡献；1849年，担任位于爱尔兰科克市的皇后学院（今科克大学）的数学教授；1854年，出版《思维规律的研究》，这是他最著名的著作，在这本书中介绍了现在以他的名字命名的布尔代数；1857年，当选为伦敦皇家学会会员，不久荣获该会的皇家奖章。由于布尔在符号逻辑运算中的特殊贡献，很多计算机语言中将逻辑运算称为布尔运算，将其计算结果称为布尔值。

习 题

3.1 简述计算机采用二进制的原因。

3.2 简述计算机中数据存储的容量单位。

3.3 有4个文件，它们的大小分别是1.44GB、6MB、7000KB、100B，请按从大到小顺序排序。

3.4 将下列十进制数转换为二进制数：35，128，127，1024，0.25，7.125。

3.5 将下列二进制数转换为八进制和十六进制数。

（1）10011011.0011011   （2）1101.1101

3.6 按照本章中浮点数的规格化的表示方法，写出以下实数的规范化的浮点数（用一个字节来表示）：（1）0.1010×2^{10} （2）-0.0101×2^{10}

3.7 设机器数字长为8位（含1位符号位），若A=-26，分别写出其原码、反码和补码。

3.8 如何判断一个字节中第i位为1还是0？假设该字节信息为10001111，如何判断第4位（自右向左）是1还是0？

3.9 设汉字点阵为32×32，求100个汉字的字形码信息所占用的字节数。

3.10 一个汉字的机内码是B0A1H，计算它的国标码和区位码。

3.11　已知 $X = 0.a_1a_2a_3a_4a_5a_6$ ，a_t 为 0 或 1，讨论下列几种情况时各取何值。

$$X > \frac{1}{2}$$

$$X \geqslant \frac{1}{8}$$

$$\frac{1}{4} \geqslant X > \frac{1}{16}$$

3.12　设 x 为整数，x 的补码可描述为如下形式，即 $[x]_{补} = 1, x_1x_2x_3x_4x_5$ ，若要求 $x < 16$ ，试问 $x_1 \sim x_5$ 应取何值？

第❹章

计算平台

从传统技术角度而言，计算平台是计算机系统硬件与软件的设计和开发的基础，具有一定的标准性和公开性，同时也决定了该计算机系统的硬件与软件的性能，通常用处理机/操作系统来表征计算平台。从产品层面而言，计算平台就是指计算机、手机、平板这些智能设备，在这些平台上有丰富多样的应用。一个好的平台能够催生出越来越多的应用，更多的应用也会促使其成为更大的平台。本章首先描述了计算模型，对构成计算机硬件系统的主要部件进行了介绍，然后对计算机软件系统和网络系统进行了描述，并对未来的计算平台进行了展望。

本章知识点
 ➤ 计算模型
 ➤ 计算机硬件系统
 ➤ 计算机软件系统
 ➤ 网络系统

4.1 计算模型

计算理论的第一个问题：什么是计算机？由于现实的计算机相当复杂，很难直接给它们建立一个易于处理的数学理论，因此采用称为计算模型（Computational Model）的理想计算机来描述。同科学中的其他模型相同，计算模型准确地刻画了某些特征，同时又忽略了一些特征。

计算机科学的大部分研究是基于"冯·诺依曼计算机"和"图灵机"的，它们是绝大多数实际机器的计算模型。作为此模型的开山鼻祖，邱奇-图灵论题（Church-Turing Thesis）表明，尽管在计算的时间、空间效率上可能有所差异，现有的各种计算设备在计算的能力上是等同的。

4.1.1 图灵机

1936 年，英国数学家图灵发表了被誉为现代计算机原理开山之作的论文"论可计算数及其在判定问题中的应用"，文中提出了一种十分简单但计算能力很强的、可实现通用计算的理想计算装置——计算机史上著名的图灵机。从结构上看，图灵机由一条两端可无限延长的纸带、一个读写头和一个控制器（有限状态转换器）组成。

如图 4-1 所示，图灵机的纸带被分成一系列均匀的小方格，读写头可以沿纸带的方向左右移动，并在这些方格上执行读写操作。读写头有一组内部状态，还有一些固定的程序。在每个时刻，读写头都要从当前纸带上读入一个方格信息，然后结合自己的内部状态查找程序表，根据程序输出信息到纸带方格上，并转换自己的内部状态，然后进行移动。下面将举例介绍图灵机的基本工作过程。

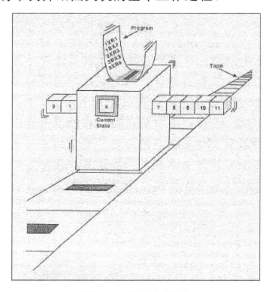

图 4-1　图灵机模型

如图 4-2 所示，假设图灵机纸带的方格上已经写入了"110"三个符号，现在需要将这三个符号转换为"001"，图中加粗的方格表示当前读写头指向的方格。

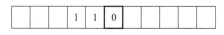

图 4-2　写入了 110 的纸带

将表 4-1 所示的程序输入图灵机。

表 4-1　程序的表格表示

读　　取	写　　入	移　　动
空白	无	无
0	1	向右移
1	0	向右移

首先机器读取控制器当前指向方格中的符号，如图 4-2 所示，读取到的内容是"0"，

此时匹配程序表 4-1 的第二行，根据表 4-1 中的描述，图灵机在当前位置写入"1"，然后将纸带向右移一格，此时读写头会指向"111"的中间位置，结果如图 4-3 所示。

机器继续读取当前位置的符号，读取到的内容是"1"，此时匹配程序表 4-1 的第三行，然后按照程序的指示在当前位置写入"0"，再向右移一格，结果如图 4-4 所示。

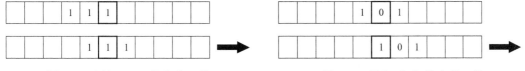

图 4-3　写入"1"并右移一格　　　　　图 4-4　写入"0"并右移一格

依此继续执行，得到如图 4-5 所示的结果。

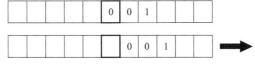

图 4-5　写入"0"并右移一格

当读取到空白时，按照程序的指示，既不写也不移动。至此，原来的三个字符"110"已经被改写成"001"。实际上，表 4-1 给出的程序并不完整，它只含有三条简单的指令。一个完整的程序除了能让机器完成读取、写入和读写头移动的动作之外，还应该确定机器该怎么停止，而不是像上面的例子，读写头最后停在一个悬而未决的状态。

在实际的问题求解中，往往通过在程序表中加入状态来完成在有限纸带上实现更多的操作。图灵机在每一步执行中，需要结合当前状态来确定相应操作的执行。因而，图灵机在运行前，需要设置一个初始状态。机器执行完一步操作后，按照指示修改状态。

例如，让图灵机执行一个把 1 改为 6 的操作，如果用二进制表示，相当于让图灵机执行"001"转变为"110"的操作。通过对表 4-1 的程序进行更改，在表中加入两个状态"0"和"1"，可得到一个含有两种状态的程序表，见表 4-2，这种含有三种符号、两种状态的图灵机也称为 3 符号 2 状态图灵机。

表 4-2　含有两种状态的程序表

当前状态	读取	写入	移动	修改状态
0	空白	空白	向左移	1
0	0	1	向右移	1
0	1	0	向右移	0
1	空白	空白	向右移	停止
1	0	1	向右移	1
1	1	0	向左移	1

假如图灵机的初始状态为 0，图灵机目前状态如图 4-5 所示。读写头当前指向的是空白，根据程序表 4-2，图灵机执行第一条指令。按照程序指示，当前单元中不需要写入字符，纸带向左移动一格，如图 4-6 所示。

当前读写头指向符号"0"，状态为"1"，因而机器执行表 4-2 中第五条指令。

图灵机在当前单元格中写入"1"，纸带左移一格，图灵机状态仍为"1"，如图 4-7
所示。

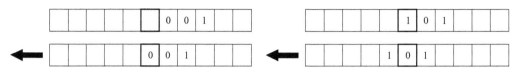

图 4-6　当前状态"0"，纸带左移一格　　　　图 4-7　写入"1"，纸带左移一格

下一步，读入"0"，当前状态为"1"，故写入"1"后，纸带左移一格，如图 4-8
所示。

继续读入"1"，当前状态为"1"，写入"0"后，纸带左移一格，如图 4-9 所示。

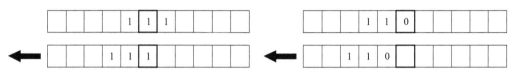

图 4-8　写入"1"，纸带左移一格　　　　图 4-9　写入"0"，纸带左移一格

最后，读写头指向空白符号，当前状态为"1"，故执行程序表 4-2 中的第四条指
令，纸带右移一格后，图灵机停止工作。此时，通过给定的程序计算，纸带上的值由
"001"变成"110"。

通用图灵机向人们展示这样一个过程：程序和其输入可以先保存到纸带上，图灵
机按程序一步一步运行直到给出结果，结果也保存在纸带上。随着控制器状态的增多，
就可以编写更为复杂的程序，也就能像现代计算机一样执行复杂的算法。

图灵机模型理论是计算学科最核心的理论，计算机的极限计算能力本质上就是通
用图灵机的计算能力。很多问题可以转化到图灵机这个简单的模型来考虑。通过图灵
机模型，隐约可以看到现代计算机的主要构成，尤其是冯·诺依曼理论。

4.1.2　冯·诺依曼机

在第 1 章曾经讲到，ENIAC 是第一台得到较多实际使用的可编程计算机，只需换
一个"程序"，就可以让它做另一种工作。但这台机器的程序由一些外部连线和开关设
置组成，要想换一个程序，需要重新连接许多线路，改动很多开关，而这项工作通常
需要很多人工作几天时间，相当麻烦。为此，数学家冯·诺依曼提出了改进方案，根
据该方案设计的计算机称为冯·诺依曼机。

1. 冯·诺依曼机体系结构

冯·诺依曼机的主要思想是存储程序和程序控制，其工作原理是，程序由指令组
成，程序和数据同时存储于存储器，计算机启动后即可按照程序指定的顺序从存储器
中读取并逐条执行指令，自动完成指令所规定的操作。

根据存储程序原理，计算机解题过程就是不断引用存储于存储器中的指令和数据
的过程。事先在存储器中存储不同的程序，即可使计算机求解不同的问题。

冯·诺依曼确定了计算机结构中的五大部件：运算器、控制器、存储器、输入设

备、输出设备，如图 4-10 所示，这些部件构成了当代计算机硬件系统的基本组成。

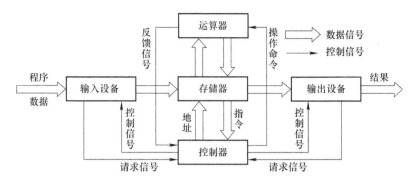

图 4-10 冯·诺依曼机体系结构

1）运算器是计算机中进行算术运算和逻辑运算的基本部件，通常由算术逻辑单元（Arithmetic and Logical Unit，ALU）、累加器以及通用寄存器组成。算术运算有加、减、乘、除等，逻辑运算有比较、移位、与、或、非、异或等。在控制器的控制下，运算器从存储器中取出数据进行运算，然后将运算结果写回到存储器中。运算器具有惊人的运算速度，也正因为此，计算机具有能够高速运行的特点。

2）控制器主要用来控制程序和数据的输入/输出，以及计算机各个部件之间的协调运行，通常由程序计数器、指令寄存器、指令译码器和其他控制单元组成。运算器和控制器是计算机中的核心部件，这两部分合称为中央处理器（Center Process Unit，CPU）。随着大规模集成电路技术的发展，通常将 CPU 及其附属部分以较小的尺寸集成于一个大规模的芯片中，该芯片称为微处理器（Micro Processor Unit，MPU）。

3）存储器的主要功能是用来保存程序和数据，为了实现自动计算，各种信息必须预先存放在计算机的存储器中。程序是计算机操作的依据，数据是计算机操作的对象。计算机中的全部信息，包括原始的输入数据、信息处理过程的中间数据以及最后处理完成的有用信息都存放于存储器。

4）输入设备是向计算机系统输入数据和信息的设备，是计算机与用户或者其他设备通信的桥梁。输入设备可分为字符输入设备、图形输入设备和声音输入设备等，其作用是接收计算机外部的数据并将其转换成计算机使用的二进制编码。微型计算机系统中常用的输入设备有键盘、鼠标、扫描仪、光笔、麦克风等。

5）输出设备是人与计算机交互的一种部件，用于数据的输出。它把各种计算结果、数据或信息以数字、字符、图像、声音等形式表示出来。常见的输出设备有显示器、打印机、绘图仪、音响等。

2. 冯·诺依曼机工作原理

CPU 只能处理 0、1 数据，计算机指令也是由 0 和 1 组成的。那么 CPU 又该如何区分不同的指令呢？在计算机中，一条计算机指令通常由操作码和地址码两部分组成。操作码指明计算机执行的某种操作的性质和功能；地址码指出被操作数据的存放位置，即指明操作数地址。当计算机执行一条指令时，必须首先分析这条指令的操作码是什么，以决定操作的性质和方法，然后才能控制计算机其他各部件协同完成指令表达的功能，此分析工作由指令译码器来完成。

对于由许多条指令组成的程序来说，计算机又该如何控制这些指令的执行呢？这就依赖于 CPU 内的程序计数器（Programming Counter，PC）和指令寄存器（Instruction Register，IR）这些组件的帮助。程序计数器用来存放将要执行的指令在存储器中的存放地址，指令寄存器用来存放从存储器取出的指令。一个程序开始执行前，必须将它的起始地址，即程序第一条指令所在的内存地址送入程序计数器，此时程序计数器中存放的是从内存中提取的第一条指令的地址。当指令执行时，程序计数器自动加 1，指向下一条指令在存储器的存放地址。当遇到转移指令时，控制器将转移后的指令地址送入程序计数器，使程序计数器的内容被指定的地址所取代。具体说来，CPU 执行指令的工作过程如图 4-11 所示。

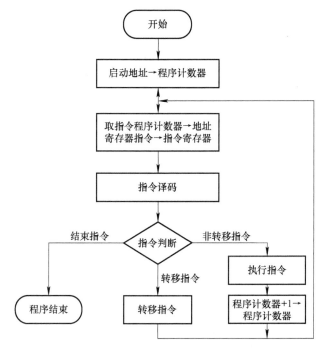

图 4-11　CPU 执行指令的工作过程

计算机每执行一条指令都需要经过以下四个基本操作。

1）取出指令：从存储器（存放指令和数据的地方）某个地址中取出要执行的指令。

2）分析指令：把取出的指令送到指令译码器中，译出指令对应的操作。

3）执行指令：向各个部件发出控制操作，完成指令要求。

4）为下一条指令做好准备。

3. 冯·诺依曼瓶颈

在冯·诺依曼体系结构中，内存和 CPU 是分开的，使得 CPU 必须为它执行的每个操作获取数据。与主内存（RAM）相比，CPU 的处理速度要快得多，因而 CPU 需要等待更长的时间以从内存中获取数据，这种 CPU 和内存间的速度差异称为冯·诺依曼瓶颈。当需要 CPU 对大量数据执行最少的处理时，CPU 不断被迫等待以便将所需数据移入或移出内存，从而严重限制了处理速度。随着每一代新 CPU 的出现，该问题的严重性也在逐步增加。

有几种已知的方法可以缓解冯·诺依曼瓶颈，例如，在 CPU 和主存储器之间引入高速缓存（一种特殊类型的快速存储器）来减少 CPU 等待时间；为数据和指令提供单独的缓存或单独的访问路径；使用分支预测器算法和逻辑；提供有限的 CPU 堆栈或其他片上暂存器内存以减少内存访问等。

通过使用并行计算，也可以在一定程度上规避该问题，例如，使用非统一内存访问（Non Uniform Memory Access，NUMA）架构，该方法通常被超级计算机采用。

4.1.3 量子计算机

自第一台电子计算机诞生以来，几乎所有的计算机都是基于冯·诺依曼体系结构，其计算模型是图灵机模型。20 世纪 60 年代以来，经典计算机的硬件能力发展基本遵循摩尔定律。摩尔定律由 Intel 公司创始人之一戈登·摩尔（Gordon Moore）于 20 世纪 60～70 年代期间总结得出，该定律是指：当价格不变时，集成电路上可容纳的元器件数目约每隔 18～24 个月会增加一倍，性能也将提升一倍。换言之，每一美元所能买到的计算机性能，将每隔 18～24 个月翻一倍以上。显然，芯片上元件的几何尺寸不可能无限制地缩小下去，这就意味着，总有一天，芯片单位面积上可集成的元件数量会达到极限。为此，采用不同的计算模型是使得摩尔定律失效的可行方案。

量子计算机是一种可以实现量子计算的机器，量子计算是于 1982 年发展起来的，直接利用叠加和纠缠等量子力学现象对数据进行运算的一门科学。量子计算机基于量子力学规律实现数学和逻辑运算、信息处理和储存，通过控制原子、电子、光子等小型物理对象的行为，量子计算机可提供比经典计算机更高的计算能力、更少的能耗和指数级的速度，能够突破摩尔定律瓶颈，在特定测试案例上表现出超越经典计算机的超强计算能力。第 5 章延展阅读部分对量子计算与量子计算机进行了阐述，感兴趣的读者可自行阅读。

4.2 硬件系统

计算机硬件系统是指构成计算机的所有实体部件的集合，通常这些部件由电路（电子元件）、机械等物理部件组成，它们都是看得见摸得着的，故通常称为硬件，它是计算机系统的物质基础。一般地，计算机的硬件系统由主机和外部设备组成，主机由 CPU 和内存储器组成，CPU 由运算器和控制器组成，外部设备由输入设备和输出设备组成。

4.2.1 CPU

CPU 是计算机的主要部件，它通过读取内存中的程序来控制软件的执行，并对数据进行运算。根据一条指令能够处理的最大数据量，可以将 CPU 分为 16 位、32 位、64 位，数值越大说明 CPU 的性能越高。CPU 使用赫兹（Hz）来表示时钟频率，即在

1秒内能够执行多少条指令，如 3GHz 就表示 1 秒钟内 CPU 可以执行 $3×10^9$ 次运算。当同一时钟周期内处理的数据量相同时，时钟频率越高，CPU 性能越好。

CPU 内核是整个 CPU 的重要组成部件，CPU 所有的计算、接收/存储指令、处理数据都是由 CPU 内核来完成的。由于受制造工艺限制，CPU 处理器的频率不可能无限制地增加，因此会在实际生产中通过增加 CPU 内核的数量来提高 CPU 的性能。例如，将两个处理器核心封装在一块集成电路上称为双核处理器，类似地，也有将四个核心封装在一块 CPU 中的，这类系统一般称为多核系统，能够在一个 CPU 上同时执行多个线程（处理）。

从外形上看，CPU 是一个矩形块状物，中间凸起部分是封装了金属壳的 CPU 核心部分，在金属封装壳内部是 CPU 内核，金属壳起到保护 CPU 内核和增加散热面积的作用。在这片内核上，密集了数千万的晶体管，它们相互配合，协调工作，完成各种复杂的运算和操作。金属封装壳周围是 CPU 基板，作为一个承载 CPU 内核的电路板，它负责内核芯片和外界的一切通信，并起到固定 CPU 的作用。在基板上有电容、电阻和决定 CPU 时钟频率的电路桥。基板将 CPU 内部的信号引接到 CPU 针脚上，这些针脚是 CPU 与外部电路连接的通道。在内核和基板之间还有一层填充物，不仅可以固定芯片和电路基板，也可以缓解散热器的压力。

CPU 的生产企业中较为著名的是 Intel 和 AMD 公司，Intel 公司生产的 CPU 系列产品有赛扬、奔腾、酷睿、至强、凌动等，AMD 公司生产的 CPU 系列产品主要有闪龙、速龙、羿龙、A10、FX 等，图 4-12 是一个 Intel 公司的酷睿 i9 处理器。

图 4-12　Intel 酷睿 i9 处理器

4.2.2　存储器

存储器用于保存计算机中的数据资源，主要分为主存储器和外存储器两大类，用户在使用计算机进行各种操作时都需要使用存储器。

1. 主存储器

主存储器，也称为内存或主存，用来存放运行程序和要处理的数据。主存储器好比人类大脑的记忆系统，没有它，即便其他部件性能再优，计算机也无法开展工作。

主存储器通常由一组或多组具备数据输入/输出和存储功能的集成电路构成，按照其工作原理可分为随机存储器（Random Access Memory，RAM）和只读存储器（Read Only Memory，ROM）两大类。下面分别对这两大类存储器及其具体包含的类型进行介绍。

（1）RAM

RAM 是一种可读写存储器，在程序执行过程中，可对每个存储单元随机地进行读入或写出信息的操作。RAM 内存非常快，它可以写入和读取，但属于易失性存储，也就是说，存储在 RAM 内存中的所有数据在断电时都会丢失。就每 GB 的成本而言，RAM 的成本相对较高，因此大多数计算机系统同时使用主存储器和辅助存储器。

RAM 主要包括 SRAM（Static RAM）和 DRAM（Dynamic RAM）两种类型。SRAM 即静态 RAM，它是一种特殊类型的 RAM，比 DRAM 速度快，价格更贵且体积更大，每个单元中有六个晶体管。由于这些原因，SRAM 通常仅用作 CPU 本身的数据缓存或在非常高端的服务器系统中用作 RAM。

DRAM，也称为动态 RAM，它是计算机中最常用的 RAM 类型。DRAM 只能将数据保持很短的时间，为了保持数据，DRAM 使用电容存储，所以必须隔一段时间刷新一次。它的速度比 SRAM 慢，但价格相对 SRAM 要便宜很多。

SDRAM（Synchronous DRAM），即同步动态随机存储器，也属于 DRAM 中的一种，是在 DRAM 的基础上发展而来。DDR SDRAM（Double Date Rate SDRAM）即双倍速率 SDRAM，是在 SDRAM 的基础上发展而来，这种改进型的 DRAM 和 SDRAM 类似，不同之处在于它可以在一个时钟内读写两次数据，从而使得数据传输速度加倍。DDR SDRAM 是目前计算机中使用最多的内存，其发展经过了 DDR1、DDR2、DDR3、DDR4 几个重要阶段。

（2）ROM

ROM 是一种非易失性存储器，数据一旦写入 ROM 后便可长期保存，即使断电也不会丢失。从这个意义上说，它类似于用于长期存储的辅助存储器。因此，ROM 一般用来存储固件、硬件制造商提供的程序等，其内部信息在脱机状态下由专门的设备写入。ROM 是一种速度非常快的计算机内存，一般安装在主板上靠近 CPU 的位置。

ROM 通常包括 PROM、EPROM 和 EEPROM 三种类型。PROM（Programmable Read-Only Memory）指可编程只读存储器，此类存储器允许写入一次数据，也被称为"一次可编程只读存储器（One Time Progarmming ROM，OTP-ROM）"。最初从工厂中制作完成的 PROM 内部并没有资料，用户可以用专用的编程工具将自己的资料写入，但是这种机会只有一次，一旦写入后也无法修改。EPROM（Erasable PROM）指可擦除可编程只读存储器，顾名思义，存储在 EPROM 中的数据可以被擦除并且可以重新编程。EEPROM（Electrical Erasable Programmable Read-Only Memory）即电擦除可编程只读存储器，EPROM 和 EEPROM 之间的区别在于后者可以被安装它的计算机系统擦除和写入。从这个意义上说，EEPROM 并不是严格只读的。然而，在许多情况下，其写入过程很慢，因此通常只用作偶尔更新固件或 BIOS（Basic Input Output System）代码等程序代码。

2. 外存储器

外存储器，也称辅助存储设备或外存。与主存储器不同，外存储器不直接由 CPU 访问，相反，从外存访问的数据首先加载到 RAM 中，然后发送到处理器。RAM 起着重要的桥梁作用，因为它提供比辅助存储器更快的数据访问速度。通过将软件程序和文件加载到主存储器中，计算机可以更快地处理数据。虽然外存比主存慢得多，但它通常能够提供更大的存储空间。外存可以在计算机内部或外部使用。目前常见的外存储器有机械硬盘、固态硬盘、光盘和闪存等。

（1）机械硬盘

世界上第一块硬盘诞生于 1956 年，名为 IBM 350 RAMAC（Random Access Method

of Accounting and Cotrol），由 IBM 设计并制造。它和现代意义上的硬盘还是有很大区别的，主要体现在其庞大的占地面积和现在看起来落后的机械结构，该产品使用了 50 张 24 英寸的表面涂有磁浆的盘片，而存储容量仅为 5MB。1968 年，IBM 成功研发出温切斯特技术，从而奠定了之后硬盘的发展方向。温切斯特技术的主要内容包括：将硬盘的磁头、盘片、主轴等运动部分密封起来，密封状态保证了内部组件不会受到灰尘污染；磁头悬浮块采用小型化轻浮力的磁头浮动块，盘面涂润滑剂，实行接触起停，即盘片不转时，磁头停靠在盘片上，盘片转速达到一定高度时，磁头浮起，与盘片保持一定距离。其精髓在于：密封、固定并高速旋转的镀磁盘片，磁头悬浮在高速转动的盘片上方，而不与盘片直接接触，避免摩擦。现代磁盘也沿用了这一方法。

1973 年，IBM 发布了一款新型硬盘 IBM 3340，这是 IBM 公司制造出的第一个采用温切斯特技术的硬盘，实现了硬盘制作工艺的巨大突破。不过这款产品规格仍为 14 英寸，由两个分离的盘片构成，每张碟片容量为 30MB，图 4-13 展示了 IBM350 RAMAC 和 IBM 3340。在之后的发展过程中，硬盘容量虽然扩大了很多倍，但一直沿用温切斯特硬盘的工作模式，可以说温切斯特硬盘是"现代硬盘之父"。

图 4-13　IBM350 RAMAC 和 IBM 3340

硬盘的主要构件包括电动机、盘体、磁头和控制系统等，其中，盘体由单个或多个盘片构成，这些盘片安装在主轴电动机的转轴上，在主轴电动机的带动下高速旋转，硬盘的内部结构通常指盘体的内部结构，如图 4-14 所示。

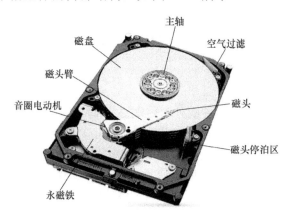

图 4-14　硬盘内部结构

盘片和磁头是硬盘最为核心的部件，它们负担着数据的存储以及读取和写入的重任。断电时，磁头停留在停泊区，加电后，磁头在高速旋转的磁盘表面移动以读取数据。硬盘的每一个盘片都有上、下两个盘面，一般每个盘面都可以存储数据。每一个盘面都有一个盘面号，按顺序从上至下从"0"开始依次编号。在硬盘系统中，每一个有效盘面都有一个对应的读写磁头，所以盘面号又叫磁头号。硬盘的盘片组在 2~14 片不等，通常有 2~3 个盘片，对应的盘面号（磁头号）为 0~3 或 0~5。

硬盘在使用前需要先进行格式化，在格式化时被划分成多个同心圆，这些同心圆轨迹叫作磁道（Track），磁道从外向内从 0 开始顺序编号。硬盘的每一个盘面有 300~1024 个磁道，新式大容量硬盘每面的磁道数更多。一个标准的 3.5 寸硬盘盘面通常有几百到几千条磁道。磁道是"看"不见的，只是盘面上以特殊形式磁化了的一些磁化区，在磁盘格式化时就已规划完毕。所有盘面上的同一磁道构成一个圆柱，通常称为柱面（Cylinder）。每个磁道被划分成一段段的圆弧，每段圆弧称为一个扇区（Sector），扇区从"1"开始编号，每个扇区中的数据作为一个单元同时读出或写入，硬盘的逻辑结构如图 4-15 所示。

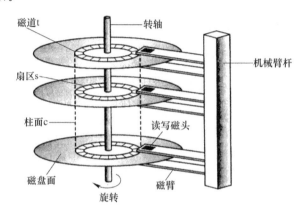

图 4-15　硬盘逻辑结构

扇区，磁道（或柱面）和磁头数一起构成硬盘结构的基本参数，通过这些参数可以计算得到硬盘的容量，计算公式如下：

存储容量=磁头数×磁道（柱面）数×每道扇区数×每扇区字节数

数据的读/写操作按柱面进行，即磁头在读/写数据时首先在同一柱面内从"0"磁头开始，依次向下在同一柱面的不同盘面上进行操作，仅在同一柱面所有的磁头全部读/写完毕后磁头才转移到下一柱面，因为选取磁头只需通过电子切换即可，而选取柱面则必须通过机械切换。由于电子切换的速度相当快，比磁头在机械上向邻近磁道移动快得多，所以，数据的读/写按照柱面而不是按盘面进行。也就是说，一个磁道写满数据后，就在同一柱面的下一个盘面来写，一个柱面写满后，才移到下一个扇区开始写。读数据时也按照这种方式进行，这样就提高了硬盘的读/写效率。

（2）固态硬盘

机械硬盘使用的是磁性记忆材料，而固态硬盘（Solid-State Drive，SSD）使用的是类似 U 盘的闪存技术。不像机械硬盘里的一摞子圆形碟片，SSD 是由一些电路和黑色的存储颗粒构成。

主控芯片、闪存颗粒、缓存芯片构成了固态硬盘的整体形态，如图 4-16 所示。主控芯片是整个固态硬盘的核心器件，如同 CPU 之于 PC，主要负责调配处理数据的存储。闪存颗粒是固态硬盘的核心器件，也是主要的存储单元，其制造成本占据了整个产品的 70% 以上的比重。选择固态硬盘重点在于选择闪存颗粒。主控芯片旁边是缓存芯片，用于辅助主控芯片进行数据处理，部分低端硬盘无缓存。

图 4-16　固态硬盘

(3) 光盘

光盘通过激光信号读/写信息，其工作原理是利用光盘上的凹坑记录数据，凹坑边沿表示 1，坑底或者上表面表示 0，如图 4-17 所示。读取数据时，利用激光束照射光盘相应位置并接收反射光。凹坑和非凹坑处得到反射光的强度不同，将光强度用光敏器件转换成电信号，用采样器采样成数字信号，并保存到缓冲存储器中，便实现了数据的读出。

按性能不同可将光盘分为只读型光盘（CD-ROM）、一次性写入型光盘（WORM）和可擦写型光盘三种类型。只读型光盘（CD-ROM）在出厂时已将有关数字信息写入并永久保存在光盘上，用户只能读不能写。对于一次性写入型光盘，用户可以将自己的数据按一定格式一次性地写入，信息一旦写入，便只能读而不能再写。可擦写型光盘特点是用户可多次擦写，其读/写原理依赖于使用的介质而定，典型的是光磁型光盘，如图 4-18 所示。

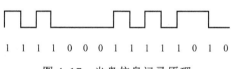

1 1 1 1 0 0 0 1 1 1 1 1 0 1 0

图 4-17　光盘信息记录原理

图 4-18　光磁型光盘

按照存储信息格式的不同，可将光盘分为普通数据光盘、CD（Compact Disk）、VCD（Video Compact Disk）、SVCD（Super Video Compact Disk）、DVD（Digit Video Disk）等。一张标准 CD 能够存储 650MB 的数据或 72 分钟的音乐。通常，一张 80 分钟的 CD 包含 700MB 的数据。但是，标准 DVD 具有比典型 CD 存储更多数据的能力。DVD 具有不同的存储容量，从 4.7GB 到最大 17.08GB。

(4) U 盘

日常生活中常说的 U 盘指的是 USB 闪存盘（Flash Disk），它是一种使用 USB 接口的无须物理驱动器的微型高容量移动存储设备，通过 USB 接口与计算机连接，实现即插即用，使用者只要将它插入计算机 USB 接口，计算机即可监测到。U 盘的称呼最早来源于朗科科技生产的一种新型存储设备，叫作"优盘"。而之后生产的类似技术的设备由于朗科已进行专利注册，故不能再称之为"优盘"，而改称谐音的"U 盘"。U 盘在读写、复制等操作上给用户提供了更大的便利。目前市面上 U 盘的存储容量已经达到 TB 级别，图 4-19 是一款 Aigo 的 1TB U 盘。

图 4-19　Aigo 的 1TB U 盘

（5）移动硬盘

移动硬盘主要由外壳、电路板（包括控制芯片以及数据和电源接口）和硬盘三部分组成，便携性是其主要特点。外壳一般是铝合金或者塑料材质，起到抗压、抗振、防静电、防摔、防潮、散热等作用；控制芯片负责控制移动硬盘的读/写性能；数据接口有有线、无线两种类型，目前使用 USB 接口连接的较为普遍。

移动硬盘可以提供相当大的存储容量，是性价比相对较高的移动存储产品。移动硬盘在用户可以接受的价格范围内能够给用户提供较大的存储容量和不错的便携性。移动硬盘的大小主要有 1.8 英寸、2.5 英寸、3.5 英寸三种。其中，3.5 英寸硬盘用于台式机，2.5 英寸硬盘用于笔记本，主要区别在于便携性，2.5 英寸硬盘的体积很小，随身携带很方便，一般情况下不需另配电源；3.5 英寸的体积过大，携带很不方便，计算机的 USB 接口供电不能满足其使用，常需要另配电源，如图 4-20 所示是市面上三种不同规格的移动硬盘。

a）1.8 英寸（纽曼 1TB）　　　b）2.5 英寸（西部数据 5TB）　　　c）3.5 英寸（希捷 12TB）

图 4-20　移动硬盘图例

3. 云存储

云存储是在云计算概念上衍生出来的概念，是一种新兴的网络存储技术（本书第 8 章将对云计算技术进行介绍）。简单说来，云存储就是将储存资源放到云上供人存取的一种新兴方案，使用者可以在任何时间、任何地方，透过任何可连网的装置连接到云上方便地存取数据。最大的优点是不受地点限制，也不需要携带任何存储设备。

4.2.3　输入输出设备

输入输出（Input/Output，I/O）设备是对将外部世界信息发送给计算机的设备和将处理结果返回给外部世界的设备的总称，主要分为输入设备和输出设备两类。输入设备把人们熟悉的某种信息形式变换为机器能够接收和识别的二进制信息形式，而输出设备则把计算机的处理结果变成人或其他机器设备所能接收和识别的信息，它们都通过系统总线与主机连接通信。

第一代计算机的输入输出设备种类非常有限，输入设备通常是打孔卡片的读卡机，用来将指令和数据导入内存；用于存储结果的输出设备则一般是磁带。随着科技的进步，输入输出设备的丰富性得到提高。以个人计算机为例：键盘和鼠标是用户向计算机直接输入信息的主要工具，而显示器、打印机、扩音器、投影仪等设备则返回处理结果。此外还有许多输入设备可以接收其他不同种类的信息，如数码相机可以输入图像。

1. 输入设备

输入设备是向计算机输入数据和信息的设备，用于把原始数据和处理这些数据的程序输入到计算机中，常见的有键盘、鼠标、触摸屏、摄像头、扫描仪、光笔、手写输入板、语音输入装置等。计算机能够接收各种各样的数据，既可以是数值型的数据，也可以是各种非数值型的数据，如图形、图像、声音等都可以通过不同类型的输入设备输入到计算机中，进行存储、处理和输出。

（1）键盘

键盘是用户与计算机进行通信的最基本方式，键盘中每一个物理按键均定义了对应的键值，当用户按某个键后，相关软件会进行键值的转换工作，从而确定相应的输出。

现代计算机键盘的历史始于打字机的发明，1868年，Christopher Sholes 为第一台实用的现代打字机申请了专利。1877年，雷明顿公司开始大规模销售第一台打字机。经过一系列的技术发展，打字机逐渐演变成今天的标准计算机键盘。

根据键盘与计算机的连接方式，可分为有线键盘、无线键盘、蓝牙或 Wi-Fi 标准键盘和 USB 键盘。随着用户对计算机使用用途的需求及技术的不断发展，出现了各种不同类型的键盘，如无线键盘、多功能键盘、机械键盘、薄膜键盘、游戏键盘、投影键盘、虚拟键盘、拇指键盘、人体工学键盘、垂直键盘、背光键盘等。如图 4-21 所示是垂直键盘和投影键盘的例子。垂直键盘分成两半，每组键垂直上升，手放在边缘来处理键，而不是平放，旨在减轻用户手部的压力。投影键盘是一种大小与小型移动电话相仿的虚拟键盘，让用户能像操作普通键盘一样轻易地打出文章或电子邮件。它可以通过无线、蓝牙、数据线与移动设备或者计算机连接，支持激光虚拟镭射投影，可以在任何平面上把投影当作键盘来使用。投影键盘没有实际物体的键盘，体积小巧，携带方便，但具有实际键盘一样的感觉，按键都是按照实际键盘设计的。

a) SafeType 垂直键盘　　　　　　　　　　b) 投影键盘

图 4-21　键盘

（2）鼠标

在鼠标发明前，人们只使用键盘作为输入设备。为了让计算机操作员更轻松操作，人们思考设计一种新的设备来代替键盘输入烦琐的指令。美国 Douglas Englebart 博士于 1964 年在斯坦福研究所发明了第一个鼠标，与今天的光学鼠标不同，Douglas Englebart 的发明使用了两个垂直的轮子，它们装在一个木箱里，顶部有一个按钮，可左右、前后移动，如图 4-22a 所示。1980 年左右，第一只光学鼠标问世，开启了计算机输入方式的一个新时代。鼠标已成为一种常用的输入设备，在某些方面甚至比键盘更重要，对计算机的普及至关重要。

早期市场上的鼠标以机械鼠标为主，机械鼠标主要由滚球、辊柱和光栅信号传感器组成。当拖动鼠标时，带动滚球转动，滚球又带动辊柱转动，装在辊柱端部的光栅信号传感器产生的光电脉冲信号反映出鼠标在垂直和水平方向的位移变化，再通过计算机程序的处理和转换来控制屏幕上光标箭头的移动。机械鼠标在经过一段时间使用后经常会附着一些污垢，从而影响其使用，因此用户必须定期清洁。

目前，台式计算机最常见的鼠标类型是连接到 USB 端口的光学鼠标，称为 USB鼠标。光学鼠标使用发光二极管（LED）的反射光来检测用户的动作，由于采用的易损坏的活动部件较少，因而比机械鼠标更可靠。此外，相对机械鼠标来说，光学鼠标更准确、更灵敏，而且不需要定期清洁，唯一缺点是不能在有光泽的表面上工作。自发明以来，计算机鼠标一直不断发展以适应需求，出现了游戏鼠标、人体工学鼠标、3D 鼠标等，如图 4-22b 所示为 3D 鼠标。

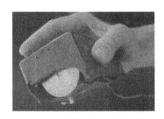 

a）第一个鼠标原型　　　　　　　　　　　b）3D 鼠标

图 4-22　鼠标

（3）触摸屏

触摸屏又称为"触控屏""触控面板"，是一种当用户将指尖放在计算机屏幕上时接收输入的输入设备，计算机从手指指向的屏幕菜单中选择选项，如图 4-23 所示。触摸屏通常用于银行自动柜员机（ATM）、医院等公共信息计算机、航空公司预订、铁路预订、超市等应用场景。

触摸屏由放置在计算机屏幕可视区域上方的透明玻璃面板组成，除了带有传感器的玻璃面板

图 4-23　触摸屏

外，还有一个设备驱动程序和一个控制器，控制器负责将玻璃面板传感器捕获的信息转换为计算机可以理解的形式。根据传感器的类型，触摸屏大致可分为红外线式、电阻式、表面声波式和电容式触摸屏四种。

（4）扫描仪

扫描仪是一种接收纸质文档作为输入的输入设备，用于将数据从源文档直接输入计算机，而无须复制和键入数据。要扫描的输入数据可以是图片、文本或纸上的标记。扫描仪是一种光学输入设备，以光为输入源，扫描仪扫描原始纸质文档后将其转换为位图图像后存入计算机，位图越密集，图像的分辨率就越高。扫描仪附带实用软件，

允许对存储的扫描文档进行编辑、操作和打印。

按照扫描仪的结构特点，可分为手持式、平板式、滚筒式、馈纸式、笔式等；按应用范围，可分为底片扫描仪、3D 扫描仪、条形码扫描仪等。一般来说，扫描仪的性能指标主要有分辨率、灰度级、色彩位数、扫描速度、扫描幅面五个方面。图 4-24 分别展示了手持式扫描仪和 3D 扫描仪。

图 4-24　手持式扫描仪和 3D 扫描仪

2. 输出设备

从计算机输出数据的设备叫作输出设备，输出设备负责把计算机加工处理的二进制信息转换为用户或其他设备所需要的信息形式输出，如文字、数字、图形、图像、声音等。显示器、打印机、绘图仪、投影仪等都是输出设备。

(1) 显示器

显示器是一种电子输出设备，也称为视频显示终端或视频显示单元，用于显示其所连接的计算机生成的图像、文本、视频和图形信息。

1951 年的 Univac 计算机操作员没有显示器来帮助他们查看计算机内部发生的情况，他们必须从控制面板上的灯光中获取线索。1973 年 3 月 1 日，第一台计算机显示器与施乐阿尔托电脑系统（Xerox Alto）一起面世，如图 4-25a 所示，该显示器采用阴极射线管（CRT）设计，每当电子撞击荧光屏时，荧光屏就会显示出可见光。

1990 年代末到 2000 年代初，液晶显示（LCD）技术逐渐成熟，从主要用作袖珍计算器的小型单色屏幕发展到大型彩色桌面显示器的水平，LCD 的出现极大地减小了桌面显示器的整体尺寸和重量。当前，液晶显示器完全主导了显示器业务。如图 4-25b 所示的曲面屏通过均衡宽屏上的焦距减少了眼睛疲劳，为追求身临其境的视觉环境及喜欢人体工程学设计的用户提供了更舒适的画面呈现方式。

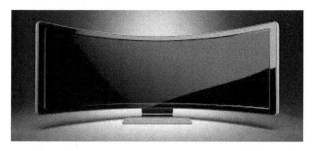

a)　　　　　　　　　　　　　　　　　　　b)

图 4-25　Xerox Alto 计算机和曲面屏

（2）打印机

打印机负责获取计算机数据并生成该数据的现实副本，通常用于打印文本、图像和照片，有些打印机可以打印存储在存储卡、数码相机或扫描仪上的文件。打印机的历史可以追溯到 19 世纪，当时，查尔斯·巴贝奇设计了第一台机械打印机。1953 年，雷明顿兰德公司开发了第一台高速打印机。早期的电子设备受限于电子工业技术且内部元件复杂，因此大多体积庞大。1957 年，IBM 公司设计出第一款点阵式打印机；惠普公司于 1976 年推出喷墨打印机，1984 年推出激光打印机，自此，打印机行业蓬勃发展。1992 年，第一台基于 FDM（热熔沉积技术）的 3D 打印机由 Stratasys 公司研制成功，图 4-26a 展示了激光打印机，图 4-26b 为 3D 打印机。

a）　　　　　　　　　　　　　　　　b）

图 4-26　激光打印机和 3D 打印机

点阵式打印机打印速度较慢、只支持单色打印且图像分辨率较低。随着技术的不断更迭，点阵式打印机逐步被喷墨式和激光打印机所取代。喷墨打印机可以把数量众多的微小墨滴精确地喷射在要打印的媒介上，对于彩色打印机（包括照片打印机）来说，喷墨方式是主流。激光打印机把碳粉印在媒介上，此种打印机具有最佳的输出效果，尤其是针对家庭和办公的单色打印，激光打印机占有统治地位。3D 打印是一种区别于传统纸张打印的新技术，目的是打印立体模型、材料和设备零件等，3D 打印可广泛应用于医疗、汽车、航空航天、艺术和设计等行业。

（3）绘图仪

绘图仪是一种能按照要求自动绘制图形的设备，类似于打印矢量图形的打印机。绘图仪不使用碳粉，它使用笔绘制图像，笔可以在纸张上放下、抬起和移动，以形成连续的线条，而不是像传统打印机那样绘制一系列点。绘图仪主要有鼓式绘图仪、平板绘图仪、喷墨绘图仪、刻字机几种类型，图 4-27a 为鼓式绘图仪，图 4-27b 为平板绘图仪。

a）　　　　　　　　　　　　　　　　b）

图 4-27　鼓式绘图仪和平板绘图仪

鼓式绘图仪主要用于较大的海报、地图、绘图等，也用于长图形打印，如广告牌、蓝图等。平板绘图仪主要用于机械设计，如汽车、船舶、建筑等的设计。喷墨绘图仪常被广告公司用于打印横幅、海报等。刻字机用于创建标志、徽标或广告设计等。

绘图仪的最大优势是可以在大纸张上打印，除了纸张之外，它们还可以在包括乙烯基、纸张、塑料、胶合板、钢、铝、纸板在内的多种介质上打印。绘图仪是制作大型图纸的利器，但现在大部分已被诸如宽幅打印机和 3D 打印机等取代，目前仅有刻字机仍在许多工业中使用。

（4）投影仪

投影仪是一种将图像（或运动图像）投影到表面（通常是投影屏幕）上的光学设备，如图 4-28 所示。光源是投影仪设备的核心元件，目前市面上的投影仪产品，按光源类型主要分为灯泡光源、LED 光源、激光光源三大类。

图 4-28 投影仪

灯泡主要是超高压汞灯和氙气灯，是目前发展时间最长、技术比较成熟的投影光源，其价格相对低廉，适用面很广，涵盖了家用、商务、工程以及教育等各个领域。灯泡光源最大的缺点就是寿命短，正常使用情况下的寿命一般集中在 4000~6000 小时左右，与其他光源相比差很多，而且在使用过程中有可能出现炸灯现象。LED 光源色彩好、使用寿命长、体积小巧、携带方便，但整体亮度不是很高，适用于小型商务、家庭场景、个人娱乐等场景。激光光源具有波长可选择性大、光谱亮度高等特点，可以实现完美的色彩还原。此外，激光光源具有超高的亮度和较长的使用寿命，大大降低了后期维护成本，但缺点是成本高，价格贵。

4.2.4 总线

任何一个微处理器都要与一定数量的部件和外围设备连接，但如果将各部件和每一种外围设备都分别用一组线路与 CPU 直接相连，连线将会错综复杂，甚至难以实现。为了简化硬件电路设计和系统结构，常用一组线路，配置以适当的接口电路，与各部件和外围设备连接，这组共用的连接线路称为总线（Bus）。采用总线结构便于部件和设备的扩充，尤其制定了统一的总线标准后则容易使不同设备间实现互连。

微型机中总线一般可分为内部总线、系统总线和外部总线三种。内部总线（Chip Bus，C-Bus）指芯片内部连接各元件的总线；系统总线（Internal Bus，I-Bus）是连接微处理器、存储器和各种输入输出等主要部件的总线；微型机和外部设备之间的连接则通过外部总线（External Bus，E-Bus）来完成。

根据所传输信息的种类不同，可将系统总线分为数据总线、地址总线和控制总线三种类型。

数据总线用于传送数据信息，数据总线的位数是微型计算机的一个重要指标，通常与微处理的字长相一致。例如，Intel 8086 微处理器的字长为 16 位，其数据总线宽度也是 16 位。需要注意的是，此处"数据"的含义是广义的，它可以是真正的数据，也可以是指令代码或状态信息，或者是一个控制信息。

地址总线用来传送地址,地址总线的位数决定了CPU可直接寻址的内存空间大小。例如,8位微机的地址总线为16位,则其最大可寻址空间为$2^{16}B=64KB$,16位微机的地址总线为20位,可寻址空间为$2^{20}B=1MB$。一般来说,若地址总线为n位,则可寻址空间为2^n字节。

控制总线用来传送控制信号和时序信号,如读/写信号、设备就绪信号、中断响应信号等。控制总线的位数根据系统的实际控制需要而定,主要取决于CPU。

4.3 软件系统

一个完整的计算机系统由硬件系统和软件系统两部分构成,硬件是软件运行的基础,软件是硬件功能的扩充和完善,两者相互依存、缺一不可。没有软件系统,计算机硬件再先进,也没办法提供服务,没有配备软件的计算机通常称为"裸机"。硬件与软件的关系可以形象地比喻为,硬件是计算机的"躯体",软件是计算机的"灵魂"。软件系统是计算机系统中各种软件的总称,按功能可分为系统软件和应用软件两大类。

4.3.1 系统软件

系统软件用于计算机的管理、运行和维护,以及为程序提供翻译、装入等服务工作,包括操作系统、程序设计语言处理程序、数据库管理系统、系统实用程序及工具软件等。下面介绍一些常用的系统软件。

1. 操作系统

操作系统是为裸机配置的一种系统软件,设置操作系统的目的主要有两个,一是管理和控制一台计算机的所有硬件资源,二是为用户使用计算机创造良好的工作环境。对于一个计算机系统来说,其他系统软件和应用软件都必须建立在操作系统基础之上才能运行。常见的操作系统有Windows、Linux、iOS、Android,国产操作系统有Harmony OS、中标麒麟Linux。

（1）Windows

Windows操作系统由微软公司于1983年起开始研发,最初目标是在MS-DOS操作系统的基础上提供一个多任务的图形用户界面。第一个版本Windows 1.0于1985年问世,它是一个具有图形用户界面的系统软件;1987年推出Windows 2.0,最明显的变化是采用了相互叠盖的多窗口界面形式,但这些工作都没有引起人们的关注。直到1990年,Windows 3.0的推出成为一个重要的里程碑,它以压倒性优势成功确定了Windows系统在个人计算机领域的垄断地位,现今流行的Windows窗口界面基本是从Windows3.0开始确定。

Windows操作系统主要用于个人计算机,也可以在几种不同类型的平台上运行,如移动设备、服务器和嵌入式系统等。随着计算机硬件和软件系统的不断升级,Windows操作系统也从16位逐渐升级至32位、64位,从Windows 1.0到Windows 95、NT、97、98、2000、Me、XP、Server、Vista、Windows 7以及Windows 10、

Windows 11 等各种版本，Windows 几乎成为了操作系统的代名词。

（2）Linux

Linux 操作系统最初是由芬兰赫尔辛基大学计算机系的大学生李纳斯·托瓦兹（Linus Torvalds）编写，主要是为了他从 1990 年底到 1991 年学期的几个月中操作系统课程学习和上网用途。后经众多世界顶尖软件工程师的不断修改和完善，Linux 得以在全球普及，在服务器及个人桌面领域得到越来越多的应用，在嵌入式开发方面更是具有其他操作系统无可比拟的优势，并以每年 100%的用户递增数量显示了 Linux 的强大力量。

Linux 具有多任务处理、虚拟内存和多用户等功能，这些特性使得 Linux 不仅支持本地的网络服务，而且还成为 Web 服务器上流行的操作系统。Linux 还有一个最大的特色就是源代码完全公开，在符合行业认可的国际规范的前提下，任何人皆可自由取得、分发、甚至修改源代码。目前比较流行的 Linux 版本主要有 Red Hat Linux、Ubuntu、SuSE、Debian GNU/Linux 等。

随着信息产业安全性方面的需求，国产操作系统也不断发展，比较有代表性的如中标 Linux、深度 Linux 等。

（3）iOS

iOS 是由苹果公司开发的移动操作系统，于 2007 年 1 月在 Macworld 开发者大会上发布，最初设计用于 iPhone 使用。iOS 是基于 XUN（X is Not Unix 的缩写，一种类 Unix 的系统）内核的操作系统，在其 4.0 版本之前称为 iPhone OS，后因该系统同时应用于 iPad、iPodTouch，因而在 2010 年更名为 iOS。

（4）Android

Android 是一个基于 Linux 内核与其他开源软件的开放源代码的移动操作系统，由 Google 领衔的手机联盟开发。从某种程度上看，可以认为 Android 是 Linux 的发行版，但 Google 为了能让 Linux 在移动设备上可靠的运行，对其进行了修改和扩展。2008 年 10 月，第一部 Android 智能手机面世，随后 Android 逐渐推广应用于平板计算机、电视、智能手表等多种设备。

（5）Harmony OS

Harmony OS 是华为公司自 2012 年开发的一款可兼容 Android 应用程序的跨平台分布式操作系统，系统利用分布式技术将各款设备融合成一个"超级终端"，便于操作和共享各设备资源。系统架构支持多内核，包括 Linux 内核、LiteOS 和 Harmony OS 微内核，可按各种智能设备选择所需内核，如在低功耗设备上使用 LiteOS 内核。2019 年 8 月，华为发布首款搭载 Harmony OS 的产品"荣耀智能屏"。2021 年 6 月，发布搭载 Harmony OS 的智能手机、平板计算机和智能手表。

2. 数据管理软件

（1）Oracle

Oracle 数据库管理系统是由甲骨文（Oracle）公司开发的一款关系型数据库管理系统，该系统在数据库领域一直处于领先地位。Oracle 产品覆盖了大、中、小型机等十几种机型，是一个完全可扩展的 RDBMS（Relational Database Management System）架构，是世界上最常用的关系型数据管理系统之一。

Oracle 数据库管理系统可移植性好、使用方便、功能强大、运行速度较快，是一种高效率、高可靠性、适应高吞吐量的数据库方案。Oracle 数据库管理系统采用标准的 SQL，用户直接使用 SQL 语言就可实现对数据对象的直接操作。Oracle 具有优秀的兼容性、可连接性、高生产率以及良好的开放性。

（2）SQL Server

SQL Server 是由美国 Microsoft 公司开发的一种关系型数据库管理系统，系统具有鲁棒的事务处理功能和灵活的基于 Web 的应用程序管理功能，是一个可扩展的、高性能的并且支持分布式计算的数据库管理系统。SQL Server 系统拥有 Windows 图形化管理界面，易于操作，已广泛用于电子信息、商业、医疗、电力等多个行业。但该系统只能运行在 Windows 平台上，且要求操作系统稳定。

（3）MySQL

MySQL 是由瑞典 MySQL AB 公司开发的一种关系型数据库管理系统，属于 Oracle 公司旗下产品。MySQL 是全球最受欢迎的开源数据库，也是最流行的关系型数据库管理系统之一。MySQL 具有跨平台的特点，不仅可以用于 Windows 平台上，还可以在 UNIX、Linux 和 Mac OS 等平台上使用。与其他数据库相比，MySQL 具有速度快、灵活性高、体积小、总体拥有成本低、方便快捷等优势，因而受到了个人及中小型企业的青睐。

（4）DB2

DB2 是由 IBM 公司开发的一种关系型数据库管理系统，是 IBM 的一种分布式数据库解决方案。DB2 可运行在多种操作系统之上，拥有良好的可伸缩性，既可以在主机上独立运行，也可以在客户机/服务器环境中运行。

DB2 支持标准的 SQL 语言，并且提供了高层次的数据完整性、安全性及可恢复性，提供从小规模到大规模应用程序的执行能力，适用于海量数据的存储；支持多用户或应用程序在同一条 SQL 语句中查询不同数据库甚至不同数据库管理系统中的数据，相对于其他数据库管理系统而言，DB2 的操作较为复杂。

（5）NoSQL

NoSQL 泛指非关系型的数据库管理系统，是为适应互联网大数据应用背景而发展起来的一种技术。NoSQL 有两种含义：一种是 Non-Relational，即非关系数据库；另一种是 Not Only SQL，即数据管理技术不仅仅是 SQL（该技术将在第 6 章数据库部分介绍）。当前，第二种解释较为流行。

NoSQL 数据库种类繁多，但其共同特点就是去掉关系数据库的关系型特性。数据之间无关系，这样就非常容易扩展。NoSQL 数据库具有非常高的读写性能，在大数据量的情况下也能表现优秀，代表系统如 BigTable、MongoDB、Redis 等。

（6）GaussDB

GuassDB 是华为公司自主研发的全球首款 AI-Native（人工智能原生态）数据库，是从高利用率、高性能、高安全性的角度出发，结合云技术开发的企业级分布式数据库，包含关系型数据库 GaussDB（for MySQL）和非关系型数据库 GaussDB NoSQL 两大系列。GaussDB 将人工智能技术融入分布式数据库的全生命周期，可实现运维、管理、调优、故障诊断等功能的自动化，满足多种场景的智能管理数据需求。

3. 语言处理程序

计算机只能直接识别和执行机器语言，语言处理程序负责将用程序设计语言编写的源程序转换成机器语言形式，以便计算机能够运行，这一转换是由翻译程序来完成的。翻译程序本身是一组程序，统称为语言处理程序。翻译程序除了要完成语言间的转换外，还要进行语法、语义等方面的检查，不同的程序设计语言分别对应不同的翻译程序。

4.3.2 应用软件

应用软件是为了某一类应用需要或为解决某个特定问题而编制的软件，按照应用范围不同，可分为通用性和专业性两类。通用性软件通常由一些大型专业软件公司开发，此类软件功能强大、适用性好、应用广泛、价格相对便宜，由于使用人员较多，也便于相互交换文档。缺点是专用性不强，对于某些有特殊要求的用户适用度不高。专业性软件主要针对某个应用领域的具体问题而开发，具有很强的专业性和实用性，此类软件可由专业的计算机公司开发，也可以由用户自行开发。正是由于专业软件的应用才使得计算机日益渗透到社会的各个行业，但是专业软件使用范围小，导致了开发成本过高，通用性不强，软件的升级和维护有很大的依赖性。

从应用领域上看，应用软件数量庞大。办公自动化类软件，如微软的 Office 套件，它由几个软件组成，即字处理软件 Word、电子表格软件 Excel、演示图形制作软件 PowerPoint、数据库软件 Access 等，此外还有 IBM 公司的 Lotus、金山公司的 WPS 等；多媒体应用类软件，如图像处理软件 PhotoShop、动画设计软件 Flash、音频处理软件 COOLEdit、视频处理软件 Premiere、多媒体创作软件 Authorware 等；文档管理类软件，本地文档管理软如 ES 文件浏览器，云端文档管理软件如百度网盘、腾讯微云和 Microsoft OneDrive；软件开发类软件，如 VScode、Visual Studio 系列和 PyCharm 等；安全防护类软件，如腾讯电脑管家、360 安全卫士、金山毒霸等；系统工具类软件，如文件压缩与解压缩软件 WinRAR、数据恢复软件 EasyRecovery、系统优化软件鲁大师、装机助理软件 Ghost 等；辅助设计类软件，如建筑机械辅助设计软件 AutoCAD、图像编辑与处理软件 Photoshop、电子电路辅助设计软件 Protel 等。

4.4 网络系统

早期的计算机制造成本高，价格昂贵且数量少，主要是单机操作。随着计算机应用的逐渐普及，很多计算过程需要将多个节点连接在一起形成一个网络系统，例如，在银行业务系统中，顾客账户的存取款、贷款、银行卡等业务信息需要及时更新到联网的金融系统。

在网络系统中，一个节点可以是一台计算机、一个硬件部件、也可以是一个软件服务或数据资源，且这些节点可以分布在不同地点，多个节点间相互连接通信就形成了计算机网络。通过网络，用户不仅可以使用本地计算机的软硬件及数据资源，还可以使用联网的其他计算机上的资源，以实现资源共享。

如今，计算机网络已经成为人们日常生活的必需品，无论是邮件发送、网页浏览、文件传送、视频会议，还是网络购物、娱乐，都离不开计算机网络。计算机网络日益成为社会发展的重要推动力，其发展水平不仅反映了一个国家的计算机科学和通信技术水平，而且已经成为衡量国家综合国力及现代化程度的重要标志之一。

4.4.1 计算机网络概述

计算机网络，简称网络，指将不同地理位置、具有独立功能的多台计算机及网络设备通过通信链路相连，在网络操作系统、网络管理软件及网络通信协议的共同管理和协调下实现资源共享和信息传递的网络应用系统。

计算机网络的产生源于美国军方需要，是 20 世纪 60 年代美苏冷战时期的产物。当时，美国国防部认为，如果仅有一个集中的军事指挥中心，万一该中心被苏联核武器摧毁，全国的军事指挥将处于瘫痪，后果不堪设想。因此，有必要设计这样一个指挥系统——它必须由一个个分散的指挥点组成，当部分指挥点被摧毁后其他点仍能正常工作，而这些分散的点又能通过某种形式的通信网取得联系。相对于电信网络，该网络具有很强的生存性（Survivability），即网络中某部分被破坏后仍能正常运行。随后建立的具有四个节点的 ARPANET（Advanced Research Projects Agency NET）成为全球互联网的鼻祖。到 20 世纪 90 年代，Internet 逐步取代 ARPANET，成为世界上信息资源最为丰富的互联网络。

4.4.2 网络互连与协议

要实现多个计算机间的相互通信与资源共享，首先需要使用路由器、交换机等网络互连设备实现计算机间的物理连接，然而，简单物理连接并不能使计算机系统之间达成某种通信默契。例如，日常工作或生活中，当对话双方需要就某事进行协商时，除需事先确定双方采取的交流方式以外，如面谈或电话等，还要明确双方采用的语言，要么都讲中文，要么都讲英文；或者双方各自使用不同语言，但又互相不懂对方语言时，就要提供翻译，否则双方就无法交流。同样，为使不同节点间实现网络互连，并且能够无障碍地发送与接收信息，就需确定在通信过程中双方应遵循的规则，也称为网络协议。下面从网络互连和网络协议两方面进行阐述。

1. 网络互连

网络系统中有两类节点，一类是计算机、手机等终端节点；另一类是将终端节点或终端节点所在网络连接起来的用于转换和交换信息的转接节点，此类节点也称互连设备，如中继器、集线器、网桥、交换机、路由器和网关等。节点间通过线相连，线是指各种传输介质，包括有线和无线两类，如双绞线、光纤、蓝牙等。

在进行网络互连时，计算机或网络互连设备与传输介质相连就形成了节点与线之间的物理连接。节点与线的不同连接形式，构成了不同的网络拓扑结构，常见的拓扑结构有星型、总线型、环型、网状和混合型等，如图 4-29 所示。

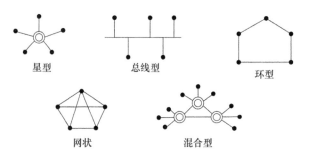

星型   总线型   环型

网状   混合型

图 4-29 网络拓扑结构

图 4-29 中，实心圆为网络中的终端节点，同心圆为互连设备，中间连线指访问节点与互连设备的连接形式。例如，在星型拓扑结构中，终端节点通过集线器或交换机互连，总线型是所有访问节点通过接口连接到传输介质上。

按照网络的覆盖范围不同，可以将计算机网络分为局域网（Local Area Network，LAN）、城域网（Metropolitan Area Network，MAN）和广域网（Wide Area Network，WAN）。局域网是将有限范围内，如一个实验室、一栋大楼或一所校园内的计算机或终端利用中间设备实现互连。广域网覆盖的地理范围是几十千米到几千千米，可覆盖一个地区、国家甚至横跨几个洲。城域网是介于局域网和广域网之间的一种网络，可以满足几十千米到几千千米范围内企业或机构的多个局域网间的互连需求。常见的网络互连形式有局域网与局域网互连、局域网与广域网互连、广域网与广域网互连等。

2. 网络协议

利用互连设备单纯实现计算机间的物理连接并不能实现计算机间无歧义、精确的通信，因为连接到网络中的节点可能使用不同的传输介质、采用不同的操作系统、具有不同的软/硬件和接口、不同的应用环境等，要在上述情况下实现有条不紊的通信，需要相互通信的计算机必须遵守一整套合理而严谨的管理体系以使其高度协调地工作。例如，通信过程中双方事先约定好的通信规则、要传递的数据格式、控制信息的格式、控制功能以及通信过程中事件执行的顺序等规程。如同人类在交流过程中，欲使交流双方正确理解对方表达的思想，需要双方遵循一定的语法规则、语言规范、语句序列等。同样，计算机网络中的这套管理体系也称为计算机网络的互连协议，也叫网络协议，采用层次化的管理模式。

下节将从快递应用实例出发描述整个计算网络系统的组织结构，通过两个日常网络应用介绍其工作过程。

4.4.3 网络系统应用实例

在人们的日常生活中经常发生这样的情景：打开手机，用微信发送一条信息，给朋友带去清晨的问候"今天有个好心情"；或者打开某一个页面，如"www.tsinghua.edu.cn"，去浏览清华大学招生情况等信息。那么信息发送与接收的过程是如何实现的呢？本节以快递收发过程为例，简要描述计算机网络的信息处理及传输机制。

在快递系统中，当寄件人要把物品（这里称为"快件"）送至收件人手中时，通常经过如下步骤：

1）寄件人对"快件"进行打包，选择快递公司，然后将"快件"放到快递公司指定的快递柜中或由快递人员上门取件。

2）快递公司给"快件"贴上关键信息，如寄件人地址、姓名、电话，收件人地址、姓名、电话，以及附有标识快递公司身份标识的编码等。

3）分拣员根据快递上附加的关键信息进行分拣，交给对应的快件收集中心。

4）由快件收集中心将快件交给运输网络进行运输。

5）目的城市的收集中心接收"快件"。

6）分拣员根据目的地址等详细信息对"快件"进行分拣。

7）快递员根据"快件"上的信息将"快件"送到快递柜或上门送件。

8）收件人收到快件，拆包，收到寄件人发送的物品。

如果把以上"快件"收发处理过程从发送端、运输网络、接收端三部分来看，可以用如图 4-30 所示的形式描述。

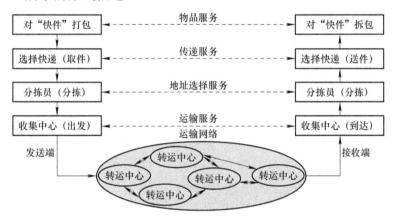

图 4-30　快递传输系统

图 4-30 中，快递传输系统由物品服务、传递服务、地址选择服务、运输服务四层构成。从寄件者发出"快件"到收件者接收"快件"，并非由收发双方通过某一条专用通道直接完成，用户对"快件"的发与收（称为物品服务）依赖于下面三层的服务（传递服务、地址选择服务和运输服务），但对于寄件者或收件者来说，并不需要关心快递传递、分拣、转运等细节，也就是说，寄件者只需将"快件"交给快递员，收件者只需从快递员手中收件即可。类似地，快递员只需要从寄件者手中拿到"快件"并交给分拣员，或将"快件"从分拣员处取出并交给收件人即可，至于分拣员为何要把这个"快件"交给他进行投递，他不需要关心也没必要关心（事实上，每个快递员会负责某个片区，分拣员根据收件者地址将信件分发给不同的快递员）。显然，在这个快递传输系统中，无论在发送端还是在接收端，不同层处理不同的业务，如图 4-30 所示，发送端对"快件"打包和接收端对"快件"拆包，实现了快递的"物品服务"；而相邻层与层之间存在一定的合作关系，对应快递传输业务来说，收发双方"物品服务"的完成需要由其相邻下一层的快件取送，即"传递服务"提供支持，这种对应的层之间的

交流叫对等层通信。对等层之间的通信规则使得各个角色（寄件者、收件者、快递员、分拣员等）在功能上相互独立却又能协调合作，并达成一种"高度默契"，这在很大程度上得益于分层思想的理念和应用。

对于日常网络应用，例如通过微信编辑信息并点击"发送"后，或在浏览器地址栏输入清华大学地址并按<Enter>键后，给我们最直观的感受就是，微信发送的问候得到了朋友的回复，访问的页面展示出清华大学的招生情况等信息。那么，我们发送出去的信息和页面访问请求，历经一个什么样的奇妙旅途才能到达对方，并且得到对方响应呢？

类似于快递传输系统，对于用户产生的信息，计算机网络同样采用分层的方法来合理组织网络结构。目前，网络体系结构国际标准是由 ISO 制定的开放互连参考模型（Open Systems Interconnection Reference Model，OSI/RM）。OSI 模型是官方制定的理论上的国际标准，由于历史的原因，OSI 标准在实际运用中并没有成功，而由市场中走出来的 TCP/IP 体系结构成为了事实上的国际标准，是目前最完整、被普遍接受的通信协议标准，也是 Internet 的基础。

在网络系统中，把计算机网络的各层及其协议的集合，称为计算机网络的体系结构。计算机网络的体系结构给出了每个层次之间的关系以及通信双方达成高度默契需要遵循的规则，即网络协议。TCP/IP 由应用层、运输层、网络层和链路层（也称网络接口层）四层构成，由于不同的互联网技术标准文档中描述方式不同，且在实际运行过程中所涉及层的标准由不同机构负责，因此在讲述网络原理时往往结合 OSI 模型和 TCP/IP 的优点，采用五层协议的体系结构，如图 4-31 所示，发送信息时，发送端对信息的处理依次通过应用层、运输层、网络层、数据链路层和物理层五层进行，即类似于快递发送过程中对货物进行打包、快递取件、分拣和传输等环节。同理在接收信息时，对信息的处理也在相对应的层次上完成。

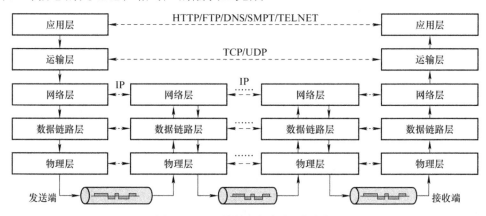

图 4-31　计算机网络的体系结构

本节以常见的通过浏览器访问页面和微信发送信息两种应用为实例，简要介绍相关的信息发送与接收过程，如图 4-32 所示。由于不同互连设备连接网络的形式不同，且涉及不同层次，如进行网络互连的路由器工作在网络层及以下各层，网桥和交换机工作在数据链路层和物理层，中继和集线器工作在物理层，为简单起见，图中未对其进行明确划分，仅给出了路由器部分。

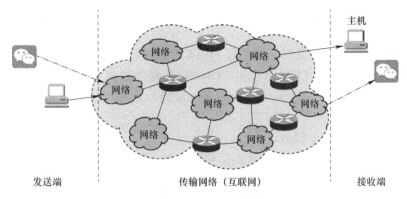

图 4-32 信息发送与接收过程

在图 4-32 中，把用户信息的处理过程分成发送、传输和接收三部分，箭头指信息的发送方向，反过来也成立。信息产生的来源可以是浏览器、微信或其他网络应用；信息产生的设备可以是手机、台式机或空调、电视机等接入设备；设备产生的信息可以直接发送到传输网络中，也可以先由设备发送至所在的局域网，然后再将信息发送到传输网络中，直至到达接收端。例如，在通过校园网发送信息时，需先将信息发送至校园网的互连设备，然后再发送到传输网络。为分析信息发送与接收的共性特点，此处将发送端和接收端分别看成一台计算机（又称为主机），信息传递的方向是从发送端到接收端。下面通过利用浏览器访问清华大学页面的过程介绍上述五层体系结构，以明确各层功能及相互关系。

（1）应用层（Application Layer）

应用层是网络体系结构中的最高层，向用户提供具体的网络应用，应用层交互的数据单元是报文（Message）。常见的应用层协议有用于传输文件的文件传输协议（File Transfer Protocol，FTP）、用于域名解析的域名系统（Domain Name System，DNS）、用于万维网（World Wide Web，WWW）的超文本传送协议（HyperText Transfer Protocol，HTTP）、用于发送电子邮件的简单邮件传送协议（Simple Mail Transfer Protocol，SMTP）等。将输入清华大学网址"www.tsinghua.edu.cn"的浏览器称为客户端，清华大学网页所在的那台主机称为服务器端。当按<Enter>键后，浏览器首先通过使用清华大学的统一资源定位符（Uniform Resource Location，URL），即"http://www.tsinghua.edu.cn"得到资源的位置和访问方法，然后向 DNS 请求解析"www.tsinghua.edu.cn"的 IP 地址。

（2）运输层（Transport Layer）

运输层的任务是负责为应用层的 DNS、HTTP、FTP 等应用提供通用的数据传输服务，主要有传输控制协议（Transmission Control Protocol，TCP）和用户数据报协议（User Datagram Protocol，UDP）两种。通常情况下，一台主机在应用层上可以开启多个应用，如同一台主机在打开网页的同时，还可以开启微信等其他应用。这些应用到达运输层后，根据需求选择使用 TCP 或者 UDP。TCP 提供可靠的数据传输服务，UDP 提供尽最大努力（Best-Effort）的数据传输服务，即不保证数据传输的 100%可靠性，数据在传输中可能会丢失、出错等。

运输层类似于在快递系统中选择不同的快递服务，例如，相对其他快递，顺丰快递可靠性更好，这里选择顺丰就好比使用 TCP，但此处只是一种类比，事实上，两种保障机制并不相同。

浏览器访问清华大学主页时，应用层的 HTTP 通过使用运输层的 TCP，与清华大学服务器的运输层建立 TCP 连接。当使用 TCP 时，传输的数据单元是报文段（Segment），客户端浏览器通过使用"GET www.tsinghua.edu.cn"命令发出请求报文，请求读取清华大学主页面。

(3) 网络层 (Network Layer)

互联网是由大量的不同网络通过路由器相互连接起来的，网络层把运输层产生的数据封装成分组或包进行传送。路由器在网络层承担分组转发任务，根据分组的接收端地址，通过寻路算法，寻找合适出口，并把分组转发给与之相连的另一个路由器，直至到达接收端。类似于快递传输网络，由铁路、公路、水路、航空、管道等不同类型的运输网络通过转运中心连接，形成一个庞大的快递传输系统，转运中心会根据快递包裹上附加的接收者地址信息将包裹送到合适的转运出口，然后送达下一个转运中心。这里的路由器就类似于快递系统中的转运中心，其目的就是查找距离目的地更近的下一个路由器，直至分组到达目的地，网络层协议是 IP。

(4) 数据链路层 (Data Link Layer)

从图 4-31 可以看出，发送端发送的数据是在逐段的链路上进行传输的，即先发往与之相连的链路上，然后到达相连的路由器，再经过一段链路到达另一个路由器，中间可能会经过多个路由器，最后通过链路到达接收端。数据链路层将网络层提交的分组组装成帧（Framing），在两个相邻节点间传送以帧为单位的数据。每一帧包括数据和必要的控制信息，控制信息可确保接收端能从物理层收到的比特流中区分出一个帧的起始与终止，使得数据链路层在收到一个完整帧后，就可以提取其中的数据部分，这部分数据也就是发送端发送的数据。同时，链路上传输的数据是由 0 和 1 组成的二进制的比特流，由于数据在传输过程中可能会出错，如由 0 变为 1 或由 1 变为 0，因而需要对传输数据进行差错控制，以避免在网络中传送有差错的数据，否则会白白浪费网络资源。

(5) 物理层 (Physical Layer)

在物理层上传送的数据单位是比特，需确保在发送方发送 1 时，接收方收到的是 1，发送 0 时收到的是 0，而非其他。因此，物理层要考虑用多大的电压代表"1"或"0"，以及接收方如何识别出发送方所发送的比特。

利用浏览器访问清华大学页面时，从浏览器发出的请求报文经过传输网络中各层的逐级处理，最终到达清华大学服务器端，把主页 index.htm 发送给浏览器，然后把传输层建立的 TCP 释放掉，在浏览器上显示"清华大学"文件 index.htm 中的所有文本。注意，此处对按<Enter>键后的一系列事件和对数据的处理、数据的传输等细节均未展开介绍。对于用户来说，中间的处理环节，用户是不必关心的，或者说通过网络协议，对用户屏蔽了这些复杂的环节。图 4-33 展示了通过浏览器访问清华大学页面产生的数据在各层间传递时所经历的各种变化。

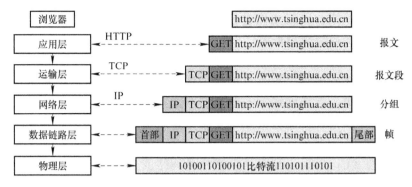

图 4-33　数据在各层的变化

从图 4-33 可以看出，在浏览器中输入清华大学网址 www.tsinghua.edu.cn 后，用户输入的数据先交给本机应用层处理，由其加上必要的控制信息后形成报文；运输层收到此报文后，加上本层的控制信息，形成报文段，再交给网络层处理，形成分组，以此类推。到达数据链路层后，控制信息被分成首部和尾部两部分，分别加到本层数据单元的首部和尾部以构成帧，到达物理层后以比特流形式在传输链路上传输。当这串比特流离开主机经由物理传输媒体传送到路由器时，就由路由器负责将从物理层接收的信息拆分，将控制信息剥离，将该层剩下的数据单元交给更高一层，直至网络层。当到达网络层时，路由器根据分组首部中的目的 IP 地址查找转发出口，当涉及多个网络时，会经由多个路由器转发，直至到达接收端主机，即把浏览器发送的数据"GET www.tsinghua.edu.cn"送达清华大学服务器上。

同样，当用户通过微信发送消息时，相关过程与通过浏览器访问清华大学主页类似，只不过此时微信是作为网络应用层上一个特殊的应用层，即可以在如图 4-31 所示的应用层上面添加一个微信协议专用层，这个层中使用微信协议，然后再使用应用层的协议。

微信其实可以看作是一个邮箱，发送端发送的微信消息并不是直接发送给接收端，实际由三个过程构成。

1）发送者通过互联网（也包括移动互联网）将所编辑消息发送到微信云端系统，即通过调用应用层 HTTP 的 GET 操作，向腾讯云端系统上运行的某个万维网服务器的微信应用发送一个类似于浏览器的 HTTP 请求消息，经过如图 4-32 所示的层层处理及图 4-33 中数据格式的封装，然后到达微信云端系统。

2）微信云端系统将接收到的消息进行备份，并向微信接收者发送有新消息的通知。

3）接收者从微信云端系统读取消息，云端系统删除备份的去端副本。

注意，上述微信应用是把图 4-31 中的接收端看成是微信云端服务器，这里的微信例子仅是对微信系统的简化，实际的微信系统要复杂得多。

4.4.4　网络安全

网络安全是一门涉及计算机科学、网络技术、通信技术、密码技术、信息安全技术、应用数学、数论、信息论等多种学科的综合性学科。网络安全是一个关系国家主权和安全、社会稳定、民族文化的继承和发扬的重要问题，网络安全正随着全球信息化步伐的加快而变得越来越重要。

网络安全是指网络系统的硬件、软件及其系统中的数据受到保护，不受偶然的或者恶意的原因而遭到破坏、更改、泄露，系统能够连续可靠地正常运行，网络服务不中断。从本质上讲，就是网络上的信息安全，凡涉及网络上信息的保密性、完整性、可用性、真实性和可控性的相关技术和理论都是网络安全的研究领域。网络安全包括四个方面的目标。

1）机密性（Confidentiality）。机密性是网络安全通信最基本的要求，要求仅有发送方和希望的接收方能够理解传输报文的内容。而信息可以被截获，所以就要求报文在一定程度上进行加密，使截取的报文无法被截获者所理解。

2）端点鉴别（End-Point Authentication）。发送方和接收方都应该能够证实通信过程所涉及的另一方，以确认通信的另一方确实具有其所声称的身份。人类的面对面通信可以通过视觉识别轻易地解决该问题，但当通信实体在不能看到对方的媒体上交换报文时，鉴别就比较复杂。

3）报文完整性（Message Integrity）。即使能够明确发送方身份的真实性，并且所发送的信息是经过加密的，但依然不能说网络是安全的，此时还必须确认所收到的信息都是完整的，也就是信息的内容没有被人篡改过。为了确保通信的内容在传输过程中未被恶意篡改或意外改动，可对在传输层或数据链路层协议中采用的"检验和技术"进行适当的扩展，以提供报文完整性要求。

4）运行安全性（Operational Security）。即保证计算机运行上的安全性，当前，几乎所有的机构都拥有与公共因特网相连接的网络，这些网络无疑都存在运行安全的问题。攻击者可能会在网络主机中安放蠕虫以窃取公司秘密，也可能勘察内部网络配置并发起 DoS（Denial of Service）攻击。为此，可以根据需要使用诸如防火墙和入侵检测系统等策略以保证系统运行安全。

网络要提供安全服务，依赖于安全机制的支持，OSI 安全体系结构采用的安全机制主要有以下八种。

1）加密机制，加密是确保数据安全性的基本方法。

2）数字签名机制，数字签名是确保数据真实性的基本方法。

3）访问控制机制，访问控制机制是从计算机系统的处理能力方面对信息提供保护。

4）数据完整性机制，指数据在传输过程中没有被篡改和伪造，包括数据单元或域的完整性和数据单元或域的序列的完整性。

5）验证交换机制，通过交换信息来确认真实身份的机制。

6）信息流填充机制，通过对真实数据添加额外的干扰信息以提供对流量分析的多级保护。

7）路由控制机制，根据信息发送者的申请，选择特殊的安全路径，以确保数据安全。

8）仲裁机制，引入第三方仲裁机构，通信双方进行通信时必须经过该机构进行信息的交接，以确保仲裁机构能得到所必需的消息，供日后仲裁使用。

在前面讨论的网络传输机制中未提及安全内容，目前在网络层、运输层和应用层都有相应的网络安全协议。例如，在网络层常用的是 IPsec 协议，在运输层用 TLS 安全协议，以及在应用层常用到的 PGP 协议等，本书不再展开描述。

4.4.5 中国计算机网络

我国最早着手建设专用计算机广域网的是铁道部，从 1980 年起，铁道部开始进行计算机联网实验，其发展历程大致可划分为三个阶段。

第一阶段为 1987 至 1993 年，属于研究试验阶段。在此期间，国内一些高校和科研机构开始研究 Internet 技术，并开展了科研课题和科技合作，但这个阶段的网络应用仅限于小范围内的电子邮件服务。

第二阶段为 1994 至 1996 年，属于起步阶段。1994 年 4 月，中关村地区教育与科研示范网络工程进入 Internet，从此中国被国际上正式承认为有 Internet 的国家。之后，CERnet、CSTnet、CHINAnet、CHINAgbn 等多个 Internet 网络项目在全国范围相继启动。Internet 开始进入公众生活，并在中国得到了迅速的发展。至 1996 年底，中国 Internet 用户数已达 20 万，利用 Internet 开展的业务与应用逐步增多。

第三阶段从 1997 年至今，是 Internet 在我国发展最为快速的阶段。国内 Internet 用户数 97 年以后基本保持每半年翻一番的增长速度。

以下列举了若干对我国互联网事业发展影响较大的人物和时间。

1986 年，钱天白通过拨号方式在我国首次实现了与 Internet 的间接连接，通过 Internet 发出了中国有史以来的第一封 E-mail："越过长城，走向世界"。

1996 年，张朝阳创立了中国第一家以风险投资资金建立的互联网公司——爱特信公司。两年后，爱特信公司推出"搜狐"产品，并更名为搜狐公司。搜狐网站是中国首家大型分类查询搜索引擎。

1997 年，丁磊创立网易公司，推出了中国第一家中文全文搜索引擎，开发了超大容量免费邮箱（如 163 和 126 等）。

1998 年，王志东创立新浪网站，新浪微博是全球使用最多的微博之一。

1998 年，马化腾、张志东创立了腾讯公司。

1999 年，腾讯推出 PC 端即时通信软件 OICQ，后改名为 QQ。

1999 年，马云创建了阿里巴巴网站。

2000 年，李彦宏和徐勇创建了百度网站，现在已成为全球最大的中文搜索引擎。

2000 年，"北斗一号"卫星发射升空。

2003 年，马云创立了个人网上贸易市场平台——淘宝网。

2003 年，钱华林任国际互联网名称与数字地址分配机构（Internet Corporation for Assigned Names and Numbers，ICANN）理事会理事，这是中国专家首次进入全球互联网决策层。

2004 年，阿里巴巴集团推出了第三方支付平台——支付宝。

2011 年，腾讯推出专门供智能手机使用的即时通信软件"微信"。

2020 年，北斗三号最后一颗全球组网卫星在西昌卫星发射中心点火升空，宣布北斗三号全球卫星导航系统正式开通。

2021 年，北斗三号全球卫星导航系统正式开通以来，运行稳定、持续为全球用户提供优质服务，系统服务能力步入世界一流行列。

■ 延展阅读 ▶▶▶

北斗卫星导航系统

北斗卫星导航系统（BeiDou Navigation Satellite System，BDS）是中国自行研制的全球卫星导航系统，也是继 GPS、GLONASS 之后的第三个成熟的卫星导航系统。北斗卫星导航系统和美国 GPS、俄罗斯 GLONASS、欧盟 GALILEO 是联合国卫星导航委员会已认定的供应商。

北斗卫星导航系统由空间段、地面段和用户段三部分组成，可在全球范围内、全天候、全天时为各类用户提供高精度、高可靠的定位、导航、授时服务，并且具备短报文通信能力，已经初步具备区域导航、定位和授时能力，定位精度为分米、厘米级别，测速精度 0.2 米/秒，授时精度 10 纳秒。目前，在全球范围内已经有 137 个国家与北斗卫星导航系统签订了合作协议。

随着全球组网的成功，北斗卫星导航系统未来的国际应用空间将会不断扩展。

知名人物

诺伊斯（Robert Norton Noyce），是仙童半导体公司（1957 年创立）和英特尔公司（1968 年创立）共同创始人之一，电子器件集成电路的发明者之一，美国科学院、美国工程院、美国艺术和科学院的三院院士。1959 年 1 月，诺伊斯写出打造积体电路的方案，使元件和导线合成一体。同年 7 月 30 日，仙童提出"半导体器件——连线结构"（美国专利第 2981877 号）的专利申请。1959 年美国国家航空航天局决定阿波罗航天飞机选用诺伊斯的集成电路。1971 年 11 月，罗伯特·诺伊斯被称为"硅谷市长"（the Mayor of Silicon Valley），荣获 AFIPS Harry Goode 奖、IEEE 计算机先驱奖、美国科学奖、美国技术奖等多项奖章，1983 年荣登美国发明家名人堂。

利克莱德（Joseph Carl Robnett Licklider），美国心理学家、人工智能专家，是计算机科学和通用计算机历史上最重要的人物之一、全球互联网公认的开山领袖之一。1937 年在圣路易斯华盛顿大学获得物理学、数学和心理学三个专业的学士学位，1938 年获心理学硕士学位，1942 年获罗彻斯特大学心理声学博士学位。

1960 年，利克莱德设计了互联网的初期架构——以宽带通信线路连接的电脑网络，目的是实现信息存储、提取以及实现人机交互的功能。他的设想最终催生了互联网的前身 ARPANET。1962 年 8 月，在 BBN 的一系列讨论"星际计算网络"（Intergalactic Computer Network）概念的备忘录中，他提出了全球计算网络的最早构想。这些想法包含了当今互联网的几乎所有东西，包括云计算。利克莱德一生中多次获奖，他曾获得富兰克林·泰勒奖，该奖项颁发给在应用实验或工程心理学领域做出杰出贡献的人。在他去世后，被美国国防部授予联邦杰出服务奖。

习 题

4.1 描述图灵机的概念、特点、构成及其在现代计算机科学中所处的位置。

4.2 什么是冯·诺依曼机，它的基本构成有哪些，各构成元素间如何协调工作？

4.3 简述量子计算及量子计算机。

4.4 什么是软件，常见的分类方式是什么，各有何特点？

4.5 简述计算机的工作原理。

4.6 什么是总线？总线传输有何特点？为了减轻总线的负载，总线上的部件都应具有什么特点？

4.7 计算机中哪些部件可用于存储信息？可以按其速度、容量和价格排序说明。

4.8 讨论实现计算机网络通信需要具备哪些条件？

4.9 为实现网络安全需要遵循哪些原则？

4.10 目前计算机网络协议栈采用了分层的方法，思考一下分层具有哪些好处？试举出一些与分层体系结构思想相似的日常生活中的例子。

问题求解

导读

　　当面对某个特定问题时，如何从计算机解决问题的视角出发设计方案以有效求解？如何对问题的求解方案进行合理描述？本章分析了问题求解的基本思想，对问题求解算法的定义及特征进行了阐述，介绍了各种用于描述算法的工具，讲解了几种常用算法，介绍了算法的评价标准。

本章知识点
- ➤ 算法的定义及特征
- ➤ 算法的描述方法
- ➤ 算法的评价标准
- ➤ 几种常用算法

5.1 问题求解思想

　　冯·诺依曼的老师、著名数学家乔治·波利亚（George Polya）在其经典著作《如何解决它：数学方法的新观点》（*How to Solve It: A New Aspect of Mathematical Method*）一书中，针对问题求解过程中人们通常采用的策略进行了描述。

5.1.1 普适的问题求解

　　当面对一个问题或任务时，人们通常会提出若干问题以便明确何时、何地、以何种方式解决问题或完成任务等，直到完全理解任务要求后才会展开后续工作。通常可以总结为下面几个典型问题。

　　1）对该问题我了解多少？

　　2）要找到解决方案必须处理哪些信息？

　　3）解决方案是什么样的？

4）存在什么特例？

5）我如何知道已经找到解决方案了？

波利亚将问题的求解过程概括为以下四个步骤。

第一步，理解问题或任务。明确未知量、数据、条件是什么？条件有可能满足吗？条件是否足以决定未知量？然后考虑引入符号，把条件分割为多个部分，以图形或文字的形式进行描述。

第二步，设计方案。考虑以前是否见过此问题，或者是否见过形式稍有不同的同类问题？仔细研究未知量，试想一个熟悉的、具有同样或类似未知量的问题。如果以前曾经解决过相同或相似的问题，只需要再次使用该方案即可，完全不必重新设计。例如，人们从快递柜取件的流程都是一样的，无须因为快件的不同而专门去学习取件。

识别相似的情况在计算领域内非常有用，一个好的程序员在看到以前解决的任务或任务的一部分（子任务）时，会直接选用已有的解决方案。例如，在网络上查询商品信息时，无论是按销量多少显示还是按价格高低显示、或是按商家距离远近显示，其本质上都是对数据的排序问题。

第三步，执行方案。执行解决方案，检查并确认每个步骤是否正确。

第四步，分析方案。分析结果的合理性和正确性，考虑是否可以将该结果和方案用于其他问题。

5.1.2 计算机问题求解

计算机求解问题的过程可分为三个阶段，即分析和说明阶段、算法开发阶段、实现和维护阶段。第一阶段输出的是关于问题的清晰描述；第二阶段输出的是上一阶段定义的问题的通用解决方案；第三阶段输出的是可以在计算机上运行的程序，该程序是对问题的解决方案，即"算法"的实现。若在程序运行过程中出现了错误，或需要修改程序，则需重复上述阶段的工作，直至得到正确的结果。当前把问题转换为方案的方法有两种，即自顶向下设计（又称为功能分解）和面向对象设计。

自顶向下设计的方法把问题分解为若干个易于处理的子问题，然后再把子问题进一步分解为子问题（称为模块），直到不再需要进一步分解为止。把问题分解为子问题或模块的目的是要独立解决每个模块，例如，一个模块用来读取数据，一个模块用于对数据进行计算，另一个模块用于输出计算结果。可以用树形结构来表示问题和子问题之间的关系，在树形结构中，最顶层是问题的功能说明，其下是细化的后继层。

面向对象的方法是用被称为对象的独立实体生成解决方案的问题求解方法，对象由数据和处理数据的操作构成，该方法的设计重点是对象及其在问题中的交互作用，一旦收集到问题中所有的对象，它们就能构成问题的解决方案。

由于自顶向下的设计思想更能反映人们解决问题的一般方法，本书主要讲解该方法。自顶向下的方法可以概括为分析问题、编写主要模块、编写其他模块、根据需要进行调整或修改四个主要步骤。问题求解过程中要为不同的模块命名，以区分问题的不同功能区块。解决方案中模块的层数并不确定，如果主模块过大，说明该模块中的细节过多，可以将其推延到下一层模块，主模块的主要任务是为下层模块命名。每一层中的一个模块可以载入多个下层模块，逐层细化直至模块中的每个语句都是具体的操作步骤为止。

【例5-1】输入某个班级全体学生的成绩，计算学生平均成绩并输出结果。

解：该问题首先可分解为输入成绩、计算平均成绩、输出平均成绩三个部分。计算平均成绩又可分为计算每个学生的平均成绩以及计算全班各科的平均成绩，该问题的自顶向下求解流程如图5-1所示。

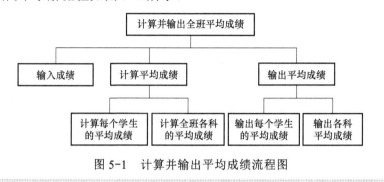

图 5-1　计算并输出平均成绩流程图

5.2　算法基础

将解决现实世界实际问题的方法演变为计算机可以运行的程序，中间桥梁就是计算机算法。计算机科学从业者应致力于寻找好的问题求解算法，而非满足于勉强解决问题。计算思维模式下的问题求解过程包括五个阶段，分别为提出问题、分析问题、设计算法、程序实现和结果检测。

5.2.1　算法的定义

算法是指一个能够被计算机处理的，有限长的操作序列。算法由操作、控制结构、数据结构三要素组成。

操作包含算术运算，如加、减、乘、除等；关系运算，如大于、小于、等于等；逻辑运算，如与、或、非等；其他运算，如输入、输出、赋值等。

控制结构包含顺序结构、选择（分支）结构、循环结构三种。简单说来，顺序结构就是按照先后顺序执行操作；选择结构是根据条件有选择地执行某些操作；循环结构则是指多次重复执行某些操作。

数据结构则是用来描述算法的处理对象"数据"之间的逻辑关系、数据的存储及处理方式，常见的数据结构有线性结构、树状结构、图（网）状结构。数据结构相关知识将在第6章讲述。

例如，关于计算圆周率的算法，我国魏晋时期数学家刘徽发明了割圆术，即用圆的内接正多边形的面积去无限逼近圆面积并以此计算圆周率。可以将算法简单描述如下：

1）对于某个圆形，寻找一个内接正 3×2^n（n 为整数）边形。

2）判断该多边形和圆的面积之差是否充分接近于 0。

3）如果是，则利用内接正多边形的边长和面积值计算圆周率。

4）否则，增加内接正多边形的边数，重复上述过程，直至内接正多边形和圆近似重合。

刘徽首先计算出了圆的内接正 192 边形的周长和面积，得出圆周率为 3.14，后又计算到了正 3072 边形，得出圆周率为 3.1416。

可以发现，设计算法就像设计菜谱，当菜谱设计好后，任何想要制造这道菜的人都可以根据菜谱做出想要的菜。同样，当给出求解某类问题的算法以后，只需按照算法步骤机械地执行这些步骤就可以得到这一类问题的解答，例如，无论内接正多边形是 192 条边还是 3072 条边，抑或是 12288 条边，其计算方法都是一样的，显然，边数越多，所得圆周率的精度越高。

5.2.2 算法的特征

算法和程序设计技术的先驱、图灵奖获得者唐纳德·尔文·克努斯在其经典巨著《计算机程序设计的艺术》（*The Art of Computer Programming*）中对算法的特征给出了如下描述：

1）确定性——要求算法中的每一个步骤都应当是确定的，而不是含糊的、模棱两可的，只要输入数据和初始状态相同，则无论执行多少遍，每次的结果都相同。

2）有穷性——指算法应包含有限的操作步骤，在有限的时间内完成，而不能是无限的。

3）输入——所谓输入是指算法在执行时需要从外界取得的必要信息，一个算法有 0 或多个输入。

4）输出——算法的目的是为了求解，"解"就是输出，一个算法需要有一个或多个输出。输出与输入有关，不同的输入会对应不同结果的输出，没有输出的算法是没有意义的。

5）可行性——算法中的每一个步骤都应当通过有限次基本运算实现，即算法中的每一步操作计算机都可以执行。

5.3 算法的描述

为了有效说明算法的解题思想和处理逻辑以便沟通与交流，需要有适当的方法对算法进行描述，常用的有自然语言、流程图、伪代码和程序语言几种类型。

5.3.1 自然语言

自然语言就是指人们生活中所使用的语言或文字，例如，求一元二次方程根的方法可以描述为"一元二次方程 $ax^2+bx+c=0$ 的根的计算公式是，在 a 不等于 0 的情况下，分子是负 b 加减 b 的二次方减去 $4ac$ 的二次方根，分母是 $2a$。"

显然，自然语言描述的方法通俗易懂，但缺点也比较明显，主要表现如下：

1）文字冗长，容易出现歧义，例如，"张先生对李先生说他的孩子考上了大学"这句话的含义模棱两可，明显存在歧义。

2）难以描述算法中常用的分支和循环等复杂结构，易导致错误的发生。

因此，除了非常简单的问题，一般不用自然语言描述算法。

5.3.2 流程图

流程图就是以特定的图形符号加上说明，用来表示算法的图，也称为框图。在流程图中，用箭头代表各步骤处理的流程，用矩形代表各处理步骤，用菱形代表处理的分支等。常见的流程图符号见表 5-1。

表 5-1　流程图符号

图　形　符　号	符　号　名	说　　明
	起止框	用来表示算法的开始或结束
	输入/输出框	用于输入与输出操作，框中标注输入输出的内容
	处理框	框中标注处理的方式
	判断框	框中标注判断条件并在框外标明不同结果的流向
	流程线	用来连接符号并指示逻辑流向
	连接点	用来连接不同的流程

【例 5-2】求数列 2/1,3/2,5/3,8/5,13/8,21/13,…的前 20 项之和的流程图如图 5-2 所示。

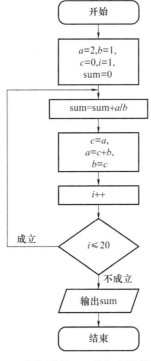

图 5-2　求数列前 20 项之和的流程图

新编计算机导论

5.3.3 伪代码

伪代码是用介于自然语言和计算机语言之间的文字和符号来描述算法,该方法不拘泥于具体的编程语言,无须固定的、严格的语法规则,可以用英文,也可以中英文混用,具有结构清晰、表述简单、可行性好等优点。

【例 5-3】用伪代码描述日程安排。

```
if 9 点以前 then
    处理私人事务;
if 9 点到 18 点 then
    工作;
else
    下班;
end if
```

5.3.4 程序语言

程序语言描述就是指用某种计算机程序设计语言来描述并实现算法,它可以在计算机上执行并获得结果,通常称为程序。

【例 5-4】分别使用 Python 语言和 C 语言编程计算 9 + 8 的和。

Python 程序:
```
a = 9
b = 8
r = a + b
```
C 程序:
```
main ()
{
    int r;
    r = 9 + 8;
}
```

5.4 算法与程序设计

"程序"一词来自生活,通常指为完成某项事物而确定的一套既定活动方式或活动安排,可视为对一系列动作的进行过程的描述,如晚会节目单。生活中对程序性活动的描述可以含糊笼统,实际执行时可以有调整,不一定完全按程序执行。计算机中做的都是程序性的工作,本节将对计算机程序的概念以及算法与程序的关系进行描述。

5.4.1 算法与程序

所谓计算机程序，就是一组计算机能识别和执行的指令，每一条指令使计算机执行特定的操作，从而实现一定的功能。不同于生活中程序的相对灵活性，计算机程序的描述要求绝对严格，计算机作为执行主体，对程序的执行一丝不苟，一步步按程序中的条目行事，没有商量的余地。

计算机的一切操作都是由程序控制的，离开程序，计算机将一事无成。算法则是程序的核心，程序是用某种计算机程序设计语言对某一算法的具体实现。例如，用 C 语言实现的算法就是 C 程序，用 Python 语言实现的就是 Python 程序。正如前面章节所说，设计算法就像编写菜谱，进行程序设计则相当于根据菜谱做出可以食用的一道菜。

程序设计是沟通算法与计算机的桥梁，程序设计的基本目标是应用算法对问题的原始数据进行处理，以解决问题并获得期望的结果。在能实现问题求解的目标前提下，要求算法尽可能占用较少的运行时间和存储空间。

需要注意的是，程序设计并不简单地等同于编写程序，这种理解是片面的。程序设计反映了利用计算机解决问题的全过程，该过程大致分为以下几个步骤：

1）先对问题进行分析并建立问题处理的数学模型。

2）考虑待处理数据的组织及存储形式，设计合适的算法。

3）选取某种程序设计语言来实现算法。

4）上机调试程序并验证结果。

简单来说，使用计算机解决问题时需先设计算法，再使用程序设计语言将算法描述为程序，最后由计算机执行程序。

图灵奖获得者、Pascal 语言之父尼古拉斯·沃斯（Niklaus Wirth）提出了计算机科学界的著名公式："数据结构+算法=程序"，这个公式展示出了程序的本质。算法相当于解决某一类问题的公式与思想，数据结构就是数据的表示，程序则是计算机处理问题的一系列指令。

5.4.2 算法的控制结构

算法最终由程序实现，无论规模如何，算法中的操作步骤都是基于顺序、分支和循环三种控制结构来执行。

1. 顺序结构

顺序结构就是按照操作的先后顺序，从头到尾逐条顺序地执行。顺序结构是一种最简单的程序构造，它是最基本、最常用的结构。现实生活中很多事务的执行流程都是顺序的。例如，李先生每天早上出门上班的大致流程是起床、出门、发动汽车、上路行驶、泊车、到办公室工作，这个顺序基本上是不会发生变动的。顺序结构的流程图如图 5-3 所示。

2. 分支结构

分支结构也称选择结构，包括简单分支结构和多分支结构，此种结构可以根据给定条件进行测试，由条件满足与否而选择执行不同的操作，或者从两个选项中选择一个执行。分支结构也是现实生活中经常用到的。同样以李先生上班问题为例，由于李先生所在城市对机动车限号运行，李先生的汽车每逢周二限行，因此，李先生在出发前还需要判断当天是否为周二，如果是周二的话就要改用其他方式出行了（如公交或打车）。需要注意的是，计算机只会执行算法的指定动作，使用分支结构时必须考虑所有可能的情况，否则计算机不会主动帮你补充被遗漏的动作。图 5-4 中的分支结构表示当条件为"真"时执行语句块 2，为"假"时执行语句块 1。

图 5-3　顺序结构　　　　　　　图 5-4　分支结构

3．循环结构

循环又称重复，它根据给定条件的满足与否来判断是否需要重复执行某一段程序。利用循环结构可简化大量的、需要反复多次执行的程序段。在程序设计语言中，循环结构含当型循环和直到型循环两种类型。当型循环是先判断循环条件，后执行循环体；直到型循环是先执行循环体，后判断循环条件。图 5-5a 为当型循环，图 5-5b 为直到型循环。循环结构在生活中同样常见，如李先生每个月的上班流程都是前面提到的日常上班流程的重复。设计使用循环结构时，需注意设置循环结束的条件，不能终止的循环称为死循环，通常是一种错误的操作（Bug）。

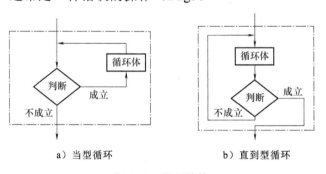

a）当型循环　　　　　　　b）直到型循环

图 5-5　循环结构

5.5 算法的评价

评价计算机算法优劣的标准可以有很多，如运算所需时间长短、需要存储空间的大小、是否容易理解、是否容易实现等。当然，评价算法优劣的前提是算法是正确的，在算法正确的基础之上，为实现公平比较，需要一个统一、客观的标准，该标准就是算法的复杂程度。此外，一个好的算法应具有良好的结构和可理解性。可理解性好的算法便于用户的理解，程序员容易据此编写出正确的程序。

5.5.1 算法的正确性

算法的正确性指算法能正确完成所要求解的问题，就目前的研究来看，要想通过理论方式证明一个算法的正确性是非常复杂和困难的，一般采用测试的方法。测试方法首先针对所要解决的问题设计算法，根据算法编写程序，然后对程序进行测试。

由于不可能输入所有的数据对程序进行测试，因此，常用的方法是选定一些有代表性的输入数据，经程序执行后，查看输出结果是否和预期结果一致，如果不一致，则说明程序中存在错误，应查找并改正错误。

例如，针对计算两个数相除所得商的问题，如果输入 6 和 3 两个数，计算得到 2，说明当前结果是正确的；但若输入 6 和 0 两个数，程序应提示 "0 不能作除数，此计算非法" 之类的结果，而非给出某个数值。

经过一定范围的测试和程序改正，不再发现新的错误后，程序就可以交付使用。当然，在使用过程中仍有可能发现新的错误，需要继续改正，这时的改正称为程序维护。

5.5.2 算法的复杂度

算法复杂度的高低主要体现在算法运行所需占用的时间和空间资源的多少方面，复杂度越高，所需资源越多，反之就越少。算法的复杂度包含时间复杂度和空间复杂度两方面，算法的时间复杂度指依据算法编写出程序后在计算机上运行时所耗费的时间度量，空间复杂度指依据算法编写出程序后在计算机上运行时所需存储空间大小的度量，二者都和问题规模 n 有关。例如，在汉诺塔问题中，n 表示盘子的数目，在 TSP 问题中，n 表示城市的数量。由于时间复杂度与空间复杂度的概念类同，计量方法相似，在对算法的复杂度进行分析时，对时间复杂度的分析考虑得更多。因此，本节主要讨论时间复杂度。

一个算法运行所耗费时间的多少在理论上是无法计算的，必须上机测试才能确定。显然，人们不可能也没有必要对每个算法都进行上机测试。由于影响程序执行时间的因素很多，除了算法本身、输入数据规模以外，还与计算机的性能、编程语言、编程水平等因素有关，因而在分析算法的时间复杂度时，不是分析算法对应程序的具体执行时间，而是抛开计算机软硬件环境，分析算法相对于问题规模 n 所耗费时间的数量级，具体是以算法中基本运算的执行次数来度量计算工作量。基本运算反映了算法运算的主要特征，算法耗费的时间与算法中的基本运算执行次数成正比，基本运算执行次数多的算法显然花费的时间就多。例如，汉诺塔问题中的基本运算是盘子的移动，排序问题中的基本运算是数据间的比较。

最早将计算复杂度严格量化衡量的是著名计算机科学家、算法分析之父高德纳。算法复杂度分析中常用的一种方法是大 O 记法，其中 O 是英文单词 Order（数量级）的首字母，表示当问题规模 n 充分大时，该程序运行时间的一个数量级。需要注意的是，算法分析关注的是解决问题所需的 CPU 时间，而不关注其他必需的服务（如网络连接，输入输出及存储访问）所带来的延迟。

设 $f(n)$ 和 $g(n)$ 是表示与问题规模 n 相关的计算量的函数，两个函数 $f(n)$ 和 $g(n)$ 在大 O 概念上相同，是指当 n 趋近于无穷大时，它们的比值只差一个常数。例如，$f(n)=n\times\log n$，$g(n)=100\times n\times\log n$，二者被视为同一数量级。衡量计算复杂度时关键看 O 后面括号内函数中的变量部分，而非常数因子。

例如，计算量分别为 $10000\times n\times\log n$ 和 $0.00001\times n^2$ 的算法，虽然前者的常数因子大得多，但当 n 趋近于无穷大时，后者的计算量是前者的无穷大倍，因此，二者的计算复杂度分别记为 $O(n\log n)$ 和 $O(n^2)$。前面讲到的汉诺塔问题的时间复杂度为 $O(2^n)$，冒泡排序问题的时间复杂度为 $O(n^2)$。

按数量级递增排列，常见的时间复杂度有常数级 $O(1)$、对数级 $O(\log n)$、线性级 $O(n)$、线性对数级 $O(n\log n)$、平方级 $O(n^2)$、立方级 $O(n^3)$、k 次方级 $O(n^k)$、指数级 $O(2^n)$。随着问题规模 n 的不断增加，上述时间复杂度也不断增大，算法的执行效率不断降低。

5.6 常用算法

针对某一给定问题，要找到有效的求解算法，就需要掌握算法设计思想。算法有很多种，典型的如穷举、递推、递归、迭代、查找、排序、分治、动态规划、贪心、回溯。本节将对部分经典算法进行讲解。

5.6.1 穷举法

穷举法（Exhaustive Algorithm）也称枚举法、蛮力法、暴力破解法，是一种简单且直接的解决问题的方法，其基本思想是逐一列举问题的所有情形，并根据问题提出的条件逐个检验哪些是问题的解。前面讲到的国王的婚姻问题中国王采用的方法，还有 TSP 问题中逐条线路测试的方法都属于穷举法。

穷举法常用于解决"是否存在"或"有多少种可能"等形式的问题，由于其中很多实际应用问题很难靠人工推算解决，而通过穷举设计，可充分发挥计算机运算速度快、擅长重复操作的优势，使得问题求解过程简单明了。穷举法求解问题的步骤如下：

1）列举问题所有的可能解。

2）根据需满足的约束条件筛选解。

【例 5-5】百钱买百鸡问题。

我国古代数学家张丘建在《张丘建算经》一书中提出了"百鸡问题"：鸡翁一，值钱五，鸡母一，值钱三，鸡雏三，值钱一，百钱买百鸡，问鸡翁、鸡母、鸡雏各几何？

简单来说，就是假定公鸡每只 5 元，母鸡每只 3 元，小鸡 3 只 1 元。现在有 100 元，要求买 100 只鸡，如果公鸡、母鸡和小鸡都要有，编程列出所有可能的购买方案。

分析：设公鸡、母鸡、小鸡数目各为 x、y、z 只，根据题目要求，本问题需要满足的条件如下：

$$\begin{cases} x+y+z=100 \\ 5x+3y+(1/3)z=100 \end{cases}$$

　　显然，该问题有三个未知数，两个方程，因而有若干个解。

　　方法一：三个未知数利用三重循环来实现。

　　利用循环结构求解时，确定循环的次数是关键，由于各种鸡都要有，所以公鸡的最高耗费金额为 100-1-3=96 元，96/5≈19，所以公鸡的数量范围是 1～19；同理，可得母鸡的数量范围是 1～31；小鸡的数量范围是 3～98（注意：虽然最多可以购买的小鸡的数目是（100-5-3）×3=276 只，但是由于鸡的总量限制，小鸡的数目要≤98）。问题求解的 C 语言程序如下：

```
// * * * * * * * * * * * *
// *    百钱买百鸡 1    *
// * * * * * * * * * * * *
#include<iostream.h>
int main()
{
    int cocks, hens, chicks;
    for(cocks=1; cocks<=19; cocks++)
        for(hens=1; hens<=31; hens++)
            for(chicks=1; chicks<=96; chicks++)
            {
            if((5*cocks+3*hens+(1/3)*chicks==100)&&(cocks+hens+chicks==100))
                cout<<"Cock:"<<cocks<<",Hens:"<<hens<<",Chicks:"<<chicks<<endl;
            }
    return 0;
}
```

　　方法二：从三个未知数的关系判断，利用两重循环来实现。

　　由于 chicks=100-cocks-hens，因此，当 cocks 和 hens 的值确定后，也就可以确定 chicks 的值，从而可以省略方法一中 chicks 这重循环。问题求解的 C 语言程序如下：

```
// * * * * * * * * * * * *
// *    百钱买百鸡 2    *
// * * * * * * * * * * * *
#include<iostream.h>
int main()
{
```

```
    int cocks, hens;
    for(cocks=1; cocks<=19; cocks++)
        for(hens=1; hens<=31; hens++)
        {
            if(5*cocks+3*hens+(1/3)*(100–cocks–hens)==100)
                cout<<"Cock:"<<cocks<<",Hens:"<<hens<<",
                Chicks:"<<100–cocks–hens<<endl;
        }
    return 0;
}
```

显然，方法二所需要进行的重复操作次数明显要少于方法一，也就是说，方法二的时间复杂度优于方法一。

巧妙和高效的算法很少来自于穷举法，但基于下述因素，穷举法是一种常用的基础算法：首先，从理论上，穷举法可以解决可计算领域中的各种问题，尤其是在计算机运算速度非常快的当下，其应用领域非常广阔；其次，对于小规模问题，应用穷举法求解的速度是可以接受的，此时无须耗费时间去设计效率更高的算法；再次，穷举法可以作为某类问题时间性能的底限，用来衡量同样问题的高效率算法。

5.6.2 回溯法

回溯法（Back Tracking）又称试探法，是一种有着"通用解题法"美称的、比穷举法的暴力破解更为"聪明"的搜索算法。回溯法的核心思想是"向前走，碰壁回头"，就像日常生活中人们在遗失物品时会沿原路返回寻找，或在走迷宫时发现"此路不通"后会退回到上一个岔路口继续搜索一样。

回溯法通过对问题的归纳分析，找出求解问题的一条线索并沿着该线索进行试探，若试探成功，则得到解；若试探失败就逐步往回退，然后换其他路线继续试探。与穷举法相比，回溯法的"聪明"之处在于能适时"回头"，也就是说，若发现再往前走不可能得到解的话就回溯，退一步另寻他路，从而可省去大量的无效操作。

【例 5-6】回溯法的经典案例是八皇后问题，由数学家高斯提出，问题可描述为，将八个皇后放到 8×8 的国际象棋棋盘上，使得任意两个皇后不能互相攻击，即任意两个皇后不能在同一行、同一列或同一条对角线上，问有多少种摆法？

可以将八皇后问题延伸为 n 皇后问题，下面以四皇后问题为例讲解采用回溯法求解问题的思想。

分析：由于每个皇后都必须分别占一行，需要考虑的是在棋盘上为每个皇后分配一列。因此，问题的解题思路是，逐行摆放皇后，先从第 1 行开始，皇后放第 1 列；摆放后续第 i（i=2,3,4）行时，从第 1 列开始逐个判定是否与前面 $i-1$ 行皇后攻击，直至找到一个合适的摆放位置，接着进行第 $i+1$ 行的摆放；若第 i 行没有位置可以摆放，则回溯至第 $i-1$ 行，将第 $i-1$ 行的皇后从当前位置的下一列开始判断；重复上述过程，直至找到一组解为止。

如图 5-6 所示，假设四个皇后分别为 Q1、Q2、Q3、Q4，应用回溯法的求解过程从空棋盘开始，依据如下方式尝试皇后的位置。

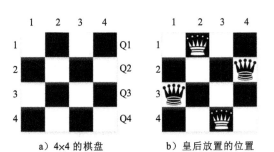

图 5-6　棋盘初始及终止状态图

1）将 Q1 放到第 1 行的第 1 个可能位置，就是第 1 列。

2）考虑 Q2，显然第 1 列和第 2 列尝试失败，因此将 Q2 放到棋盘的（2，3）位置上，也就是第 2 行第 3 列。

3）接下来考虑 Q3，发现 Q3 已经无处可放了，此时算法开始倒退（回溯），将 Q2 放到第 2 个可能的位置，就是（2，4）的位置上。

4）再考虑 Q3，可以放到（3，2）。

5）考虑 Q4，结果无地方可放，再次回溯，考虑 Q3 的位置。

如此下去，直到回溯到 Q1。排除 Q1 原来的选择，把 Q1 放置在第 2 个位置（1，2），继续考虑 Q2 的位置。最后得到解如下。

1）将 Q1 放到（1，2）位置上。

2）将 Q2 放到（2，4）位置上。

3）将 Q3 放到（3，1）位置上。

4）将 Q4 放到（4，3）位置上。

图 5-7 用一棵倒长的树描述了问题的全部求解过程。

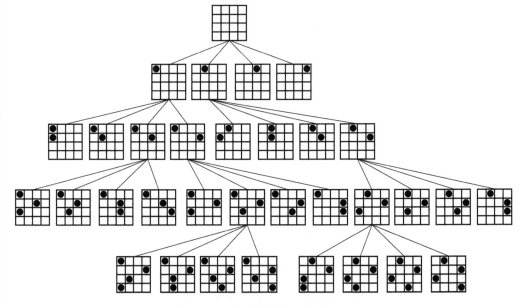

图 5-7　四皇后问题的棋盘状态树

回溯法本质上是一种穷举性质的算法，但因其在搜索过程中通过约束条件的判定，排除错误答案，从而提高了搜索效率，是比穷举法效率更高的算法。

5.6.3 迭代法

迭代法也称辗转法，是一种不断用变量的旧值推出新值、再用新值替换旧值的过程，跟迭代法相对应的是直接法（或者称为一次解法），即一次性解决问题。迭代法是用计算机解决问题的一种基本方法，它利用计算机运算速度快、适合做重复性操作的特点，让计算机重复执行一组指令（或一定步骤），在每次执行这组指令（或步骤）时，都从变量的原值推出它的一个新值。

利用迭代法求解问题时，需要做好以下三方面工作：

1）确定迭代变量。迭代变量是指在迭代过程中可以直接或间接地不断由旧值推出新值的变量。

2）建立迭代关系式。迭代关系式是指能够由变量的旧值推出新值的式子，这是迭代求解问题的关键，通常可以采用顺推或逆推的形式完成。顺推是从已知初始条件出发，从前往后逐步推算出问题结果的方法；逆推是从问题的结果出发，从后往前推，即顺推的逆过程。

3）迭代过程的控制。确定迭代过程的执行和结束条件，不能使其无休止地执行。迭代过程的控制可以分为两种情况，一种是可明确计算出所需的执行次数，此时可采用固定次数的循环实现；另一种则是无法确定迭代次数的情况，此时需根据实际问题归纳出迭代终止的条件。

【例 5-7】用辗转相除法求两个正整数 m 和 n 的最大公约数。

辗转相除法，又名欧几里得算法（Euclidean Algorithm），是求两个数的最大公约数的方法，其具体流程如下：

1）输入 m 和 n。

2）计算 m 除以 n 的余数 r。

3）如果 r 不为 0，则执行步骤 4），否则 n 即为最大公约数，输出 n，算法结束。

4）$m=n$，$n=r$，并计算 m 和 n 的余数赋给 r。

5）返回步骤 3）。

假设 $m=12$，$n=42$，用辗转相除法求解其最大公约数的流程见表 5-2，可知当 $r=0$ 时，$n=6$，因此 12 和 42 的最大公约数为 6。

表 5-2　辗转相除法流程

步数	m 值	n 值	r 值
1	12	42	12
2	42	12	6
3	12	6	0

算法的伪代码描述如下。

输入：m，n

输出：n（m 和 n 的最大公约数）

r 为 m 除以 n 的余数

如果 r 不等于 0，则进入循环：

$m = n$

$n = r$

$r = m$ 除以 n 的余数

循环结束，输出 n，并结束程序。

5.6.4 递归法

递归法是直接或间接地调用自身的算法，是设计和描述算法的一种有力工具，在复杂算法的描述中经常采用。能采用递归描述的算法通常有这样的特征：为求解规模为 n 的问题，需设法将它分解成规模较小的问题，然后从这些小问题的解能够方便地构造出大问题的解，并且这些规模较小的问题也能采用同样的分解和综合方法，分解成规模更小的问题，并从这些更小问题的解构造出规模较大问题的解。特别地，当 $n=1$ 时，能直接得到解。例如，汉诺塔问题是经典的只能用递归方法求解的实例；计算机中文件夹的复制也是一个递归问题，因为文件夹是多层次性的，需要读取每一层子文件夹中的文件进行复制。

递归算法的执行过程分递推和回归两个阶段，在递推阶段，把规模为 n 的较复杂问题的求解推到比原问题简单一些的、规模小于 n 的问题进行求解；在回归阶段，当获得最简单情况的解后，逐级返回，依次得到稍复杂问题的解。因此，运用递归方法求解问题时需具备两个条件：

1）确定递归公式，以将原问题转换为性质相似的独立子问题。

2）具有递归结束的条件，以便结束递归。

由于递归将引发一系列的函数调用，并且可能会有一系列的重复计算，使得递归算法的执行效率相对较低，但对一些特别的问题，用递归实现比非递归实现简单，更易于理解。

【例5-8】斐波那契数列。

13 世纪初，意大利数学家斐波那契（Fibonacci）在其所著《算盘书》中提出关于兔子繁殖的有趣问题：假设兔子出生后的第三个月就能生小兔，并且每月一次，每次恰好一对儿（一雌一雄）。若开始有一对儿出生的小兔，假定没有死亡的情况发生，问一年后共有多少对兔子？

分析：第一、第二个月的兔子对数只有 1 对，第三个月开始，每个月的兔子对数为前两个月的兔子对数之和，即 1,1,2,3,5,8,13,21,…，这组数字可以形成一个有规律的数列，称为斐波那契数列。若令 f_n 表示第 n 个月的兔子对数，则可导出如下计算斐波那契数列的递归公式：

$$\begin{cases} f_1 = f_2 = 1 \\ f_n = f_{n-1} + f_{n-2}, n > 2 \end{cases}$$

用伪代码描述的斐波那契数列的递归求解算法如下：

定义方法 FIB(输入参数 n){

如果 n=0 或者 n=1；

　　则返回参数 n；

否则返回：执行 FIB(参数 n−1)+FIB(参数 n−2)

}

　　对于斐波那契数列来说，由于随着项数的增加，数列前一项与后一项之比越来越逼近黄金分割的数值 0.618 033 9887…，斐波那契数列也被称为黄金分割数列。斐波那契数列在经济领域中的股票、期货技术分析，以及现代物理、化学等领域都有直接应用。大自然中植物的花瓣、茎、叶等也呈现出斐波那契数列的特性。例如，菠萝表皮方块形鳞苞形成两组旋向相反的螺线，它的条数必须是这个级数中紧邻的两个数字（如左旋 8 行，右旋 13 行），向日葵花盘中心种子的排列图案符合斐波那契数列，即以螺旋状从花盘中心开始一直延伸到花瓣，如图 5-8 所示。

图 5-8　斐波那契数列

5.6.5　分治法

　　任何一个可以用计算机求解的问题所需的计算时间都与其规模有关，例如，对一系列整数进行排序所需要的时间就与待排序的整数的个数有关。问题规模越小，解题所需的计算时间往往也越少，从而也越容易计算。当问题的规模变得比较大时，解决问题有时会变得相当困难。

　　分治法（Divide-and-Conquer）就是分而治之，其基本原理就是把一个复杂的问题分解为若干同类型的较小子问题，再把子问题分解为更小的子问题，直至可以对子问题进行简单求解，然后对子问题的结果进行合并，从而得到原问题的解。快速排序、归并排序等高效的算法以及前面提到的国王的婚姻问题中宰相的解题方法都属于分治策略。

　　当前流行的云计算要解决的关键问题之一就是：如何把一个非常大的计算问题自动分解到许多计算能力不是很强大的计算机上共同完成？针对该问题，Google 公司的解决方案是称为 MapReduce 的程序，其基本原理就是常见的分治算法。将一个大任务拆分为小的子任务，并完成子任务的计算过程称为 Map，将中间结果合并为最终结果的过程称为 Reduce。

　　【例 5-9】二分查找，也称折半查找，是在 n 个元素的有序序列 $\{ei, 1 \leqslant i \leqslant n\}$ 中查找某个指定元素。

　　算法思想是将 n 个待查元素分成个数大致相同的两部分，然后将待查元素与中间位置的元素比较，若二者相等，则算法终止；若待查元素的值小于中间位置的元素，则在序列的前半部分进行二分查找，否则在后半部分二分查找。持续上述过程，直到查找成功或该有序序列中没有待查元素为止。

　　如在有序序列 5，11，18，23，32，46，52，65，70，84 中查找元素 52，二分查找的计算过程如下：

1）初始化，令 low=1，high=10。

2）计算 mid=(low+high)/2=5，得 e5=32。

3）因 e5<52，则新的查找区间为 low=mid+1=6，high=10。

4）计算 mid=(low+high)/2=8，得 e8=65。

5）因 e8>52，则新的查找区间为 high=mid−1=7，low=6。

6）计算 mid=(low+high)/2=6，得 e6=46。

7）因 e6<52，则新的查找区间为 low=mid+1=7，high=7。

8）计算 mid=(low+high)/2=7，得 e7=52，查找成功。

问题的详细计算过程如图 5-9 所示。

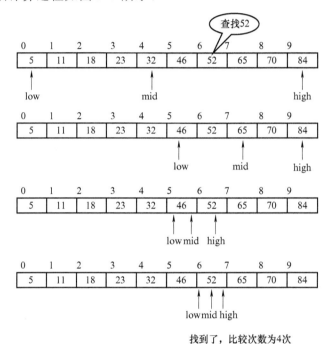

图 5-9　折半查找计算过程

分治与递归经常同时应用于算法设计中，并由此产生了许多优秀算法。分治法的优点是降低了计算的复杂度，缺点是在递归次数太多时会降低计算效率。

5.6.6　贪心法

贪心法也称贪婪法，是最贴近于人们日常生活中处理问题策略的一种方法，此方法是在求解最优化问题时总是做出当前看来是最好的选择，而不考虑将来的后果。这种"眼下能多占便宜就先占着"的贪心者策略就是此类算法名称的来源。

所谓最优化问题是指确定一组参数值，在满足一定约束条件的情况下，使得目标函数值达到最大或最小。优化可分为函数优化（连续变量问题）和组合优化（离散变量问题），属于运筹学中的一个分支，最优化问题广泛应用于生产、生活、经济、管理等诸多领域。

贪心法在求最优化问题的过程中，依据某种贪心标准，从问题的初始状态出发，直接去寻找每一步的最优解，通过若干次的贪心选择，最终得出整个问题的最优解。用这种策略设计的算法往往比较简单，但不能保证求得的最后解是最佳的。在许多情况下，最后解即使不是最优的，只要它能够满足设计目的，这个算法还是有价值的。数据结构课程中要学习的两种经典的求最小生成数的算法——Prim 算法和 Kruskal 算法，都是优秀的贪心算法。

贪心法求解问题的经典实例是找零钱问题：设有一些面值分别为 1 角、5 分、2 分和 1 分的硬币，要求用最少数量的硬币给顾客找一定数额的零钱。贪心法的求解思路是，每次选取最大面额的硬币，直到凑够所需要的找零数。如 2 角 4 分的找零问题，首先考虑的是用"角"，共需要 2 个 1 角，还余 4 分；先考虑 5 分，再考虑 2 分，最后的结果是用 2 个 1 角，2 个 2 分。当然，这种找零的方法不能保证最优。例如，若有面值 7 分的硬币，要找 1 角 4 分，贪心法的结果是 1 个 1 角，2 个 2 分；而实际上用 2 个 7 分的硬币就可以了。

【例 5-10】用贪心算法求解旅行商问题。

问题描述：求解四个城市的旅行商问题，城市间距离矩阵见表 5-3，当旅行商从城市 A 出发，经过每个城市一次且仅一次，最后回到城市 A，应该按照什么样的路线走，使得总行驶距离尽可能短，具体距离是多少？

表 5-3　城市间距离表

城市	A	B	C	D
A	0	7	3	6
B	7	0	8	4
C	3	8	0	5
D	6	4	5	0

分析：从任意城市出发，每次在没有到过的城市中选择最近的一个，直到经过了所有城市，最后回到出发城市。解题步骤如下：

1）从城市 A 出发，找到距离 A 最近的一个城市 C，距离为 3。

2）从未到过的城市中选择距离 C 最近的一个城市 D，距离为 5。

3）循环步骤 2），直到所有城市都经过，此时找到城市 B，距离为 4。

4）由城市 B 回到城市 A，距离为 7。

最终，按照 A→C→D→B→A 的路线走，总行驶距离为 19。

5.6.7　动态规划

动态规划（Dynamic Programming）是运筹学的一个分支，是求解决策过程最优化的数学方法。20 世纪 50 年代初，美国数学家贝尔曼（Bellman）等人在研究多阶段决策过程的优化问题时提出了著名的最优化原理（Principle of Optimality），把多阶段过程转化为一系列单阶段问题，利用各阶段之间的关系，逐个求解，从而创立了解决这类过程优化问题的新方法——动态规划。

多阶段决策过程是指这样一类特殊的活动过程：可以按照时间或空间的顺序将该过程分解为若干相互联系的阶段，在每一个阶段都需要做出决策，从而使整个过程达到最优。当一个阶段的决策确定以后，常会影响到下一阶段的决策，全部过程的决策构成一个决策序列。

动态规划法与分治法类似，其基本思想也是将待求解问题分解成若干子问题，先求解子问题，然后从这些子问题的解得到原问题的解。与分治法不同的是，适合于用动态规划求解的问题，经分解得到的子问题往往不是相互独立的。若用分治法来解这类问题，则分解得到的子问题数目太多，有些子问题被重复计算了很多次。若能保存已解决的子问题的答案，并在需要时再找出已求得的答案，这样就可以避免大量的重复计算，节省时间。可以用一个表来记录所有已求解的子问题的答案，不管该子问题以后是否被用到，只要它被计算过，就将其结果填入表中，这就是动态规划法的基本思路。通常可以按照以下步骤设计动态规划算法：

1）分析并确定问题的最优解的性质，描述其结构特征。

2）递归地定义最优解的值。

3）采用自底向上的方式计算问题的最优解。

4）根据计算最优值时得到的信息，构造最优解。

当前人们在日常生活中经常使用的导航系统就采用了动态规划的方法来辅助用户寻找起点与终点间的最短路径，用户可以根据自身需要选择时间最短或路程最短的出行路线。

【例 5-11】 用动态规划法求解例 5-10 中的旅行商问题。

解：令 d_{ij} 表示从城市 i 到城市 j 的距离，k 为中间经过城市的数量，S 表示到达城市 i 之前中途所经过的城市的集合，(i,S) 为描述过程的状态变量，定义函数 $f_k(i,S)$ 为从城市 A 开始经由集合 S 中 k 个中间城市后到达城市 i 的路线长度，由边界条件可知：

$$f_0(B,\varnothing)=d_{AB}=7, f_0(C,\varnothing)=d_{AC}=3, f_0(D,\varnothing)=d_{AD}=6$$

当 $k=1$ 时，即从城市 A 开始，中间经过一个城市到达城市 i 的最短距离如下：

$$f_1(B,\{C\})=f_0(C,\varnothing)+d_{CB}=3+8=11$$

$$f_1(B,\{D\})=f_0(D,\varnothing)+d_{DB}=6+4=10$$

$$f_1(C,\{B\})=f_0(B,\varnothing)+d_{BC}=7+8=15$$

$$f_1(C,\{D\})=f_0(D,\varnothing)+d_{DC}=6+5=11$$

$$f_1(D,\{B\})=f_0(B,\varnothing)+d_{BD}=7+4=11$$

$$f_1(D,\{C\})=f_0(C,\varnothing)+d_{CD}=3+5=8$$

当 $k=2$ 时，即从城市 A 开始，中间经过两个城市到达城市 i 的最短距离如下：

$$f_2(B,\{C,D\})=\min\left[f_1(C,\{D\})+d_{CB}, f_1(D,\{C\})+d_{DB}\right]=\min[11+8,8+4]=12$$

$$f_2(C,\{B,D\})=\min\left[f_1(B,\{D\})+d_{BC}, f_1(D,\{B\})+d_{DC}\right]=\min[10+8,11+5]=16$$

$$f_2(D,\{B,C\})=\min\left[f_1(B,\{C\})+d_{BD}, f_1(C,\{B\})+d_{CD}\right]=\min[11+4,15+5]=15$$

当 $k=3$ 时，即从城市 A 开始，中间经过三个城市回到城市 A 的最短距离如下：

$$f_3\left(A,\{B,C,D\}\right) = \min\left[f_2\left(B,\{C,D\}\right)+d_{BA}, f_2\left(C,\{B,D\}\right)+d_{CA}, f_2\left(D,\{B,C\}\right)+d_{DA}\right]$$
$$= \min[12+7,16+3,15+6] = 19$$

由此可知，旅行商的最短旅行路线是 A→C→D→B→A 或 A→D→B→C→A，总行驶距离均为 19。

5.6.8 智能算法

虽然借助于计算机的高速计算能力能够解决许多优化问题，但由于在经济和社会发展中存在的大量重要的科技问题都是 NP 难题，当问题规模较大时，由于所谓的"组合爆炸"，导致计算机无法在现有的存储空间和有效的时间内求得问题的最佳答案，于是在实际应用中，为得到一个现实的解决方案，往往放弃获得问题最优解的愿望，退而求其次，智能算法是一种较为满意的问题解决方案。

1. 智能算法的特点

智能算法是受人类智能、生物群体社会性或自然规律等启发而产生的一种新型算法。智能是在生物的遗传、变异、生长以及外部环境的自然选择中产生，在用进废退、优胜劣汰的过程中，适应度高的结构被保留下来，智能水平也随之提高。此类方法有以下共性：即自适应的结构、随机产生或指定的初始状态、适应度的评测函数、修改结构的操作、终止计算的条件、控制过程的参数等；同时还具有自学习、自组织、自适应的特征以及简单、通用、鲁棒性强、适于并行处理的优点，已在并行搜索、联想记忆、模式识别、知识自动获取等方面得到了广泛应用。智能算法的典型代表有遗传算法、模拟退火算法、禁忌搜索算法、蚁群算法、人工神经网络等。

2. 遗传算法

遗传算法（Genetic Algorithm，GA）是一种模拟生物进化论中遗传选择和自然淘汰的过程的计算模型，通过模拟自然进化过程而自适应随机搜索问题的最优解，由美国的约翰·霍兰德（John H. Holland）教授于 1975 年提出。

遗传算法用于求解优化问题时，有两个主要特征，一是不在单个点上寻优，而是从整个种群中选择生命力强的个体产生新的种群；二是使用随机转换原理而非确定性规则来工作。遗传算法使用繁殖（Reproduction）、交叉（Crossover）和变异（Mutation）三个基本操作算子，其中，繁殖用于从旧种群中复制新种群，交叉用于从父代生成子代，变异用于对子代做某种变异。上述操作构成了遗传算法的核心思想：复制是继承、变异是创新。算法的基本步骤如下。

Step 1：将待解问题用染色体表示。

Step 2：生成初始解集（种群）。

Step 3：计算解集中各个解的适应度函数（由所优化问题的目标函数确定）。

Step 4：从解集中抽取两个解作为父代。

Step 5：对父代实施交叉或变异等遗传操作以生成一个后代解。

Step 6：基于某种规则，用后代解替换原解集中某个解。

Step 7：若当前解集符合停机条件，则停止算法，否则转 Step 4。

作为一种有效的全局搜索方法，遗传算法具有简单通用、健壮性强、适于并行处理以及实用、高效等特点，非常适用于处理传统方法不容易解决的复杂问题，应用于生产线优化、导航、农业、医疗、物流等诸多领域。

3. 模拟退火算法

模拟退火算法（Simulated Annealing Arithmetic，SAA）是一种应用广泛的随机智能优化算法，最早由美国物理学家梅特罗波利斯（Metropolis）于 1953 年提出。模拟退火算法的思想来源于物理学中的固体物质的退火原理，先将固体加热至融化，再让其逐渐冷却凝固成规整晶体的热力学过程。加热时，固体内部粒子随温度提升变为无序状，内能增大；在逐渐冷却时粒子渐趋有序，使系统在每个温度下都达到平衡态，最后在常温时达到基态，内能减为最小。模拟退火算法从某一较高初温出发，伴随温度参数的不断下降，结合概率突跳特性在解空间中随机寻找目标函数的全局最优解，算法求解过程大致如下。

Step 1：给定初温 $t=t_0$，$k=0$。

Step 2：令初始状态 $x=x_0$。

Step 3：在当前温度 t_k 下执行如下操作。

1）在 x 的邻域内产生随机扰动 Δx；

2）计算扰动所引起的目标函数（能量）的变化 Δf；

3）确定是否接受扰动。

令 $\rho = \min(1, \exp(-\Delta f / t_k))$，任取一随机数 ξ（$\xi \in [0,1]$），比较两者的大小：

$$x = \begin{cases} x + \Delta x & \rho \geq \xi \\ x & \text{否则}； \end{cases}$$

4）重复 Step 3 直到满足抽样稳定准则。

Step 4：按一定方式降温，如 $t_{k+1} = \alpha t_k$（$0 < \alpha < 1$）。

Step 5：令 $k=k+1$。

Step 6：若满足算法终止准则，退火过程结束；否则返回 Step3。

模拟退火算法在求解优化问题时，不仅接受对目标函数（能量函数）有改进的状态，还以某种概率接受使目标函数恶化的状态，从而可避免其过早收敛到某个局部极值点，并最终趋于全局最优。

目前，模拟退火算法对求解组合优化问题有很好的效果，已在工程中得到了广泛的研究和应用，其中典型优化问题有旅行商问题、0-1 背包问题、最大割问题、图着色问题、调度问题、排序问题、选址问题以及多目标问题等。

4. 禁忌搜索算法

禁忌搜索算法（Tabu Search，TS）由美国科罗拉多大学系统科学家格洛弗（Glover）于 1986 年提出，算法引入一种称为禁忌表的记忆装置，从一个初始可行解出发，建立一个解的序列，然后基于某种规则（如费用、路线长度等目标值的最小化）执行改善步骤，在建立序列时，将最近若干步内得到的解存储在禁忌表中，以避免后续搜索时再次重复表中的解，也就是说，只有不在禁忌表中的较好解（可能比当前解差）才能作为下一次迭代的初始解。随着搜索的进行，禁忌表不断更新，经过一定的迭代次数后，最早进入禁忌表的项将被删除。

禁忌搜索算法的基本流程如下。

Step 1：选择初始解 x，将禁忌表 T 置为空。

Step 2：在当前解的邻域选取满足不受禁忌的候选集，选取候选集中适应度值最高的一个解 x^*。

Step 3：若 x^* 的适应度值优于当前解，则 $x=x^*$，更新禁忌表，将 x 置于 T。

Step 4：判断是否满足算法停止条件，如果满足，则输出最优解，否则返回 Step2。

由于禁忌搜索算法容易理解和实现，具有较强的通用性且局部开发能力强，收敛速度快，自提出以来，已被应用于 TSP 问题、车辆路径问题、二次分配问题、工件排序问题、电路设计问题、图着色问题、背包问题等诸多优化难题。在 20 世纪 90 年代，禁忌搜索算法成功求解出有几十万个节点的大型 TSP 问题。

5. 蚁群算法

蚁群算法（Ant Colony Optimization，ACO）也称蚂蚁算法，由意大利科学家多里戈（Dorigo）在 20 世纪 90 年代初提出。蚁群算法模拟蚂蚁在搜索食物过程中的行为特性，即蚂蚁在搜索食物时，能在其走过的路径上释放信息素，使得一定范围内的其他蚂蚁能够察觉并影响其行为。路径上走过的蚂蚁越多则留下的信息素浓度越大，后续蚂蚁选择该路径的概率也就越高。同时，信息素会逐渐挥发，从而随着时间的推移，一些长期无蚂蚁通过的路径上的信息素将逐渐消失，最后将会形成一条寻找食物的最佳路线。由于蚁群算法采用分布式并行计算机制，具有较强的鲁棒性，且易于同其他优化算法相结合，使蚁群算法受到研究者们的广泛关注。简单蚁群算法的执行流程如下。

Step 1：初始化 t 及蚁群 $A(t)$。

Step 2：评价 $A(t)$。

Step 3：若不满足终止条件，则 $t=t+1$，释放信息素，蚂蚁移动，信息素挥发，返回 Step 2。

Step 4：若满足终止条件，结束算法。

蚁群算法最初应用于求解 TSP 问题，随着对蚁群算法研究的不断深入，其理论越来越丰富和完善。伴随各种改进策略的不断提出，蚁群算法在图着色问题、车辆路径问题、车间作业调度问题、机器人路径规划、大规模集成电路设计、通信网络中的负载平衡等领域得到了极大应用，展现出仿生优化算法的强大生命力及广阔的应用前景。

6. 人工神经网络

人工神经网络（Artificial Neural Network，ANN）是指模拟人脑神经系统的结构和功能，运用大量的处理部件，由人工方式建立起来的网络系统，由美国生物物理学家霍普菲尔德（Hopfield）于 1982 年首次提出。神经网络是一种运算模型，它从信息处理的角度对人脑神经元网络进行模拟和抽象，按不同的连接方式组成不同的网络。人工智能领域中，在不引起混淆的情况下，神经网络一般都指人工神经网络。

该方法用于优化问题求解的思想是，为神经网络引入适当的能量函数，使其与问题的目标函数相一致，以此来确定神经元之间的连接权重，伴随网络状态的变化，能量不断减少，最后达到平衡时，即收敛到一个局部最优解。

自霍普菲尔德和汤克（Tank）于 1985 年用 ANN 成功求解 TSP 问题获得成功以来，ANN 受到了极大关注，目前已在模式识别、智能机器人、自动控制、预测估计、生物、医学、经济等领域展现出了良好的智能特性。

■ 延展阅读

量子计算与量子计算机

量子计算是一种遵循量子力学规律调控量子信息单元进行计算的新型计算方式，执行量子计算的设备被称为量子计算机。量子计算的概念最早始于 20 世纪 80 年代，物理学家保罗·贝尼奥夫（Paul Benioff）在 1980 年完整描述了图灵机模型并证明了可逆量子计算的理论可行性，奠定了量子计算的基础。诺贝尔奖获得者、物理学家理查德·费曼（Richard Feynman）于 1982 年在保罗·贝尼奥夫的基础上提出了量子计算机的概念。1985 年，英国牛津大学大卫·多伊奇（David Elieser Deutsch）教授首次提出量子图灵机架构，验证了量子计算并行的可能性。20 世纪 90 年代初，美国贝尔实验室的皮特·休尔（Peter Shor）和洛夫·格罗弗（Luv Grover）分别于 1994 年和 1996 年提出量子分解算法（Shor 算法）和量子搜索算法（Grover 算法），凸显了量子计算对于特定问题解决的巨大优势，量子计算开始引起学术界和国防部门的重视。

传统计算机和量子计算机最本质的差别在于对物理系统的状态描述，在传统计算机中，1 比特只能表示 0 或 1，而量子计算机中的量子比特除了可以表示 0 或 1 外，还能利用量子特性表示 0 和 1 的叠加态。例如，对于一个 2 比特的数据，传统计算机只能处理 00、01、10、11 四个二进制数中的一个，但量子计算机可以同时处理以上状态，并且这种并行计算能力能随着量子比特数的增加呈指数式增长。由于量子力学叠加态的存在，量子计算机与经典计算机相比具有更强大的并行信息处理能力，并有望解决经典计算机无法解决的问题。

量子计算的到来将给现代网络安全带来巨大冲击，自 20 世纪 90 年代以来，非对称加密方式 RSA 是用于网络数据传输、身份认证、在线支付等互联网应用的主要加密方式。传统计算机需要花费上万年才能破解 RSA 加密密钥，在理论上保障了信息传递的安全性。而量子计算强大的并行计算能力仅需几分钟便可完成密码的破译，网络安全、隐私安全乃至国家安全正面临前所未有的挑战。

加快发展量子科技，对促进高质量发展、保障国家安全具有非常重要的作用，量子科技已经成为继人工智能之后，各国竞相角逐的又一关键性前沿科技领域。包含美国、英国、日本、印度、俄罗斯在内的世界主要国家和地区都高度重视量子科技发展，先后出台各项政策措施以加大对量子科技的规划布局和支持，从而抢占新一轮科技革命的战略高地。在我国，量子科技产业获政策持续支持，已上升为国家战略。我国"十四五"规划明确提出聚焦量子信息等领域组建国家实验室，实施具有前瞻性、战略性的国家重大科技项目，研制通用量子计算原型机和实用化量子模拟机。

我国在量子计算机研究领域处于全球领先地位，2020 年 12 月，中国科学技术大学潘建伟院士团队构建了 76 个光子、100 个模式的量子计算原型机——"九章"，它在处理高斯玻色取样问题上的速度比当时世界上最快的超级计算机"富岳"快 100 万亿倍，该成果标志着我国成功达到了量子计算研究的第一个里程碑——量子计算优越性（Quantum Supremacy，又称"量子霸权"）。

继"九章"之后，潘建伟团队又成功研制出 62 比特可编程超导量子计算原型机"祖冲之号"，并实现可编程的二维量子行走。该成果于 2021 年 5 月 7 日在线发表于《科学》杂志，相比于光量子计算等技术路线，超导量子计算系统具有更好的参数可调性，可满足不同实验和应用需求。在超导量子处理器上成功演示可编程量子行走，是超导量子计算的重要里程碑，为在超导量子系统上实现量子优越性奠定了重要技术基础。

2021 年 10 月，"九章"和"祖冲之号"的升级版"九章二号"和"祖冲之二号"双双问世。"九章二号"比"九章"快 100 亿倍，"祖冲之二号"在处理量子随机线路取样问题上的速度比当时最快的超级计算机快 7 个数量级。"祖冲之二号"实现了 66 量子比特，计算复杂度比之前谷歌的 53 比特超导量子计算原型机"悬铃木"提高了一百万倍，使我国成为目前世界上唯一一个在超导量子和光量子两种系统都达到"量子计算优越性"里程碑的国家。

当然，目前所有的量子计算，不管是国内还是国外，都只是实验室里的原型机，离实际应用还需要一段时间。

人物

波利亚（George·Polya），美籍匈牙利人，著名数学家、教育家，法国科学院、美国国家科学院和匈牙利科学院院士，以他的名字命名的波利亚计数定理是近代组合数学的重要工具。波利亚是杰出的数学教育家，他对数学思维一般规律的研究，堪称是对人类思想宝库的特殊贡献。他在概率论、组合数学、图论、几何、代数、数论、函数论、微分方程、数学物理等领域都有建树，重要数学著作有《怎样解题》《不等式》（与哈代、李特伍德合著）、《数学的发现》多卷、《数学与猜想》多卷。为了表彰波利亚的特殊贡献，1963 年美国数学协会（MAA）授予他数学杰出贡献奖。

高德纳（Donald Ervin Knuth），美国计算机科学家，算法和程序设计技术的先驱者，计算机排版系统TeX和字形设计系统 METAFONT 的发明者，他因这些成就和大量创造性的影响深远的著作而誉满全球。

高德纳所著经典巨著《计算机程序设计的艺术》被认为其作用和地位可与数学史上欧几里得的《几何原本》相比，该著作与爱因斯坦的《相对论》、狄拉克的《量子力学》、理查·费曼的《量子电动力学》等经典相比肩，并荣获 1974 年度图灵奖。

沃斯（Niklaus Wirth），瑞士计算机科学家。少年时代的沃斯与数学家 Pascal 一样喜欢动手动脑。1958 年，他从苏黎世工学院取得学士学位后到加拿大的拉瓦尔大学深造，之后进入美国加州大学伯克利分校获得博士学位。

1963 年到 1967 年，沃斯成为斯坦福大学的计算机科学部助理教授。在斯坦福大学成功开发出 Algol W 以及 PL360 后，沃斯于 1967 年回到瑞士，第二年在母校苏黎世工学院创建与实现了当时世界上最受欢迎的语言之———Pascal 语言，基于其开发程序设计语言和编程的实践经验，沃斯于 1971 年提出了"结构化程序设计（Structure Programming）"的概念。由于提出了在计算机领域人尽皆知的著名公式：算法+数据结构=程序（Algorithm+Data Structures=Programs），沃斯于 1984 年获得图灵奖。

习　题

5.1　简要描述计算机求解问题的思想或方法。

5.2　什么是算法，算法有什么特征？

5.3　简述算法的评价方法。

5.4　用生活或学习工作中的实例说明程序的顺序、分支和循环结构。

5.5　说明程序与算法的联系与区别。

5.6　请用递归和迭代两种方法求 $N!$。

5.7　最强大脑最终决战来了，场上还剩下四位选手，为了选出最强大脑，评委们决定通过分数来评选，最高分就是最强大脑。分数分为基础分数和比赛额外分数。基础分数是选手之前比赛获得的，固定不变。比赛额外分数是通过决赛中小任务获得，每次成功完成小任务加一分，失败扣一分。现在给出四位选手的基础分，小任务总数以及每场小任务的得分情况，请你设计算法，帮忙看看谁是最强大脑。

5.8　小 H 很爱喝某种饮料，可这是不健康的。小 D 为了限制小 H，推出了以下政策：小 H 以后只能用现在手头上的钱买该种饮料，已知每瓶饮料 3 元钱，这些钱没了的话就再也不能买了，但是小 H 可以用手上的饮料瓶子来换，每 3 个瓶子可换一瓶新的饮料，并且小 H 拥有神技赊账：她可以赊一瓶饮料，只要她在喝完后还回去一瓶饮料即可。请机智的你帮小 H 算一算她最多能喝几瓶饮料。

5.9　查阅资料，寻找用智能算法求解 TSP 问题的例子，根据自身理解选择适当方式描述算法。

新编计算机导论

第6章

数据管理

　　现代计算机系统计算环境非常复杂，程序是如何被自动执行的？如何合理描述现实世界的数据特征以便计算机处理？如何有效组织并管理数据，以满足用户对数据的查询、更新等实际需求？如何对功能不同、场景各异、目标繁杂的大量程序、数据、软件和硬件资源进行有效的协同和管理？以上几个问题都是计算机科学必须考虑的重要方面。本章将从计算机对数据进行管理的角度出发，讲解涉及的学科知识及相关计算思维的体现。

本章知识点
- ➤ 操作系统的概念及功能
- ➤ 数据结构的概念及特点
- ➤ 数据库的概念及功能

6.1 操作系统

　　现代计算机系统是由处理器、内存、磁盘、键盘、打印机、网络接口以及其他外部设备组成的一个复杂系统。为了使计算机系统中的所有软件、硬件资源协调一致，有条不紊地工作，就必须有一个软件来进行统一的管理和调度，这种软件就是操作系统。

6.1.1 操作系统的定位

　　操作系统是计算环境的管理者，是计算机中最基本、最重要的系统软件。系统软件负责在基础层上管理计算机系统，它为创建和运行应用软件提供了工具和环境。系统软件通常直接与硬件交互，提供的功能比硬件自身提供的更多。

　　操作系统是系统软件的核心，负责管理计算机的硬件和软件资源，并提供人机交互的界面，其中硬件资源包括 CPU、内存和外部设备，软件资源包括各种以文件存在的程序、数据和文档资料。

图 6-1 描述了操作系统与计算机软、硬件间的层次关系。从结构上看，操作系统直接配置在裸机之上，是对硬件系统的首次扩充，其他系统软件和应用软件都必须建立在操作系统的基础之上，在操作系统支持下才能运行。操作系统是连接计算机软硬件的纽带，直接操作裸机极为不便，会严重影响工作效率、降低机器的利用率。若一台计算机没有操作系统，就如同一个人没有大脑，会一事无成。

计算机启动后，操作系统的核心程序及其他需要经常使用的指令就从硬盘装入内存，用户看到的是已经加载了操作系统的计算机，通过操作系统提供的命令和功能，用户不必了解硬件结构就可以方便地使用计算机，从而大大提高了工作效率。

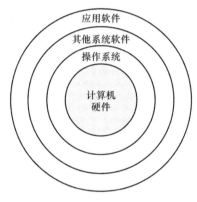

图 6-1　操作系统与计算机软、硬件间的层次关系

6.1.2 操作系统的核心概念

进程和并发是现代操作系统中最重要的基本概念，也是操作系统运行的基础。现代计算机可以同时做多个事情的原因得益于上述概念的引入，例如，在用户浏览网页的同时，计算机还可以读取磁盘并控制打印机打印一篇文档。

进程是指在系统中能独立运行并作为资源分配的基本单位，其本质上是一个正在执行的程序。进程是一个动态的概念，是对正在执行程序的一个抽象。程序是一个静态的概念，是指令和数据的集合，作为一种文件，可长期存储在外存中。一个程序可以对应一个或多个进程；反之，一个进程可以对应一个程序或一个程序的一部分。

并发（Concurrency）是指两个或多个事件在同一时间间隔内发生，并发不同于并行（Parallelism），并行是指两个或多个事件在同一时刻发生。并发好比一个理发师同一时段给三个顾客服务（但他不可能在同一个时间点同时为三个人理发，只能轮流为三个人服务）；而并行就好比有三个理发师同时为三个顾客服务。并行性具有并发的含义，但并发不一定具有并行性。在单 CPU 的计算机系统中，多个程序是不可能同时执行的，只有在多 CPU 系统中才能实现多个程序并行执行。

在未引入进程的系统中，程序的执行方式是顺序执行，在内存中仅装入一道用户程序，使其独占系统中的所有资源，只有在一个用户程序执行完成后才允许装入并执行另一个程序。例如，同一个程序的计算和输入输出操作只能顺序执行，在计算操作告一段落之前，输入输出操作只能等待，反之亦然。显然，此种方式造成了资源的浪费，系统运行效率低。在进程模型中，为计算操作和输入输出操作分别建立一个进程后就可以使二者并发执行。

为了提高资源利用率和系统吞吐量，操作系统通常采用多道（两个以上相互独立的）程序技术，将多个程序同时装入内存，使它们共享系统资源、并发执行。在一个多道程序设计系统中，CPU 可由一道程序切换至另一道程序，使每道程序各运行几十或几百毫秒。严格来说，在某一个瞬间，CPU 只能运行一道程序，但在 1 秒钟期间，则可能运行多道程序，从而给人造成了并行的错觉，因而也称为伪并行。

例如，某个周末的下午，独自在家的小王正按照食谱学做一道酸菜鱼，厨房里有所需要的各种食材。酸菜鱼食谱就可以看作程序，各种食材就是输入数据，小王就是CPU。进程则是小王阅读食谱、加工食材、烹饪食材等一系列动作的总和。此时，突然手机铃声响起，原来是小王在几天前以到付方式网购的一个快件到货了，需要他出门支付货款并取货。因此，小王就需要记录他的烹饪工作进行到了食谱中涉及的哪一步，然后去处理取快件的相关活动。也就是说，CPU 由做酸菜鱼的进程切换到了另一个优先级更高的取件进程，每个进程都拥有自己的程序。取件回来后，小王又从他离开的步骤开始继续做酸菜鱼。显然，实现并发的关键是如何完成系统内多个进程间的切换。

6.1.3 操作系统的功能

简单来说，操作系统是一组控制和管理计算机硬件和软件资源，合理地对各类作业进行调度，以提高资源利用率、方便用户使用的程序的集合。操作系统的功能主要有处理器管理、存储管理、设备管理、文件管理和用户接口五个方面。

1. 处理器管理

在传统的多道程序环境下，处理器的分配和运行都是以进程为基本单位，因此对处理器的管理可归结为对进程的管理。处理器管理的主要任务就是对处理器的分配和调度进行管理，以使处理器资源得到有效利用，可分为进程控制、进程同步、进程通信以及进程调度几个方面。

进程控制——进程控制的主要功能是创建和撤销进程，控制进程在程序运行过程中的状态转换。

进程同步——进程同步的主要任务是为多个进程的运行进行协调，以使多个进程有条不紊地并发执行。

进程通信——进程通信用来实现一组相互合作的进程间的信息交互，例如，对于输入、输出和打印三个相互合作的进程，输入进程负责将所有输入的数据传送给计算进程；计算进程利用输入数据进行计算，并把计算结果传送给打印进程；打印进程负责打印计算结果，三者之间的信息交换都靠进程通信完成。

进程调度——进程调度是指按照一定的算法来选择某个进程，为其分配处理器资源并投入运行，如先来先服务、最短作业优先、循环调度（将处理时间均分给所有准备就绪的进程）等算法。

2. 存储管理

存储管理的主要对象是内存，内存一直都是计算机系统的一种重要资源。所有程序在执行时都存储在内存中，这些程序引用的数据同样也需要存储于内存，以便程序访问。随着计算机技术的发展，系统软件和应用软件无论在功能、种类还是数量上都在迅速膨胀，目前一台普通的家用计算机的内存容量都已远超 20 世纪 60 年代全世界最大的大型计算机 IBM7094（内存容量为 1MB）。虽然内存的容量一直在扩大，但程序大小的增长速度要远超于内存容量的增长，如 Windows 10 家庭中文版系统要求至少 2G 的内存，就如帕金森定律所说：存储器有多大，程序就会有多大。因此，存储器仍然是一种宝贵而又稀缺的资源。

存储管理的主要任务是为多道程序的运行提供良好的环境，提高内存利用率，方便进程并发执行，为用户使用存储器提供方便，主要包括内存分配、内存保护、地址映射和内存扩充这四个方面的功能。

内存分配——用户程序要在系统中运行，必须先装入内存，然后转变为可以执行的程序。内存分配的主要任务是为每道程序分配内存空间，提高存储器的利用率。

内存保护——在非常简单的操作系统中，内存中一次只能存在一个程序，若想运行第二个程序，第一个程序就必须被移出，然后把第二个装入内存。较复杂的操作系统允许在内存中同时运行多个程序，内存保护机制可以确保包括操作系统在内的这些程序间彼此互不干扰。

地址映射——应用程序经过编译链接后便形成了可装入程序，这些程序的地址都是从 0 开始的，程序中的其他地址都是相对于起始地址计算的，把程序中使用的地址称为逻辑地址，由这些地址所形成的地址范围称为逻辑地址空间。内存可以看作是由 8、16 或 32 位的基本单元构成的一块大的连续存储空间，内存中每个字节或字有一个对应的地址，由内存中一系列单元所限定的地址范围称为物理地址空间，其中的地址称为物理地址。程序中充斥着对变量的引用和对程序中其他部分的引用，在编译程序时，这些引用将被转化为数据或代码驻留的内存地址。地址映射主要实现进程逻辑地址到内存物理地址的转换，以便程序能够正确地运行。

内存扩充——内存扩充并非从物理上扩大内存的容量，而是借助于虚拟存储技术，使用一部分硬盘空间模拟内存，从逻辑上扩充内存容量，使用户所感受到的内存容量比实际容量大得多，以便使更多用户程序并发运行。

存储管理和进程管理都离不开对 CPU 的调度，以确定某个时刻 CPU 要执行内存中的哪个进程。

3. 设备管理

设备管理是指对除 CPU 和内存以外的所有 I/O 设备的管理，其主要任务可分为两个方面，一是完成用户的 I/O 请求，为用户进程分配所需的 I/O 设备，完成指定的 I/O 操作；二是提高 CPU 和 I/O 设备的利用率，提高 I/O 速度，方便用户使用 I/O 设备。为实现上述任务，设备管理提供了以下功能：缓冲管理、设备分配、设备驱动和虚拟设备。

缓冲管理—— 在计算机系统中，CPU 的速度最快，而外部设备的处理速度相对较慢，为缓解二者间速度不匹配的问题，提高 CPU 的利用率和系统吞吐量，现代操作系统在内存中设置了缓冲区，并提供了多种缓冲机制以解决该问题。

设备分配—— 设备分配的基本任务是根据用户进程的 I/O 请求及系统现有资源情况，按照某种分配策略为其分配所需设备。对于不同的设备类型应采用不同的分配方式，在设备使用完毕后应立即由系统回收。

设备驱动—— 设备驱动的基本任务通常是实现 CPU 与设备控制器之间的通信，借助设备驱动程序来完成。大致处理过程为，首先检查 I/O 请求的合法性，了解设备状态是否空闲，读取相关传递参数并设置设备的工作方式，然后向设备控制器（执行控制 I/O 的电子部件）发出 I/O 命令，启动 I/O 设备并完成指定操作。

虚拟设备—— 可通过虚拟技术将一台独占设备（如打印机）虚拟成多台逻辑设备供多个用户进程共享使用，不仅能够提高设备的利用率，还可以加速程序的运行，使每个用户都感觉自己在独占该设备。

4. 文件管理

处理器管理、存储管理和设备管理都属于操作系统对硬件资源的管理，对软件资源进行管理是其另一项重要功能。软件资源通常以文件的形式存放在磁盘或其他外部存储介质上，因此软件管理主要表现为文件管理。文件管理的主要任务是实现用户文件和系统文件的存储、共享、保密和保护，方便用户使用文件。文件管理包括：文件存储空间管理、目录管理、文件的读写管理和存取控制。

5. 用户接口

为了方便用户使用操作系统，操作系统向用户提供了"用户与操作系统的接口"，即用户接口，它屏蔽了计算机硬件的操作细节，使用户或程序员与系统硬件隔离开来，用户通过使用这些接口达到方便使用计算机的目的。操作系统为用户提供了命令接口、图形用户接口与程序接口三种类型。命令接口即由用户直接在命令输入界面上输入特定命令符号，由系统在后台执行，并将结果反馈到前台界面或者特定的文件内。图形用户接口是以图形方式显示计算机操作环境的用户接口，与早期计算机使用的命令行界面相比，图形界面对于用户来说更为简便易用，人们无须死记硬背大量的命令，只需通过窗口、菜单、按键等方式来方便地进行操作。程序接口是操作系统为用户程序在执行过程中访问系统资源而设置的，是用户程序取得操作系统服务的唯一途径。它由一组系统调用组成，每一个系统调用都是完成某个特定功能的子程序。在高级语言中往往提供了与各系统调用相对应的库函数，应用程序可通过调用库函数进行系统调用。

总体来说，操作系统在计算机系统中所起的主要作用可以概括为以下两方面。

（1）作为用户与计算机硬件系统间的接口

由于裸机向用户提供的仅是硬件的物理接口，用户必须对物理细节有充分的了解才能有效使用。操作系统隐藏了硬件的实际细节，并提供了多种形式的用户界面，使用户能够方便、快捷、可靠地操作计算机硬件，并为其他软件的开发和运行提供必要的服务和接口。

（2）作为计算机系统资源的管理者

现代计算机系统包含多种硬件资源和软件资源，可将其归结为处理器、存储器、输入输出设备以及文件（程序和数据）四类，操作系统的主要功能就是对这四类资源进行有效的管理。

6.1.4 操作系统的计算思维

计算机系统的硬件基础是冯·诺依曼体系结构，由处理器、存储器、硬盘、鼠标、键盘、打印机等功能繁杂的多种软硬件资源构成，其基本特点是集中顺序过程控制，操作系统也不得不反映该特点。

操作系统对计算资源的管理体现了诸多精妙的计算思维，操作系统涉及的各种角色通常都围绕着一个中心思想，即"良好的共享"。操作系统本质上就是一组能够协同管理各种软硬件资源的复杂程序，这些资源通常由使用它们的程序共享。多个并发执行的程序共享内存、依次使用 CPU、竞争使用 I/O 设备，操作系统则负责担任协调者，确保每个程序都能得到执行的机会。

资源管理通过两种方式实现资源的共享：时间上共享和空间上共享。当一种资源在时间上共享时，不同的程序或用户轮流使用该资源；在空间上共享时，每个用户都能占用部分资源，无须排队。下面将举例说明操作系统设计过程中所体现出来的计算思维。

1. 处理器管理思维

处理器（CPU）是计算机中最重要的资源，处理器管理的目标之一就是最大限度地发挥 CPU 性能并满足不同程序的运行需求。若系统中只有一个 CPU，而多个程序需要在该 CPU 上运行，操作系统依据某种算法选择一个程序执行，在该程序运行一定时间之后再选择下一个程序运行，然后继续选择下一个，最后第一个程序可以再次得以运行。这就是 CPU 资源在时间上的共享，具体的共享方式则由操作系统负责。

操作系统的处理器管理策略体现了良好的时间管理思维，CPU 调度算法中体现出的计算思维可以帮助我们解决许多实际问题。例如，大三要参加研究生入学考试的同学，既要花费时间完成大三阶段学业课程的学习，又要花费时间复习考研课程。如何在总体时间有限的情况下有效分配时间，使得考研课程的复习与大三阶段学业课程的学习兼顾？具体来说，每位同学可以根据自己各门考试课程的掌握程度、学业课进度安排以及距离考试时间的长短，为不同课程学习赋予不同的优先级，安排不同的学习时间，并按此计划轮流学习不同课程。此外，CPU 调度算法对于医院挂号问诊、列车调度、餐厅下单管理等诸多生产和生活领域都有很好的借鉴作用。

2. 存储管理思维

在程序执行时，几乎每一条指令都涉及对存储器的访问，因此要求存储器的速度必须非常快，以便与处理器相匹配，此外还希望存储器具有非常大的容量且价格便宜。显然，这样三个要求是无法同时满足的。考虑时间和价格等因素，现代计算机系统都采用了多级存储空间的管理模式，可将存储系统从上到下依次划分为 CPU 寄存器、高速缓存（Cache）、内存、磁盘缓存、固定硬盘和可移动存储设备，层次越高，访问速度越快，容量越小，价格越高。当 CPU 需要获取数据时，总是先访问速度最快的高层存储器，只有无法从中获取所需数据时才会访问低级存储器。

操作系统通常在若干运行程序之间分配内存，可使每一个运行程序同时驻留内存（为便于轮流使用 CPU）。显然，在内存中同时存放多个程序的效率比把所有内存都分配给一个程序的效率要高得多，这就是资源在空间上的共享。此外，一个磁盘能够同时保存许多用户的文件也属于空间上的共享。

操作系统的存储管理体现了良好的空间管理思维，这与人们日常生活中采用的信息管理模式也是一致的。例如，自己和家人的手机号记得很清楚（常驻内存），给不熟悉的同学打电话时则要查通讯录（虚存）；为方便查询，在大脑（内存）中还要保存上述信息的存储位置或检索方法；当内存中无相关信息时，需要把缺失信息从虚存调入内存。

设计操作系统的过程中，在保证自身正确运作的前提下，考虑尽可能提高系统的效率并兼顾公平，同时提供更多的功能和更好的使用体验，而这样的思维在人类的社会或经济行为中也得到了充分体现。适当使用计算思维已对人们的信息处理方式产生了巨大影响，例如，当前人们对资讯的获取可以轻松通过网络查询实现，互联网搜索引擎的存在则使我们的虚存能够无限放大。基于此，人们不必聘请专业人员上门，即可轻松解决生活中的小问题；不必成为医生、大脑中也无须储存专业的医学知识，即可获取某些简单疾病的治疗方案等。

6.2 数据结构

早期的计算机主要用于数值计算，随着计算机技术的发展和应用领域的普及，计算机更多应用于控制、管理及信息处理等非数值计算领域。与此同时，计算机加工处理的对象也由单纯的数值发展到字符、表格、图形、图像等各种具有一定结构的数据。为了编写出一个"好"的程序，必须分析待处理对象的特性以及各种处理对象之间的关系。

在前面章节曾经讲到，用计算机解决实际问题时，首先要抽象出一个描述具体问题的数学模型，然后设计出模型的求解算法，最后编写程序。事实上，寻求数学模型的本质是分析问题，从中提取操作的对象，并找出对象间的关系，然后用数学的语言加以描述。例如，预报人口增长情况的数学模型为微分方程；预测商品的销售情况可以用统计回归模型。但是，类似于图书馆书目检索、人机对弈、交通信号灯控制等应用的大量非数值计算问题无法用数学公式或方程进行描述。

简单来说，数据结构就是一门研究非数值计算领域程序设计问题中计算机的操作对象及其之间的关系和操作的学科。在计算机科学中，数据结构不仅是一般程序设计（尤其是非数值计算类）的基础，而且是设计和实现编译程序、操作系统、数据库系统及其他系统程序和大型应用程序的重要基础。

6.2.1 基本概念

数据（Data）是对客观事物的符号表示，在计算机科学中是指所有能输入到计算机、并且能被计算机处理的符号的总称。

数据元素（Data Element）是数据的基本单位，在计算机中通常作为一个整体进行考虑和处理。一个数据元素可由若干个数据项（Data Item）组成，数据项是数据的不可分割的最小单位。例如，描述一年中四个季节名的"春、夏、秋、冬"可以作为季节的数据元素，表示家庭成员中各成员名的"父亲、儿子、女儿"可以作为家庭成员的数据元素，表示数据量的各个数"35、21、44、70、66、…"可以作为数值的数据元素。

数据对象（Data Object）是性质相同的数据元素的集合，是数据的一个子集，如字母字符数据对象集合 C={'A', 'B', 'C',…}，自然数数据对象集合 N={1,2,3, …}。

数据结构（Data Structure）是相互之间存在一种或几种关系的数据元素的集合，这种数据元素相互之间的关系称为"结构"。

6.2.2 数据的逻辑结构

数据结构定义中的"关系"描述的是数据元素之间的逻辑关系，因此又称为数据的逻辑结构，通常有如图 6-2 所示的四类基本结构。

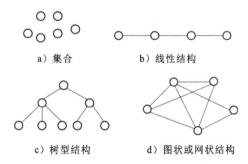

a）集合　　　　b）线性结构

c）树型结构　　d）图状或网状结构

图 6-2　四类基本结构

1）集合：结构中的数据元素之间除了"同属于一个集合"外，没有其他关系。

2）线性结构：结构中的数据元素之间存在一个对一个的关系，如按学号排列的学生名单。

3）树型结构：结构中的数据元素之间存在一个对多个的关系，如一个单位及其各下属部门间的关系。

4）图状或网状结构：结构中的数据元素之间存在多个对多个的关系，如城市交通路线图。

上述关于数据结构的定义仅仅是对操作对象的一种数学描述，是从操作对象抽象出来的数学模型。然而，讨论数据结构的目的是为了在计算机中实现对它们的操作，因而还需研究其在计算机中的表示。

6.2.3　数据的物理结构

数据的逻辑结构在计算机中的表示（又称映象）称为数据的物理结构，也称存储结构，可以认为是数据的逻辑结构在计算机存储器里的实现。数据元素之间的关系在计算机中有两种不同的表示方式：顺序表示和非顺序表示，可由此得出两种不同的存储结构，即顺序存储结构和链式存储结构。

顺序存储结构：用数据元素在存储器中的相对位置来表示数据元素之间的逻辑关系，逻辑上相邻的元素要求物理位置也相邻，常借助于程序设计语言中的数组实现。

链式存储结构：逻辑上相邻的元素不要求其物理位置相邻，元素之间的逻辑关系通过附设的指针字段表示，常借助程序设计语言中的指针实现。

假设用两个字节的位串表示一个实数，则可以用地址相邻的四个字节的位串表示一个复数，图 6-3a 为复数 $z_1 = 3.0 - 2.3i$ 和 $z_2 = -0.7 + 4.8i$ 的顺序存储结构，图 6-3b 为复数 z_1 的链式存储结构，其中实部和虚部之间的关系用值为"0415"的指针来表示（0415是虚部的存储地址）。

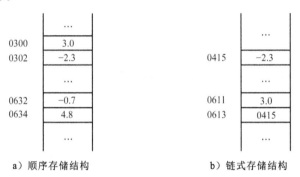

图 6-3　存储结构

数据的逻辑结构和物理结构是密不可分的两个方面，一个算法的设计取决于所选定的逻辑结构，而算法的实现依赖于所采用的存储结构。

6.2.4　常用的数据结构

常用的数据结构有线性表、栈、队列、树和图等。

1. 线性表

线性表（Linear List）是由 n 个类型相同的数据元素组成的有限序列，线性表的逻辑结构是线性结构，线性结构是最基本、最常用的数据结构。线性结构的特点为在数据元素的非空有限集中：

1）存在唯一的一个被称作"第一个"的数据元素。

2）存在唯一的一个被称作"最后一个"的数据元素。

3）除第一个外，集合中的每个数据元素均只有一个前驱。

4）除最后一个外，集合中的每个数据元素均只有一个后继。

可以将线性表表示为

$$(a_1, a_2, \cdots, a_i, a_{i+1}, \cdots, a_n) \quad (n \geqslant 0)$$

其中 n 称为线性表的长度，当 $n=0$ 时称为空表；$n>0$ 时，a_1 称为线性表的第一个元素（首节点），a_n 称为线性表的最后一个元素（尾节点）。$a_1, a_2, \cdots, a_{i-1}$ 是 $a_i(2 \leqslant i \leqslant n)$ 的前驱，其中 a_{i-1} 是 a_i 的直接前驱；$a_{i+1}, a_{i+2}, \cdots, a_n$ 是 $a_i(1 \leqslant i \leqslant n)$ 的后继，其中 a_{i+1} 是 a_i 的直接后继。

例如，由某学校学生的基本信息构成的线性表见表 6-1。

表 6-1　学生基本信息表

学　号	姓　名	性　别	专　业	地　址	电　话
202201	张三	男	计算机科学与技术	北京	106595
202202	李四	男	计算机科学与技术	重庆	168974
202203	李红	女	软件工程	西安	145364
…	…	…	…	…	…

表中的数据元素为表示每个学生基本信息的一条记录，每个学生的基本信息由学号、姓名、性别、专业、地址、电话六个数据项组成。

线性表是一种相当灵活的数据结构，不仅可以对线性表中的数据进行访问，还可以进行插入和删除等操作。

2. 栈和队列

栈和队列是两种重要的，特殊类型的线性表，其特殊性在于二者的基本操作是线性表操作的子集。

（1）栈

栈（Stack）是限定仅在表尾进行插入或删除操作的线性表，因表尾端具有特殊含义，将其称为栈顶（Top），表头端称为栈底（Bottom）。

假设栈 $S = (a_1, a_2, \cdots, a_n)$，如图 6-4a 所示，称 a_1 为栈底元素，a_n 为栈顶元素。栈中元素按照 $a_1, a_2, \cdots, a_n$ 的次序进栈，出栈的顺序则正好相反，即 a_n 先出栈，其次是 a_{n-1}，最后才是 a_1。因此，栈又称为后进先出（Last In First Out，LIFO）的线性表，该特点可以用图 6-4b 中的铁路调度图形象地描述。

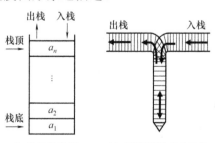

a）栈的示意图　　b）用铁路调度表示栈

图 6-4　栈示意图

栈结构所具有的"后进先出"特性，使得栈成为程序设计中非常有用的一种工具。例如，表达式求值、递归的实现、数制的转换等，只要问题满足后进先出的原则，均可使用栈作为其数据结构。几乎所有的大型程序设计过程中都需要用到栈，在操作系统、编译程序中的使用更为广泛。

（2）队列

队列（Queue）是另一种限定性的线性表，它只允许在表的一端插入元素，而在另一端删除元素，所以队列具有先进先出（First In First Out，FIFO）的特性。在队列中，允许插入的一端叫作队尾（Rear），允许删除的一端称为队头（Front）。这和日常生活中排队的例子是一致的，如等待购物的顾客总是按先来后到的次序排成队列，先得到服务的顾客是站在队头的先来者，而后到的人总是排在队的末尾。

假设队列 $Q=(a_1,a_2,\cdots,a_n)$，如图 6-5 所示，称 a_1 为队头元素，a_n 为队尾元素。队列中元素按照 $a_1,a_2,\cdots,a_n$ 的次序进入，按照相同的顺序离开。

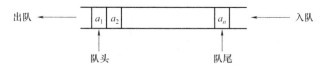

图 6-5　队列示意图

队列在程序设计中也经常使用，一个最经典的例子就是操作系统中的作业排队。在允许多道程序运行的计算机系统中，同时有多个作业运行，若运行的结果都需要从通道输出，则按请求输出的先后顺序排队。每当通道传输完毕可以接收新的任务时，先选择队头的作业进行输出操作，新的输出申请都加入队尾。

3. 树型结构

树型结构是一类非常重要的非线性结构，在计算机领域尤以二叉树最为重要。树（Tree）是由一个或多个节点组成的有限集合 T，其中：

1）有一个特定的节点称为该树的根（Root）节点。

2）除根节点之外的其余节点可分为 m（$m \geq 0$）个互不相交的有限集合 $T1$，$T2$，…，Tm，且其中每一个集合本身又是一棵树，称之为根的子树（Subtree）。

这是一种递归的定义，即在定义中又用到了树这个术语。它反映了树的固有特性，可以认为仅有一个根节点的树是最小树，如图 6-6a 所示，树中节点较多时，每个节点都是某一棵子树的根，如图 6-6b 所示。

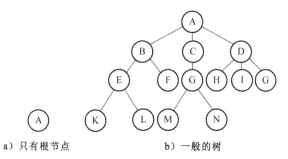

a）只有根节点　　　　b）一般的树

图 6-6　树示意图

直观上看，树型结构是以分支关系定义的层次结构。现实世界中，能用树型结构表示的例子如单位的行政关系、计算机中文件夹的层次结构、人类家族的血缘关系等。树型结构在计算机领域中有着广泛的应用，例如，在编译程序中，用树来表示源程序的语法结构；在数据库系统中，可以用树来组织信息；在分析算法的行为时，可以用树来描述其执行过程等。

树中的节点包含一个数据元素及若干指向其子树的分支，节点所拥有的子树的棵数称为节点的度，树中节点度的最大值称为树的度。树中度为 0 的节点称为叶子节点（或终端节点），与之相对应，度不为 0 的节点称为非叶子节点（或非终端节点、分支节点）。除根节点外，分支节点又称为内部节点。一个节点的子树的根称为该节点的子节点，相应地，该节点是其子节点的双亲节点或父节点；同一双亲节点的所有子节点互称为兄弟节点。从根节点开始，到达某节点 p 所经过的所有节点称为节点 p 的层次路径；节点 p 的层次路径上的所有节点（p 除外）称为 p 的祖先；以某一节点为根的子树中的任意节点称为该节点的子孙节点。树中节点的最大层次值，称为树的深度或树的高度。例如，图 6-6b 中，树的深度为 4，树的度为 3。

对于一棵树，若其中每一个节点的子树（若有）具有一定的次序，则该树称为有序树，否则称为无序树，森林是 m（$m \geqslant 0$）棵互不相交的树的集合。显然，若将一棵树的根节点删除，剩余的子树就构成了森林。

二叉树（Binary Tree）是另一种树型结构，它是 n（$n \geqslant 0$）个节点的有限集合，当 $n=0$ 时为空树，对于非空树：

1）有一个特定的称之为根的节点。

2）其余节点分为两个互不相交的集合 $T1$、$T2$，且 $T1$ 和 $T2$ 都是二叉树，分别称为根的左子树和右子树。

也就是说，二叉树或者是空集，或者是任一节点都有两棵子树（当然，它们中的任何一个可以是空子树），并且这两棵子树之间有次序关系，也就是说，它们的位置不能交换。由于左、右子树也是二叉树，因此子树也可为空树，图 6-7 展现了五种基本的不同形态的二叉树。

   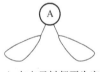

a）空二叉树　　b）只有根节点　　c）右子树为空　　d）左子树为空　　e）左右子树都不为空

图 6-7　五种基本的不同形态的二叉树

二叉树具有下列重要特性：

性质 1：在非空的二叉树中，第 i 层上最多有 2^{i-1}（$i \geqslant 1$）个节点。

性质 2：深度为 k 的二叉树最多有 2^k-1 个节点。

性质 3：在任意一棵二叉树中，度为 0 的节点（即叶子结点）的数量总是比度为 2 的节点多一个。

满二叉树与完全二叉树是两种特殊形态的二叉树。一棵深度为 k 且有 2^k-1 个节点的二叉树称为满二叉树，其特点是每一层上的节点数都达到最大值。图 6-8 所示为一棵深度为 4 的满二叉树。

可对满二叉树的节点进行连续编号，若规定从根节点开始，按"自上而下、自左至右"的原则进行，则可得出完全二叉树的定义。深度为 k，有 n 个节点的二叉树，当且仅当其每一个节点都与深度为 k 的满二叉树中编号从 1 到 n 的节点一一对应时，称为完全二叉树，如图 6-9 所示。

完全二叉树的叶子节点只能出现在最下层和次最下层，且最下层的叶子节点集中在树的左部。图 6-10 所示为一棵非完全二叉树。一个满二叉树必定是一棵完全二叉树，而完全二叉树未必是满二叉树。

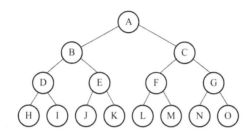

图 6-8　深度为 4 的满二叉树

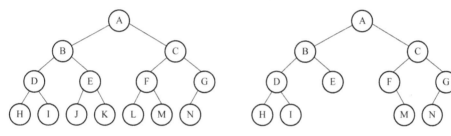

图 6-9　完全二叉树　　　　　　　图 6-10　非完全二叉树

性质 4：具有 n 个节点的完全二叉树的深度为 $\lfloor \log_2 n \rfloor + 1$，其中 $\lfloor \log_2 n \rfloor$ 表示取 $\log_2 n$ 的整数部分。

性质 5：对完全二叉树，若从上至下、从左至右编号，则编号为 i 的节点，其左孩子的编号必为 $2i$，其右孩子编号必为 $2i+1$，其双亲的编号必为 $i/2$（$i=1$ 时为根，除外）。

在二叉树的一些应用中，常常要求在树中查找具有某种特征的节点，或者对树中全部节点逐一进行某种处理，从而提出了遍历二叉树的问题。

遍历二叉树是指以一定的次序访问二叉树中的每个节点，并且每个节点仅被访问一次。访问的含义很广，例如，查询节点数据域的内容，或输出它的值，或找出节点位置，或是执行对节点的其他操作。

遍历二叉树的过程实质是把二叉树的节点进行线性排列的过程。假设遍历二叉树时，访问节点的操作就是输出节点数据域的值，那么遍历的结果就是得到一个线性序列。由于二叉树有左、右子树之分，所以遍历的次序不同，得到的结果就不同。

在遍历二叉树的过程中，一般先遍历左子树，然后再遍历右子树。在先左后右的原则下，根据访问根节点的先后次序，二叉树的遍历可以分为三种：先序遍历、中序遍历和后序遍历，各种遍历操作都能够以递归的形式描述。

1）先序遍历：①访问根节点；②先序遍历左子树；③先序遍历右子树。

2）中序遍历：①中序遍历左子树；②访问根节点；③中序遍历右子树。

3）后序遍历：①后序遍历左子树；②后序遍历右子树；③访问根节点。

例如，图 6-10 中二叉树的先序遍历序列为 ABDHIECFMGN，中序遍历序列为 HDIBEAFMCNG，后序遍历序列为 HIDEBMFNGCA。

4. 图/网状结构

图是对节点的前趋和后继个数不加限制的数据结构，较之线性表和树型结构，图是一种更为复杂的非线性数据结构，图中各数据元素之间的关系可以是"多对多"的关系。图的应用极为广泛，涉及语言学、逻辑学、物理、化学、电讯、计算机科学等诸多领域。

例如，可以用图形数据结构表示某地区的交通运输网络，根据一定的规则，从其中一个节点出发，把货物送到各个地方，选择什么样的路径才能使花费最少。也可以用图来解决周游问题，即采用什么样的路线能够将图中所有的节点均访问一遍，且路程为所有路径之中的最小值。诸如此类的最优化问题均可使用图作为数据组织的方式。

图的定义：图 G 由集合 V 和 E 组成，记为 G=（V，E），图中的节点又称为顶点，其中 V 是顶点的非空有穷集合，E 是两个顶点间关系的集合，E 中的元素称为边。

若图中的边是顶点的有序对，则称此图为有向图，如图 6-11a 所示。有向边又称为弧，通常用尖括号表示一条有向边，如〈v_i，v_j〉表示从顶点 v_i 到 v_j 的一段弧，v_i 称为边的起点（或尾顶点），v_j 称为边的终点（或头顶点），〈v_i，v_j〉和〈v_j，v_i〉代表两条不同的弧。若图中的边是顶点的无序对，则称此图为无向图，如图 6-11b 所示。通常用圆括号表示无向边，如（v_i，v_j）表示顶点 v_i 和 v_j 间相连的边。在无向图中，（v_i，v_j）和（v_j，v_i）表示同一条边，如果顶点 v_i 和 v_j 之间有边（v_i，v_j），则 v_i 与 v_j 互称为邻接点。

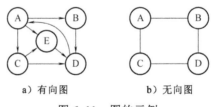

a）有向图　　　　　　　b）无向图

图 6-11　图的示例

图的遍历是从图的某一顶点出发，访遍图中的其余顶点，且每个顶点仅被访问一次。图的遍历算法是各种图的操作的基础。图的遍历可以系统地访问图中的每个顶点，因此，图的遍历算法是图的最基本、最重要的算法，许多有关图的操作都是在图的遍历基础之上加以变换来实现的。图的遍历算法有深度优先遍历和广度优先遍历两种。

图的深度优先遍历类似于树的先序遍历，是树的先序遍历的推广，其基本思想如下：假定以图中某个顶点 v_1 为出发点，首先访问出发点 v_1，然后选择一个 v_1 的未被访问的邻接点 v_2，以 v_2 为新的出发点继续进行深度优先遍历，直至图中所有顶点都被访问过。显然，图的深度优先遍历是一个递归过程。

图的广度优先遍历类似于树的按层次遍历的过程，其基本思想是，从图中某个顶

点 v_i 出发,在访问了 v_i 之后依次访问 v_i 的所有邻接点;然后分别从这些邻接点出发按广度优先遍历图的其他顶点,直至所有顶点都被访问过。

例如,对图 6-12 所示的图分别进行深度优先遍历和广度优先遍历,其结果如下。

深度优先遍历:$v_1 \rightarrow v_2 \rightarrow v_4 \rightarrow v_8 \rightarrow v_5 \rightarrow v_6 \rightarrow v_3 \rightarrow v_7$。

广度优先遍历:$v_1 \rightarrow v_2 \rightarrow v_3 \rightarrow v_4 \rightarrow v_5 \rightarrow v_6 \rightarrow v_7 \rightarrow v_8$。

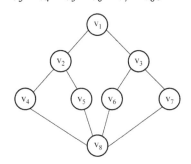

图 6-12　一个具有八个顶点的图

对于上述每种数据结构,均存在多种不同的物理存储方式,并为每种数据结构实现了一些常用的操作,如查找、添加、删除、遍历等。

6.3 数据库

在日常工作及生活中,人们经常会遇到各种信息的存储、查询及处理工作。例如,火车订票系统要存储客户信息、车票信息、车次信息、座位预定信息等相关数据,支持用户对车次、座位、价格等各种信息的查询及更新操作;为保证数据的安全,需为企业和普通用户提供不同的操作权限,同时还需避免不同代理商卖出同一座位的现象发生。在信息时代,如何建立一个满足各级部门信息处理要求的行之有效的系统,以更好地组织和管理数据,有效使用数据,已成为一个企业或组织生存和发展的重要条件。

作为信息系统核心和基础的数据库技术得到越来越广泛的应用,从日常生活中的图书借阅、学生选课及成绩管理、火车订票、网络购物到企业生产管理、计算机辅助设计与制造、电子政务、地理信息系统等几乎各行各业都需要采用数据库技术来存储和处理信息资源。数据库的建设规模、数据库信息量的大小和使用频度已成为衡量一个国家信息化程度的重要标志。

6.3.1 数据管理简史

数据库是实现数据管理的有效技术,是计算机科学的重要分支。数据管理是指对数据的分类、组织、编码、存储、查询和维护等活动,是数据处理的中心环节。伴随计算机软、硬件的发展和应用需求的推动,数据管理技术经历了人工管理、文件系统和数据库系统三个阶段。

1. 人工管理阶段

20 世纪 50 年代中期以前，计算机主要用于科学计算，外部存储器只有磁带、卡片和纸带，没有磁盘等直接存取存储设备；软件方面只有汇编语言，没有操作系统和管理数据的软件。这一阶段的特点是，数据不能长期保存，应用程序管理其所涉及的数据，数据是程序的一部分，数据与程序之间不具有独立性，数据不能共享。

2. 文件系统阶段

20 世纪 50 年代末至 20 世纪 60 年代中期，计算机不仅用于科学计算，还用于信息管理方面。计算机有了磁盘和磁鼓等直接存取存储设备，操作系统提供了专门的数据管理软件—— 文件系统。随着数据量的增加，数据的存储、检索和维护问题成为紧迫的需要，数据结构和数据管理技术迅速发展起来。这一阶段的主要特点是，数据由文件系统管理，能够以文件形式长期保存；数据不再属于某个程序，可以重复使用，但是数据的独立性和共享性差，冗余度高，数据之间的联系比较弱。

3. 数据库系统阶段

20 世纪 60 年代后期以来，数据管理技术进入数据库系统阶段。数据库系统克服了文件系统的缺陷，所有数据由数据库管理系统（Database Management System，DBMS）统一管理，此阶段具有如下特点：采用复杂的数据模型（结构）管理数据，既能描述数据，也能描述数据之间的联系；数据的存取和更新操作都由 DBMS 统一管理，可以解决多用户及多应用的数据共享需求，使数据为尽可能多的用户服务；DBMS 实现了对数据的安全性控制、完整性控制、并发控制以及数据的恢复功能，提供了用户接口。

6.3.2 数据库相关概念

1. 数据

数据是数据库中存储的基本对象，是描述事物的符号记录，包括数字、文字、图形、图像、声音和视频等多种表现形式，它们都可以通过数字化转换后存入计算机。数据的含义称为数据的语义，数据与其语义是不可分的。例如，93 是一个数据，其语义可以是某门课的成绩，某人的体重或某个商品的价格等。因此，数据值本身并不能完全表达其内容，需要通过语义进行解释。

2. 数据库

数据库（Database，DB）是长期储存在计算机内、有组织的、可共享的大量数据的集合。数据库中以统一的数据结构来组织、描述和存储数据，具有较小的冗余度、较高的数据独立性和易扩展性，并可为各种用户共享。

3. 数据库管理系统

数据库管理系统是位于用户与操作系统之间的一层数据管理软件，用于建立、使用和维护数据库。DBMS 提供了数据定义、数据操纵、数据库运行管理及建立与维护等功能。数据定义功能可以使用户对数据库中的对象进行定义；数据操纵功能可实现对数据库数据的查询、添加、修改和删除等基本操作；数据库运行管理功能可实现数据的安全性、完整性和多用户的并发控制，以确保数据正确有效；数据库的建立与维护功能包括数据库初始数据的装入，数据库的转储、恢复、重组织以及系统性能监视、分析等功能。

4. 数据库系统

数据库系统（Database System，DBS）是指在计算机系统中引入数据库后的系统，包括计算机软硬件、操作系统、数据库、数据库管理系统、数据库应用系统、数据库管理员和用户，如图 6-13 所示。

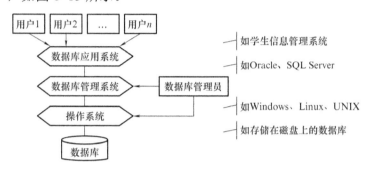

图 6-13　数据库系统

6.3.3　数据模型

模型是对现实世界的某个对象特征的模拟和抽象，如航模飞机可以模拟飞机的起飞、飞行和降落，它抽象了飞机的基本特征，即机头、机身、机翼和机尾。人们在现实生活中经常会遇到各种各样的模型，如房地产公司为展示楼盘情况所提供的建筑设计沙盘、地铁站为乘客提供的描述站点分布及路线情况的地铁线路图、航模飞机等。

数据模型也是一种模型，它是对现实世界数据特征的抽象，用来描述数据、组织数据以及对数据进行操作。现有的数据库系统均是基于某种数据模型的，数据模型是数据库系统的核心和基础。数据模型应满足三方面要求：

1）能比较真实地模拟现实世界。

2）容易理解。

3）便于在计算机上实现。

数据模型通常由数据结构、数据操作和数据的完整性约束条件三部分构成。

1. 数据结构

描述数据库的组成对象以及对象之间的联系，是对系统静态特性的描述。数据结构是刻画一个模型性质最重要的方面，在数据库系统中，通常按照其数据结构的类型来命名数据模型，如层次模型、网状模型和关系模型。

2. 数据操作

对数据库中各种对象（型）的实例（值）允许执行的操作的集合，包括操作及有关的操作规则，主要有查询和更新（包括插入、删除和修改）两类操作，数据操作是对系统动态特性的描述。

3. 数据的完整性约束

完整性是指数据的正确性、有效性和相容性，旨在防止不合语义的、错误的数据进入数据库。正确性指数据的合法性，如数值型数据中只能包含数字而不能包含字母；有效性指数据是否属于所定义的有效范围，如月份只能用正整数 1~12 表示；相容性指表示同一事实的两个数据应相同，不一致就是不相容，如学生的学号必须唯一，学生所选课程必须是学校开设的课程等。数据的完整性约束是一组完整性规则的集合，用以限定符合数据模型的数据库状态以及状态变化，以保证数据的正确、有效和相容。

6.3.4 经典数据模型

数据库领域经典的数据模型有层次模型、网状模型和关系模型，本节将对这三种模型进行简单介绍。

1. 层次模型

层次模型是数据库系统中最早出现的数据模型，层次模型用树型结构表示实体及实体间的联系，树中每一个节点代表一个记录类型，用节点之间的连线（有向边）表示实体之间一对多的联系。层次模型的一个基本特点是，任何一个给定的记录值只能按照其所在层次路径查看，子女记录值不能脱离其双亲而独立存在，描述某大学人员信息的层次模型如图 6-14 所示。

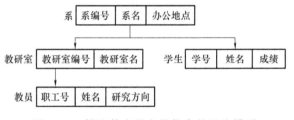

图 6-14 描述某大学人员信息的层次模型

层次模型的优点：数据模型简单，对具有一对多的层次关系的结构描述自然、直观，容易理解；记录之间的联系通过指针实现，查询效率高，性能优于关系模型，不低于网状模型；层次数据模型提供了良好的完整性支持。

层次模型的缺点：只能表示一对多的联系，多对多的联系表示不自然；查询子女节点必须通过双亲节点；对插入和删除操作的限制多，在无相应的双亲节点值时就不能插入子女节点值；如果删除双亲节点，则相应的子女节点也被同时删除；进行更新操作时，应更新所有相应记录，以保证数据的一致性。

层次数据库系统的典型代表是由 IBM 公司于 1968 年推出的第一个大型商用数据库管理系统（Information Management System，IMS），该系统曾得到广泛应用。

2. 网状模型

在现实世界中，事物之间的联系更多的是非层次结构。网状模型用图（网状）结构表示实体类型及实体间的联系，与层次模型不同，它允许一个以上的节点无双亲，并且一个节点可以有多于一个的双亲。网状模型的每个节点表示一个记录类型，节点间的连线表示记录类型之间的联系，图 6-15 描述了学生与课程及选课数据库的网状模型。

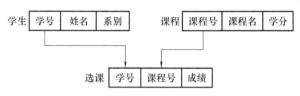

图 6-15　学生与课程及选课数据库

网状模型的优点：能够更直接地描述现实世界，如一个节点可以有多个双亲，节点之间可以有多种联系；具有良好的性能，存取效率较高。

网状模型的缺点：结构比较复杂，而且随着应用环境的扩大，数据库的结构会变得更加复杂，不利于最终用户掌握；数据描述和数据操纵语言复杂，用户不容易使用。

网状模型的代表是 1971 年由美国数据系统语言研究会（Conferenceon Data Systems Languages，CODASYL）中的数据库任务组（Database Task Group，DBTG）提出的、基于 DBTG 模型的网状数据库系统方案，基于该方案，许多公司研发出相应的系统，如 Cullinet 公司的 IDMS、Honeywell 公司的 IDSII、Univac 公司（后来并入 Unisys 公司）的 DMS1100、HP 公司的 IMAGE 等。

网状和层次数据库在很多情况下使用比较方便，但若信息隐藏在数据库中就难以获取。例如，查询"至少一门课成绩在 90 分以上的学生姓名、课程和成绩"等操作，需要沿着很多指针搜索整个数据库，而且信息查询依赖于两类非关系模型的拓扑结构，需要编写一些依赖拓扑结构的程序才能完成查询，没有通用的数据查询操作。

更为糟糕的是，这些数据库没有坚实的数学基础，它们完全可以包含冗余或不一致的信息，而用户可能完全不知情（例如，某门课程要求同学分组合作，然后按照分组给定成绩，此时可能出现组内不同同学得分不一致的现象）。

3. 关系模型

关系模型是最重要的一种数据模型，与以往的数据模型不同，它建立在严格的数学概念基础之上。关系模型 1970 年由 IBM 公司的研究员科德（E.F.Codd）首次提出，由此开创了数据库关系方法和关系数据库理论的研究，为数据库技术奠定了理论基础。科德由关系代数推演出的关系数据库理论包括一系列范式，可以用来检查数据库是否存在冗余和不一致等现象。此外，科德还定义了一系列通用的数据基本操作（相当于关系代数中的算子），使得原来在层次和网络数据库中很复杂的操作在逻辑上变得简明扼要。因为其在数据库领域的杰出工作，科德于 1981 年获得图灵奖。

（1）关系模型的数据结构

从用户的视角看，关系模型由一组关系组成，每个关系的数据结构是一张规范化的二维表，由行和列组成。一个关系对应通常所说的一张表，表中的一行即为一个元组，表中的一列为一个属性，给每一个属性起一个名称即属性名，属性的取值范围称为域。能够唯一标识一个元组的属性或属性组称为候选码，选定其中一个为主码。关系必须是规范化的，满足一定的规范条件。最基本的规范条件要求关系的每一个分量必须是一个不可分的数据项，不允许表中还有表。表 6-2 描述了表示学生信息的关系模型，表 6-3 则为一个非规范关系形式的工资表。

表 6-2　学生信息表

学　　号	姓　　名	性　　别	年　　龄	籍　　贯	专　　业	手　机　号
201201001	吴金华	女	19	江苏省南京市	计算机应用	159…
201202186	张成刚	男	18	湖北省武汉市	人力资源	187…
201302162	王婷	女	19	河南省郑州市	信息安全	186…
201301198	高敬	男	17	陕西省西安市	人工智能	137…
…	…	…	…	…	…	…

上述学生信息表即为一个关系，具有学号、姓名、性别、年龄、籍贯、专业和手机号七个属性。性别的域为（男，女），专业的域为学校所有专业的集合。由于不同学生对应不同的学号和手机号，因此二者可作为候选码，可以选择学号作为主码。可将上述关系描述为如下关系模式：学生（学号，姓名，性别，年龄，籍贯，专业，手机号）。

表 6-3　非规范关系形式的工资表

职工号	姓名	职称	工资			扣除		实发
			基本	津贴	职务	房租	水电	
86051	陈平	讲师	1305	1200	50	160	112	2283
…	…	…	…	…	…	…	…	…

（2）关系模型的数据操纵与完整性约束

关系模型的数据操纵主要有查询、插入、删除和更新，操纵过程需满足实体完整性、参照完整性及用户定义的完整性三类完整性约束。

实体完整性是指关系的主码不能为空值，由于关系模式以主码作为唯一性标识，如果主码取空值，则意味着关系中存在着不可标识的实体。若主码是多个属性的组合，则所有的主码都不能取空值。例如，表 6-2 的学生关系中，学号为关系的主码，学号不能取空值，否则不能对应某个具体的学生。

在关系模型中，实体及实体间的联系都是用关系来描述的，因此可能存在着关系与关系间的引用，参照完整性对引用规则进行了描述。例如，学生实体、专业实体以及专业与学生间的一对多联系可以描述为以下形式：

学生（学号，姓名，性别，专业号，年龄）

专业（专业号，专业名）

其中学生实体的主码为学号，专业实体的主码为专业号。参照完整性要求学生在选择专业时只能参照选择专业关系中现有的专业，或者在学生未确定专业时，在学生关系中允许该项值为空。

用户定义完整性是指根据应用环境的要求和实际需要，对某一具体应用所涉及数据提出的约束性条件。例如，限定本科生的年龄为 16～25 岁，职工基本工资大于 2000 元等。

（3）关系模型的优缺点

关系模型的优点：概念单一，数据结构简单、清晰，用户易懂易用，其中实体和实体间各种类型的联系都用关系来表示，对数据的检索结果也是关系；关系模型具有更高的数据独立性，更好的安全保密性，存取路径对用户透明，用户只要指出"干什么"，不必详细说明"怎么干"，从而简化了程序员的工作和数据库的开发建立工作。

关系模型的缺点：存取路径对用户透明，导致查询效率往往不如非关系数据模型；为提高性能，必须对用户的查询请求进行优化，增加了数据库管理系统的开发难度。

目前，关系模型是数据库设计中最常用的模型，知名的关系数据库管理系统如Oracle、Sybase、SQL Server、MySQL 等。

6.3.5 概念模型

为了把现实世界中的具体事物转换为某一具体数据库管理系统支持的数据模型，常采用以下方法：首先将现实世界中的用户需求进行综合、归纳和抽象，形成独立于具体计算机系统或数据库管理系统的概念模型；然后将概念模型转换为某个DBMS 所支持的数据模型，并进行优化。简而言之，概念模型是面向数据库用户的现实世界的模型，主要用来描述现实世界的概念化结构，是现实世界到机器世界的第一层抽象。

如同现实生活中在建筑设计、施工、装修的不同阶段使用不同的图纸一样，在数据库应用系统的开发及实施过程中也会采用不同的数据模型。按照应用层次的不同，可将数据模型划分为概念模型、逻辑模型和物理模型。概念模型（也称信息模型）是按用户的观点对数据和信息建模，主要用于数据库设计；逻辑模型是按计算机系统的观点对数据建模，用于数据库管理系统实现，如前面提到的网状模型、层次模型、关系模型等；物理模型用于描述数据在系统内部的表示方式和存取方法，在磁盘或磁带上的存储方式和存取方法，由 DBMS 负责实现。

1. 基本概念

概念模型的表示方法有很多，由陈品山（P.P.S.Chen）于 1976 年提出的实体——联系方法（Entity-Relationship Approach）是常用的一种方法，该方法用 E-R 图来描述现实世界的概念模型，也称为 E-R 模型，主要涉及以下基本概念。

1）实体（Entity）：客观存在并可相互区别的事物称为实体，可以是具体的人、事、物或抽象的概念。

2）属性（Attribute）：实体所具有的某一特性称为属性，一个实体可以由若干个属性来刻画。

3）码（Key）：唯一标识实体的属性或属性集称为码。

4）域（Domain）：属性的取值范围称为该属性的域。

5）实体型（Entity Type）：同类实体称为实体型，用实体名及其属性名集合来抽象和刻画。

6）实体集（Entity Set）：同型实体的集合称为实体集。

7）联系（Relationship）：现实世界中事物内部以及事物之间的联系在信息世界中反映为实体内部和实体之间的联系。实体内部的联系通常是指组成实体的各属性之间的联系，实体之间的联系通常指不同实体集之间的联系。实体间的联系有一对一、一对多、多对多等几种类型。

如果对于实体集 A 中的每一个实体，实体集 B 中至多有一个实体与之联系，反之亦然，则称实体集 A 与实体集 B 具有一对一联系，记为 1:1。例如，班级与班长之间的联系为一对一的联系，一个班级只有一个正班长，一个班长只在一个班中任职。

如果对于实体集 A 中的每一个实体，实体集 B 中有 n 个实体（n≥0）与之联系，反之，对于实体集 B 中的每一个实体，实体集 A 中至多只有一个实体与之联系，则称实体集 A 与实体集 B 有一对多联系，记为 1:n。例如，班级与学生之间的联系为一对多的联系，一个班级中有若干名学生，每个学生只在一个班级中学习。

如果对于实体集 A 中的每一个实体，实体集 B 中有 n 个实体（n≥0）与之联系，反之，对于实体集 B 中的每一个实体，实体集 A 中也有 m 个实体（m≥0）与之联系，则称实体集 A 与实体 B 具有多对多联系，记为 m:n。例如，课程与学生之间的联系为多对多的联系，一门课程同时有若干个学生选修，一个学生可以同时选修多门课程。

2．E-R 图

E-R 图提供了表示实体型、属性及联系的方法。

1）实体型：用矩形表示，矩形框内写明实体名。

2）属性：用椭圆形表示，并用无向边将其与相应的实体连接起来。

3）联系：用菱形表示，菱形框内写明联系名，并用无向边分别与有关实体连接起来，同时在无向边上标注联系的类型（1:1、1:n 或 m:n）。如果一个联系本身也是一种实体型，也可以有属性。若联系具有属性，则这些属性也要用无向边与该联系连接起来。

图 6-16 为学生选课系统 E-R 图，该图描述了学生与课程实体间的多对多联系，联系名为"选课"。

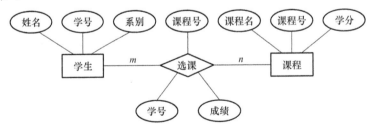

图 6-16　学生选课系统 E-R 图

6.3.6　结构化查询语言

结构化查询语言（Structured Query Language，SQL）是一种用于管理关系数据库的综合性数据库语言，用于存取数据以及查询、更新和管理关系数据库系统。SQL 最初是由 IBM 公司于 20 世纪 70 年代为其关系数据库管理系统 SYSTEM R 开发的一种查询语言，命名为 SEQUEL（Structured English Query Language）。1986 年，美国国家标准化组织（ANSI）发布了 SQL 标准，该标准随之成为访问关系数据库的商用数据库语言的基础，当前流行的数据管理系统基本都支持 SQL。随着关系数据库系统和 SQL 应用的日益广泛，SQL 的标准化工作也在持续进行，已形成多个 SQL 标准。

1. SQL 的特点

SQL 集数据定义语言（DDL）、数据操作语言（DML）和数据控制语言（DCL）的功能于一体，可以完成数据库生命周期的全部活动，包括数据库的建立、维护、查询、更新等。SQL 是高级的非过程化编程语言，它不要求用户指定对数据的存放方法，也不需要用户了解具体的数据存放方式，存取路径的选择以及 SQL 的操作过程由系统自动完成。SQL 以集合作为操作对象，操作对象和结果都是元组的集合。所有 SQL 语句接收集合作为输入，返回集合作为输出，这种集合特性允许一条 SQL 语句的输出作为另一条 SQL 语句的输入，所以 SQL 语句可以嵌套，使其拥有了强大的功能和灵活性。

2. SQL 的数学基础

SQL 的数学基础是由 E.F.Codd 于 20 世纪 60 年代末建立的关系代数理论，关系代数是一种抽象的查询语言，通过对关系的运算来表达查询。SQL 的基本操作包括：选择（Select）操作，用以识别表中的记录；投影（Project）操作，用来生成表中列的子集；笛卡儿积操作，用于连接两个表。此外还有一些其他操作，如求集合的并、交、差操作，自然连接（笛卡儿积的子集）和除法操作。

3. SQL 操作示例

下面以选课数据库为例说明 SQL 的基本使用方法，所用的数据库中包括学生表 student、课程表 course 以及学生选课表 stu-course 三个基本表，各表的信息如下。

学生表：student（stuNo，stuName，stuPro），表中包含三个属性，其中属性 stuNo 为学号、stuName 为姓名、stuPro 为专业。

课程表：course（couID，couName，couGrade），表中包含三个属性，其中属性 couID 为课程号、couName 为课程名、couGrade 为该课程的学分。

学生选课表：stu-course（stuNo，couID，stuGrade），表中包含三个属性，其中属性 stuGrade 表示学生成绩。

【例 6-1】创建一个学生表 student，其中包含学号 stuNo、姓名 stuName、专业 stuPro 三个属性，其中姓名和学号项的值不能为空，学号为主码且学号项取值唯一。

```
create table student (
    stuNo       varchar(10)   not null unique ,
    stuName     varchar(20)   not null ,
    stuPro      varchar(20),
    primary key(stuNo)   )
```

【例6-2】查询专业为"计算机应用"的所有学生的详细信息。

```
select * from student where stuPor = '计算机应用'    //选择操作
```

【例6-3】查询课程号为"001"的所有学生的成绩和学号信息,查询结果按成绩由高到低的顺序显示。

```
select stuNo, stuGrade from stu-course       //投影操作
where couID = '001'
order by stuGrade desc
```

【例6-4】在学生表、课程表与学生选课表中查询学号为"201001001"的学生的姓名,课程名以及成绩。

```
select stuName, couName, stuGrade from stu-course, course, student
where course.couID = stu-course.couID and stu-course.stuNo = student.stuNo
and student.stuNo='201001001'    //连接操作
```

■ 延展阅读 ▶▶▶

华为鸿蒙操作系统

长期以来,全球桌面操作系统基本被微软垄断,移动端操作系统基本被谷歌和苹果垄断,中国在操作系统领域的力量还比较薄弱,一直受制于人。随着2021年6月华为最新的鸿蒙操作系统 Harmony OS 2 的正式面世,这一被动落后局面得到改变,也是华为打破安卓和苹果垄断移动操作系统的真正开始,对中国高科技产业的独立自主尤其具有战略意义。

鸿蒙,源自中国古代的神话传说:天地未开之时,世界还是一团混沌的元气,这种自然的元气叫作鸿蒙,这个年代也就被称作鸿蒙时代。《西游记》第一回就写到盘古破除鸿蒙,所以鸿蒙代表开始。

华为公司将系统命名为鸿蒙,表达了华为将在科技领域开辟新天地的决心。华为对于鸿蒙系统的定位完全不同于安卓,它不仅是一个手机或某一设备的单一系统,而是一个可将所有设备,如手机、智慧屏、平板计算机、车载计算机等串联在一起的通用性系统。

鸿蒙作为真正面向物联网和万物互联时代的智能终端操作系统,不仅是操作系统技术的一次历史性飞跃,也将为全球用户带来更便捷、更流畅、更安全的全场景交互体验,其意义是非凡的,对于推进我国科学研究和创新,实现高水平科技自立自强有着深刻启示。

知名人物

科德(Edgar Frank Codd),英国计算机科学家,早期在牛津大学的埃克塞特学院学习数学和化学,之后作为一名英国皇家空军的飞行员参加了第二次世界大战。1948年,科德迁到纽约并加入 IBM 公司,成为一名数学程序员。1953年,科德移

民加拿大渥太华，1963 年回到美国。1967 年，科德于密歇根大学获得计算机科学博士学位。两年后去往 IBM 公司位于圣何塞的阿尔马登研究中心工作，1970 年，科德首次提出数据库系统的关系模型，开创了数据库关系方法和关系数据理论的研究，为数据库技术奠定了理论基础。由于在关系型数据库领域的杰出贡献，科德于 1981 年获得图灵奖。此外，科德还提出了科德细胞自动机论点，以探讨"人工生命"议题。

汤普逊（Kenneth Thompson），美国计算机科学家，C 语言与 UNIX 操作系统的开发者，被誉为"C 语言之父"和"UNIX 之父"。1966 年硕士毕业后加入贝尔实验室，因为发展了通用操作系统的理论，特别是实现了 UNIX 操作系统，1983 年获得图灵奖。在完成 UNIX 系统开发的基本工作之时，他觉得 UNIX 系统需要一个系统级的编程语言，于是创造了 B 语言，也就是后来 C 语言的前身。第一版 UNIX 就是基于 B 语言来开发的。B 语言在进行系统编程时不够强大，所以 Thompson 和 Ritchie 对其进行了改造，并于 1971 年共同发明了 C 语言。2000 年 12 月于贝尔实验室退休，成为一名飞行员。2006 年，Thompson 进入谷歌工作，与他人共同设计了 Go 语言。

习　题

6.1　简述操作系统的概念及其基本功能。

6.2　简述数据结构的基本概念。

6.3　简述数据库、数据库管理系统的基本概念。

6.4　简述数据管理技术的发展经历。

6.5　简述数据模型的概念及常见数据模型的特征。

6.6　你认为操作系统、数据结构、数据库之间有关系吗？如果有，请简单解释或描述。

6.7　已知一棵二叉树的前序遍历序列为 ABCDEFG，求它的中序和后序遍历序列。

6.8　若一个图的边集为{(A,B),(A,C),(B,D),(C,F),(D,E),(D,F)}，求从顶点 A 开始对该图进行深度优先搜索得到的顶点序列。

第 **7** 章

程序设计语言

导读

　　一个完整的计算机系统是由硬件系统和软件系统两大部分构成的，硬件是物质基础，软件是灵魂。虽然硬件可以启动，但如果没有构成计算机软件的程序的指引，计算机什么都做不了。程序的编写，既要使人能读懂、可理解，还需要使机器可明白、能执行，这就要用到计算机程序设计语言。本章将讲解计算机程序设计语言的发展及分类，试图使读者了解程序设计语言的基本要素，能够利用某种程序语言编写简单程序。

本章知识点

➢ 程序设计语言的分类

➢ 高级程序设计语言的基本要素

➢ 简单程序设计

7.1 程序设计语言的分类

　　程序设计语言（又称编程语言）是人类描述计算的工具，也是人类与计算机交流信息的基本媒介。程序设计语言的发展大致经历了机器语言、汇编语言和高级语言几个阶段。程序设计语言是指令（机器语言或汇编语言中称为指令）或语句（高级语言中称为语句）的集合，指令或语句是能让计算机完成某项功能的命令。

7.1.1 机器语言

　　从本质上讲，计算机只认识"0"和"1"两个数字，在计算机内部，任何信息都是以二进制编码的形式存在。机器语言是第一代计算机语言，它是用二进制代码表示的、计算机能直接识别和执行的一组机器指令的集合。机器指令一般有操作码和操作数两部分，其中操作码说明了指令的操作性质及功能，操作数则给出了操作对象的值或操作对象的地址。

例如，计算"9+8=？"的机器语言程序如下（其中以"//"开头的部分表示为便于理解而添加的对程序的注释说明，并非程序指令）。

```
10110000   00001001        //把 9 送到累加器 AL 中
00000100   00001000        //AL 中数与 8 相加给 AL
11110100                   //停止操作
```

机器语言的优点是计算机能够直接识别，占用内存少，执行速度快，运算效率是所有语言中最高的。但其缺点也很明显，使用机器语言编写程序时要求程序员对数字非常敏感，而且要非常细心，必须记住每种二进制数组合的含义，因而第一代程序员多为数学家或工程师。使用机器语言编写程序不仅耗时，而且容易出错。而当程序存在错误需要修改时，工作就更为烦琐。由于机器语言是针对特定机器类型的，不同型号计算机的指令系统往往各不相同，所以，在一种计算机上执行的程序，要想在另外一种计算机上执行时，必须重新编写程序，导致工作重复。

7.1.2 汇编语言

由于采用机器语言编写程序非常乏味，且代码难读、难记忆、出错率高，有些程序员就开发出一些工具以辅助程序设计，因而出现了第二代计算机语言，称为汇编语言。汇编语言采用一些简洁的英文字母表示的助记符代替机器指令的操作码，用地址符号或标号代替指令或操作数的地址，因而又称符号语言。例如，用"ADD"代表加法，"MOV"代表数据传递等。

例如，计算"9+8=？"的汇编语言程序如下。

```
MOV AL, 9      //把 9 送到累加器 AL 中
ADD AL, 8      //AL 中数与 8 相加给 AL
HLT            //停止
```

汇编语言编写的源程序比机器语言程序容易阅读和修改，然而计算机不能直接识别这些字母符号，从而需要一个专门的程序负责将这些符号翻译成二进制数的机器语言，将这种翻译程序称为汇编程序。

汇编语言仍为面向机器的语言，针对计算机特定硬件而编制的汇编语言程序，能准确发挥计算机硬件的功能和特长，程序精炼且执行效率高，所以至今仍是一种常用的底层软件开发工具。例如，目前大多数外部设备的驱动程序、嵌入式操作系统和实时测控系统程序都用汇编语言编写。

面向机器的特点使得汇编语言在不同的设备中对应不同的机器语言指令集，用汇编语言编写复杂程序仍然很困难，可理解性和可移植性差。

7.1.3 高级语言

在经历了机器语言、汇编语言两代编程语言之后，人们意识到应设计这样一种语言，该语言除了不依赖于计算机硬件、编出的程序能在所有机器上通用之外，还应接

近于数学语言或人类自然语言，以方便编写、理解和修改程序。1954 年，第一个完全脱离机器硬件的高级语言 FORTRAN 诞生，自此程序设计进入了一个新时代。

从 FORTRAN 语言诞生至今，已经出现了数千种高级语言，但其中大部分是实验性语言，只有少部分语言得以广泛使用，如 FORTRAN、COBOL、ALGOL、PASCAL、BASIC、LISP、C、C++、Delphi、Java、Python 等。

例如，计算"9+8=？"的 C 语言程序如下。

```
main( )
{
    int sum ;
    sum = 9 + 8;
}
```

与机器语言和汇编语言相比，高级语言与计算机的硬件结构及指令系统无关，它有更强的表达能力，可方便地表示数据的运算和程序的控制结构，能更好地描述各种算法，更容易学习掌握，程序编写的难度大大降低，从而为更多应用系统的开发提供了保证，并进一步推动了计算机工业的大发展。

用高级语言编写的程序称为高级语言源程序，显然不能被机器直接识别，必须经过翻译程序将其转换为机器能识别的二进制形式的目标程序。翻译程序有解释和编译两种工作方式，不同的高级语言对应不同的翻译程序。通俗来讲，解释类似于日常生活中的"同声传译"，如早期的 BASIC 语言；编译就是全文翻译，全部翻译完成后再执行程序，当前多数语言属于编译型。

解释方式由解释程序负责把源程序翻译一句，执行一句，边解释边执行，不产生可独立执行的目标程序，如图 7-1 所示。此种方式比较灵活，可以动态地调整、修改应用程序。但因程序无法脱离解释器独立运行，每次运行程序时都要重新翻译整个程序，效率较低，执行速度慢。

图 7-1　解释方式执行程序

编译方式在程序运行之前，将程序的所有代码编译为机器指令形式的目标程序，编译的过程如图 7-2 所示。由于目标程序可能用到系统内部的代码或其他现有程序，需要将这些程序与目标程序组装成为一个整体，然后形成一个完整的可执行程序。可执行程序能够脱离其语言环境独立执行，使用比较方便、高效。相应地，由于程序执行之前必须通过编译才能得到可执行程序，所以，一旦程序修改，必须重新编译得到新的目标程序才能重新执行。

图 7-2　编译的过程

7.1.4　第四代语言

　　程序设计语言的分代问题比计算机的分代复杂，目前存在多种分代的观点。本书选取一种较为普遍的观点，即根据计算机语言与人类语言的接近程度划分，第一代为机器语言，第二代为汇编语言，第三代为面向过程的高级语言，第四代语言（Fourth Generation Language，4GL）为面向问题的非过程性语言，第五代为自然语言。

　　一般认为 4GL 具有简单易学、用户界面良好、非过程化程度高的优点，面向问题时，只需告知计算机"做什么"，而不必告知计算机"怎么做"，系统将根据要求自动调用相应的过程，以达到需实现的目标，因而可极大提高软件生产率，如前面讲到的 SQL。

　　4GL 主要应用于商务领域，在商务处理领域中需要通过数据库管理系统以实现对大量数据的管理，大多数 4GL 都建立在某种数据库管理系统的基础之上，是数据库管理系统功能的扩展。4GL 不适用于科学计算、高速的实时系统和系统软件开发。

　　第五代语言是为人工智能领域应用而设计的语言，又称知识库语言或人工智能语言，目标是最接近日常生活中所用语言的程序语言。目前，真正意义上的第五代语言尚未出现。

　　从计算机程序设计语言的发展脉络来看，程序设计语言的功能变得越来越强大，人机交互也变得更加方便。由于高层次语言总要转换为低层次语言来解释或执行，因此，带有更高抽象层次的语言系统会更加庞大，对软硬件资源的消耗也就更加严重，运行效率也将越来越低。

7.2　高级语言程序的要素

　　程序是对算法的实现，其设计目标是应用算法来实现对问题原始数据的处理以获得期望的结果。为实现问题的求解算法，程序设计语言在设计时至少需要考虑以下基本要素：

　　1）现实世界中不同类型数据（变量/常量）的计算机表示或描述。

　　2）运算规则的设计及表示以实现对数据的计算。

　　3）选择/分支、循环等基本结构的实现以控制程序的执行流程。

　　4）设计一定的语法规则，以便编写出规范的程序。

　　对于程序的设计者来说，其程序设计工作就是利用程序要素及其组合，基于语法规则来实现算法以便求解问题。

　　本节并不讲授涉及以上内容的某一具体程序设计语言，而是希望读者理解程序的基本要素，这些要素是各种程序设计语言普遍支持的，仅在语法形式上略有差别。不同的程序设计语言在支持基本要素的基础之上会提供对其他要素的支持，以便满足大规模、复杂程序的编写需求。对于初学者而言，首先需要掌握用基本要素进行程序设计，然后才有可能深入学习。

7.2.1 数据类型、常量与变量

1．数据类型

数据是程序的重要组成部分，由于现实的问题求解过程中通常要处理多种类型的数据，如整数、实数、复数、字符、图形、图像等，不同类型的数据有不同特点，因此，在计算机中也将数据划分成不同的类别，这就是数据类型。

计算机中不同类型的数据在内存中的表示方法不同，其所占用的存储空间及可参与的运算也不同。大多数高级语言都有整型、实型、字符型和逻辑（布尔）型四种常用的数据类型。

整型数据表示一定取值范围内的整数，其范围由该类型值所占的字节数确定。有些高级语言提供范围不同的多种数据类型，用户可以根据需要选择使用。

实型数据表示一定精度范围内的实数，同样由所占的字节数确定其精度范围。由于实数的值通常不精确，例如，在计算机上计算 1/3+1/3+1/3 的值并不一定等于 1.0，1/5×5 也不一定等于 1.0。因此，在用实数进行比较运算时宜采用求误差值形式。

字符型数据表示该类型变量的值是由字母、数字、符号等构成的数值，一般以ASCII 码的形式存储。

逻辑（布尔）型数据的值只有"真"和"假"两种情况，值表示为 TRUE 和 FALSE。但并非所有的高级语言都支持逻辑类型，可以用 1 表示 TRUE，用 0 表示 FALSE 进行模拟。

以上四种数据类型都属于简单数据类型或原子数据类型，其对应的每个值都是独立的，不可再分。若干简单类型的数据可以构造成为复合数据类型，如字符符号序列"This is a string."就是一个由 13 个字母、2 个空格和 1 个标点符号构成的包含 16 个字符的字符串。有些高级语言用单引号"'"括起一个字符，用双引号"""括起一个字符串，有些高级语言则不加区别地用同样的符号括起一个字符或字符串。

2．常量

程序中要处理的数据通常有两种：常量（Constant）和变量（Variable）。常量指程序运行过程中其值不发生改变的量，变量指程序运行过程中其值可以发生改变的量。常量可以为直接给出的固定的值，如 30，−50，"Hello"等，也可以是用符号表示的常量，一般称为符号常量，如用 pi 代表圆周率π。在程序设计语言中，字符串形式的常量通常用"""括起，非字符串形式的常量直接使用。

3．变量

在高级程序设计语言中使用标识符为变量命名以区分不同的变量，变量名在程序运行过程中是固定不变的，而变量的取值则可以发生变化。一个变量对应特定大小的连续的内存空间，不同类型变量占用的内存单元数不同。变量名即相当于存储单元的地址，在内存空间中存储的内容则为变量的值。可以通过以下两种形式的赋值语句为变量赋值：

```
变量名=<值>
或
变量名=<表达式>
```

其中"="称为赋值符号，表示将其右侧的数值或表达式的运算结果赋予左边的变量，"< >"表示其中的内容不能省略。

7.2.2 表达式与计算

程序对数据的处理是通过一系列运算实现的，运算符和表达式是实现数据处理的两个重要组成部分，它们用以描述计算的执行顺序，实现语言的基本语义。运算符是用来操作数据或表示特定操作的符号，可针对一个或多个操作数进行运算，不同的语言在描述形式上略有差别。由运算符和操作数组成的，根据一定的运算规则计算的式子称为表达式，通常有算数表达式、关系表达式和逻辑表达式三种类型。

算术表达式是由算术运算符构造的表达式，加、减、乘、除等算术运算一般用+、
−、*、/等符号表示，运算结果多为整数和实数型数据，如 x−20*8+5、length*width/2等都属于算术表达式。

关系表达式是由关系运算符构造的表达式，关系运算符指进行大于、大于等于、小于、小于等于、相等或不等之类的大小关系比较的运算符，一般用>、>=、<、<=、==、< >等符号表达。关系表达式的运算结果为逻辑值"真（TRUE）"或"假（FALSE）"，如关系表达式"3<2"的结果为 FALSE、"a+b<>a"的结果为 TRUE。

逻辑表达式是由逻辑运算符构造的表达式，常见的有与、或、非等逻辑运算，一般用 and、or、not 等符号描述，运算结果是逻辑值"真（TRUE）"或"假（FALSE）"。逻辑非运算将 TRUE 变成 FALSE，FALSE 变成 TRUE；逻辑与运算指当两个操作数都是 TRUE 时，结果才为 TRUE，否则为 FALSE；逻辑或运算指当两个操作数中有一个是 TRUE 时，结果就为 TRUE，只有当二者都是 FALSE 时结果才为 FALSE。

运算符按照一定的语法规则将常量及变量组合成为表达式，不同表达式还可以通过括号组成更为复杂的表达式。表达式的运算结果可以赋给变量，还可以作为控制语句的判断条件，单个变量也可以被视为特殊的表达式。

此外，为了与环境进行交互，处理用户数据并反馈结果，高级语言需要提供输入操作以接收用户信息，输出操作以向用户展示结果。例如，用 read、scanf 进行输入操作，用 write 和 printf 进行输出操作。

7.2.3 分支控制结构

高级语言程序是由语句构成的，在第 5 章中讲到，除了常规的按照语句出现的先后顺序执行外，分支结构可以根据判断条件来选择执行不同的语句序列。单分支结构通常采用 if 语句实现，双分支结构则采用 if 和 else 语句实现，采用 if 和 else 语句的嵌套可以实现复杂分支结构。不同的高级语言在实现 if 语句时稍有差别，形式大致如下。

（1）单分支

```
if(条件)    then 语句;
```

表示当条件为真时执行一条语句，若需在条件为真时执行多条语句，则可以用"{}"

将多条语句括起来形成一个语句块。

（2）双分支

```
if (条件)  then 语句 1/语句序列 1
else 语句 2/语句序列 2;
```

表示当条件为真时执行语句 1 或语句序列 1，条件为假时则执行语句 2 或语句序列 2。例如，求变量 a、b 中的较大值，并赋给变量 max 的操作可描述如下。

```
if (a>b)  then
       max=a;
else    max=b;
```

7.2.4 循环控制结构

高级语言循环结构的实现大致有 for、while、do while 三种语句形式，for 语句常用于循环次数已知的情况，其余两种多用于循环次数未知的情况。

（1）for 语句
for 语句的形式规则大致如下：

```
for 计数器变量=起始值 to 终止值 [step 增量]
{ 语句序列；}
```

该语句的含义为令计数器变量的值由"起始值"出发，反复执行{}中的语句序列（又称循环体），直到"终止值"为止。计数器变量每次增加的值由 step 后的"增量值"确定，"[]"表示其中的内容为可以省略项，若省略该项则增量值默认为 1。

（2）while 语句
while 语句的形式规则大致如下：

```
while (条件) { 语句序列；}
```

该语句表示当条件为真时，反复执行{}中的语句序列，直到条件为假时结束循环。while 语句先执行对循环条件的判断，后执行循环操作，属于当型循环，其中的循环体至少执行 0 次。

（3）do while 语句
do while 语句的形式规则大致如下：

```
do { 语句序列；}while (条件)
```

该语句首先执行{}中的语句序列，然后判断循环条件，当条件为真时，反复执行{}中的语句序列，直到条件为假时结束循环。由于 do while 语句先执行循环体，后执行循环条件中的判断，因而属于直到型循环，其中的循环体至少执行一次。

对于未知循环次数的循环来说，需要在循环体中设置使循环条件为假的操作，否则将陷入无限循环。

例如，假设当前世界人口有 60 亿，如果以每年 1.4%的速度增长，多少年后世界人口达到或超过 70 亿？完成该运算的 do while 语句形式如下。

```
n = 0; p = 6000000000;          //初始化 n 为年，p 为人口数
do
    {
        p = p * 1.014;          //每年较之前净增长 0.14 倍
        n=n+1;                  //年份+1
    } while (p <= 7000000000);  //循环出口
```

7.2.5 子程序结构

在第 5 章描述问题的求解方法时讲到了分层的任务模块，每个模块有一个名字，分别对应不同的功能，在高级语言中用子程序来实现该思想。高级语言为每个子程序定义一个名称，当在程序的其他部分需要用到某个子程序时，就用其名称作为语句，名称出现的位置称为调用部件。每当遇到此名称时，程序相应部分的处理进程将暂停，转而执行该名称对应的代码。代码执行完成后，处理将继续执行调用部件中名称之后的语句。

子程序的执行有两种基本形式，一种只执行特定任务，此种形式的子程序仅在调用部件中用作语句。另一种不仅执行任务，还返回给调用部件一个值，此种形式的子程序用于表达式，返回的结果用于计算表达式的值。不同的高级语言中对于这些子程序有不同的叫法，例如，C/C++语言将第一种子程序称为空函数，第二种称为函数；Java 语言将两种形式的子程序都称为方法。

当调用部件需要给子程序提供处理过程中需要的信息时，通过参数传递实现。由于子程序是在其被调用之前说明的，因而不知道调用部件会传递给它什么样的变量，为此，在子程序后面的括号中定义了形式参数（简称形参）列表，以表明子程序中需要用到的标识符及其类型。当子程序被调用时，调用部件将列出子程序名，并在其后的括号中给出一系列标识符，这些标识符称为实际参数（简称实参），代表调用部件中的真正变量。子程序中的动作是由形参定义的，形参与实参在位置和数据类型上都要匹配，当子程序被调用时，实参将逐个代替形参以执行动作。

例如，编写函数求任意两个整数中最大值的 C 程序如下。

```
#include <stdio.h>
int max(int x,int y)            //定义 max 函数，函数值为整型，形式参数 x、y 为整型
{                               //max 函数体开始
    int z;                      //变量声明，定义本函数中用到的变量 z 为整型
    if(x>y)   z=x;              //if 语句，如果 x>y，则将 x 的值赋给 z
    else z=y;                   //否则，将 y 的值赋给 z
    return z;                   //将 z 的值返回，通过 max 带回调用处
}                               //max 函数结束
main( )                         //主函数
{                               //主函数体开始
```

```
    int a,b,m;                 //变量声明
    scanf("d%d", &a,&b);       //输入变量 a 和 b 的值
    m=max(a,b);                //调用 max 函数,将得到的值赋给 m
    printf("max=%d", m);       //输出最大值 m
}
```

除了用户自定义的子程序外,高级语言通常还为用户提供了功能丰富的系统函数,又称标准函数或者库函数,当一个程序需要使用某个标准函数时,程序员只需查找相关函数的调用细节,然后调用即可。系统函数一般包含以下几种。

1)数学运算函数,如三角函数、指数与对数函数、开方函数等。

2)数据转换函数,如字母大小写转换、数值型与字符型数据转换等。

3)字符串操作函数,如计算字符串长度、取子串等。

4)输入/输出函数,如输入/输出数值、字符、字符串等。

5)文件操作函数,如文件的打开、读写、关闭等。

6)其他函数,如取系统日期、绘制图形等。

当前较为流行的 Python 语言提供了大量的系统函数库,如数据分析函数库、图像处理函数库、网页处理分析函数库、画图函数库等,而且还有越来越多的第三方为 Python 提供系统函数库。因此,Python 语言的学习重点在于函数库的使用,而非单纯学习语法。表 7-1 给出了几种典型的高级程序语言的基本要素。

表 7-1   几种典型的高级程序语言的基本要素

程 序 要 素	C	Java	Python
基本数据类型	int(整型)、float/double(单/双精度实型)	byte(位) short(短整数) int(整数) long(长整数) float/double(单/双精度实型)	number(数字) string(字符串) list(列表) tuple(元组) set(集合) dictionary(字典)
算术运算符及表达式	+ − * /	+ − * /	+ − * / // % **
逻辑运算符及表达式	&& || !	&& || ! | &	and or not
输入/输出语句	scanf(); print();	int a=cin.nextInt(); System.out.print(1111);	input() print()
赋值语句	a = 1;	a = 1;	a = 1
单分支语句	if(){} else	if(){} else	if : else :

多分支语句	if() {}
	else if(){}
	else
		if() {}
		else if(){}
		else
			if :
			else if :
			else :

for 语句	for(表达式 1; 表达式 2; 表达式 3){
	    语句块;
	}
		for(条件表达式 1;条件表达式 2;条件表达式 3)
		{
		语句块;
		}
			for 迭代变量 in 序列:
			    语句块;

程 序 要 素	C	Java	Python

while 语句	while(condition)
	{
	    语句块;
	}
		while(布尔表达式) {
		    语句块;
		}
			while (condition):
			    语句块

do while 语句	do {
	    语句块;
	}while(布尔表达式);
		do {
		    语句块;
		}while(布尔表达式);
			无

函数	return_type
	function_name(parameter list)
	{
	    body of the function
	}
		函数的格式修饰符 返回值类型 函数名(形式参数类型 1 参数名 1, ...)
		{
		函数体语句;
		return 返回值;
		}
			def
			functionname(parameters):
			    "函数_文档字符串"
			    function_suite
			    return [expression]

7.3 Raptor 编程基础

研究发现，当学生通过学习某种特定的编程语言求解问题时常出现这样一个现象，即在学习初期，当学生不能熟练掌握编程语言所规定的规范和语法时，他们编写出来的程序就无法编译和执行（如关键字写错、缺少某个符号等），从而干扰和分散了学生对于问题求解核心部分的注意力，学习兴趣受到打击。此外，传统的编程语言或伪代码高度文本化而不是视觉化，无法为学生提供一个直观的算法表达框架。图形化的编程环境毫无疑问更适合初学者，使他们能绕过代码语法的门槛，从而更关注于设计和创造。Raptor 是一种基于流程图的可视化编程开发环境，专门用来帮助初学者利用流程图来可视化其算法，以避免在编程学习的初期学习编程语言语法，最初是为美国空军学院计算机科学系设计，目前已经为卡内基·梅隆大学等二十多个国家和地区的高等院校使用，在计算机基础课程教学中取得了良好效果。

7.3.1 Raptor 的特点

Raptor（the Rapid Algorithmic Prototyping Tool for Ordered Reasoning），中文名是"用于有序推理的快速算法原型工具"，为用户提供了创建可执行流程图的界面，而不是编写可能导致语法错误的程序代码。Raptor 具有如下特点。

1）使用流程图形式实现程序设计，语言简单、灵活，只有六个基本语句/符号，初学者无须花费太多时间即可进入计算思维中问题求解的实质性算法设计阶段。

2）具备基本运算功能、基本的数据结构与数据类型，可以实现大部分基本运算及算法所需要的数据结构，如堆栈、队列、树和图。

3）具有严格的结构化的控制语句，支持面向过程和面向对象的程序和算法设计。

4）语法限制宽松，程序设计自由度大。例如，在一个数组中，可以存在不同的数据类型，使得数据库类的记录实现有了可能。

5）支持图形库应用，可以实现计算问题的图形表达和图形结果输出。

6）可移植性好，程序的设计结果可以直接执行，也可以转换成其他高级语言，如 C++、C#、Java 和 Ada 等。

由于流程图是描述算法的有效工具，通过使用 Raptor 解决问题，可以使原本抽象的概念变得清晰，基于流程图的操作可以使初学者看到程序语句的控制流程。同其他编程语言相比，Raptor 的语法很少，处理语法错误的可能性会少很多，可以使初学者更多关注于算法设计和运行验证，避免了重量级编程语言（如 C++、Java 等）的过早引入给他们带来的学习负担。

7.3.2 Raptor 的界面及符号

Raptor 的界面由绘图编程窗口（见图 7-3）、显示运行状态和运行结果的主控台窗口（见图 7-4）组成，在 Raptor 的界面左侧有六种不同的图形符号，分别代表一种不同的语句类型。窗口右侧是主函数（main），它是程序执行的入口，椭圆框 Start 和 End 分别代表程序的开始和结束。

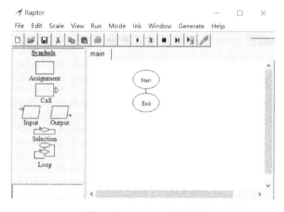

图 7-3　Raptor 主界面　　　　　　图 7-4　Raptor 主控台

1）赋值语句：赋值语句使用各类运算来更改变量的值，如图 7-3 中左部的 Assignment 符号。

2）调用语句：调用系统自带的子程序、用户定义的函数或过程，如图 7-3 中左部的 Call 符号。

3）输入语句：可实现由用户输入数据，并将数据赋值给一个变量，如图 7-3 中左部的 Input 符号。

4）输出语句：用于显示变量的值，如图 7-3 中左部的 Output 符号。

5）选择语句：用于从两种选择路径的条件判断中选择路径走向，如图 7-3 中左部的 Selection 符号。

6）循环语句：允许重复执行一个或多个语句构成的语句体，直到给定的条件为真，如图 7-3 中左部的 Loop 符号。

Raptor 的开发环境像其他许多编程语言一样，允许对程序进行注释。注释是用来帮助他人理解程序的,特别是在程序代码比较复杂、很难理解的情况下。注释本身对计算机毫无意义,并不会被执行,但如果注释得当,程序的可读性就大大提高。要为某个语句(符号)添加注释,可用鼠标右击该符号,在弹出的快捷菜单中选择"Comment(注释)"命令,然后,在弹出的"注释"对话框中输入相应的说明。注释一般包括以下几种类型。

1)编程标题:标明程序的作者、程序编写时间、程序的目的等,应添加到 Start 符号中。

2)分节描述:用于标记程序,有助于理解程序整体结构中的主要部分。

3)逻辑描述:解释程序思想或逻辑。

4)变量说明:对重要的或公用的变量进行说明。通常情况下,没有必要注释每一个程序语句。

注释可以在 Raptor 窗口中移动,但建议不要移动注释的默认位置,以防在需要更改时,引起错位和寻找的麻烦。

7.3.3 Raptor 程序设计示例

(1)编写程序实现输出"My first Raptor Program"

本程序可以只用输出基本符号,也可以用赋值和输出两个基本符号实现。程序实现步骤如下。

1)单击选中输出图标并将其拖拽到 Start 与 End 符号之间。

2)双击所添加的输出图标,弹出如图 7-5 所示的输出语句窗口,在其中输入待输出的内容"My first Raptor Program"(注意:双引号为英文形式且不能省略),其中选中"End current line"后则输出不换行。

图 7-5 输出语句窗口

3）单击"Done"按钮，弹出如图 7-6a 所示的程序窗口。

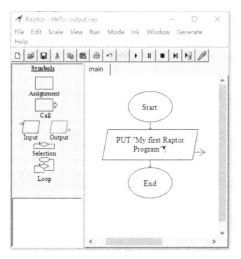

a）完整程序窗口   b）运行结果窗口

图 7-6　输出"My first Raptor Program"程序及运行结果窗口

程序设计完成后可运行以查看程序运行结果，此时可采用两种方式，一是单击菜单栏快捷按钮 ▶，另一种是单击 Run 菜单中"Execute to completion"选项。程序运行完成后会在主控台显示运行结果，如图 7-6b 所示。"Run complete."说明程序执行完成，若程序失败，则显示"Error，run halted"。其后显示的"3 symbols evaluated."表示的是程序中被执行的符号数量，可据此粗略分析算法的复杂度。

此外，还可以使用赋值符号输出字符串，即先将待输出字符串存储在某个位置，并为其命名，然后进行输出。单击左部的 Assignment，将其拖拽到 Start 与 End 之间即可，然后需要将字符串赋值给某个变量。

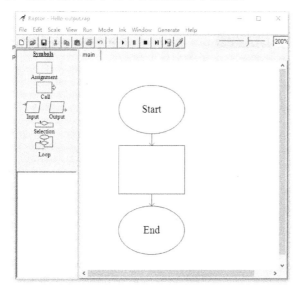
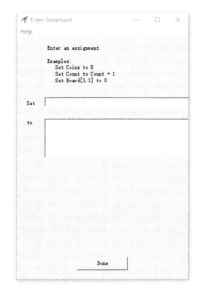

图 7-7　插入赋值符号   图 7-8　赋值语句窗口

图 7-7 是插入赋值符号后的效果，双击赋值符号，弹出如图 7-8 所示窗口，该窗口用于将"My first Raptor Program"字符串赋值给某个变量（该字符串被存储于某段内存空间，可以通过变量名来访问这段空间）。在 Set 文本框中输入变量的名称（如 S），在 to 文本框中输入要存储的值，然后单击"Done"即可。

（2）设计程序，实现由用户输入两个整数，输出两个数中的较大者

本程序需要用到分支结构，实现步骤如下。

1）选择符号栏中 Input 图标，添加到相应位置，得到结果如图 7-9 所示。

2）双击输入符号，弹出输入窗口，其中"Enter Prompt Here"部分要求输入提示文本，也就是对将要输入的变量进行说明，如变量类型、范围等；"Enter Variable Here"部分输入变量名，用来存储输入变量的值。此处要输入的是一个整数，因而可以在提示部分输入文本："输入整数 x 的值"（注意，此处的引号应该是西文格式），用 x 来存储待输入的变量值，因此在下半部分的文本框中输入 x，输入窗口如图 7-10 所示；对变量 y 进行同样的操作，然后单击"Done"按钮。

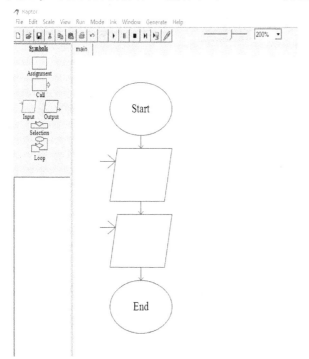

图 7-9　插入两个输入符号

图 7-10　输入窗口

3）单击选择符号，将其拖拽到第二个输入框之后，然后双击选择符号中的菱形，弹出如图 7-11 所示输入选择条件窗口，并在该窗口中输入选择条件，即输入 x>y（或 x<=y），单击"Done"按钮。

4）用 maxvalue 保存 x 和 y 中的较大者，当 x>y 时，maxvalue 的值为 x，否则为 y。此时单击赋值符号将其分别拖拽到 Yes 和 No 对应分支的下方，并进行赋值，输出

maxvalue 的值，所得程序如图 7-12 所示。

图 7-11 输入选择条件窗口

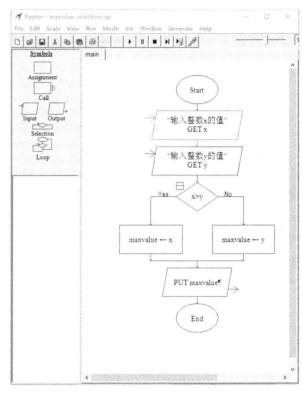

图 7-12 完整程序窗口

（3）设计程序，计算 1+2+3+…+10 的和

本程序需要用到循环结构，实现步骤如下

1）首先在程序中添加三个变量 i、time 和 sum，用 sum 表示最终求得结果（初始值为 0），time 表示变量的总数（即循环执行的次数，值为 10），i 表示当前进行累加的值（初始值为 1）。

2）选择符号栏中 Loop（循环）图标，添加到 sum 赋值符号的下方，得到结果如图 7-13 所示。

3）双击循环符号的菱形部分，弹出如图 7-14 所示窗口，在窗口中输入循环是否结束的条件。由于此处做的是对 10 个数的累加，因此可以输入 i>time，然后单击"Done"按钮。

4）当 i<time 时，要进行累加；当 i>time，即 i>10 时，循环结束，输出计算结果。累加的实现方式为：sum=sum+i，然后更新 i 的值，使 i=i+1，加入上述操作得到完整的程序，如图 7-15 所示。

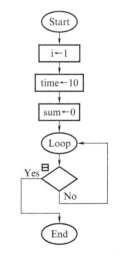

图 7-13 添加循环图标

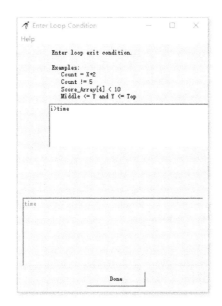

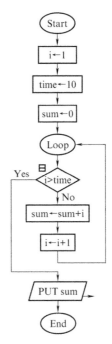

图 7-14　输入循环条件　　　　　　　图 7-15　完整程序

（4）用调用语句和过程实现求解斐波那契数列

Raptor 语言将子程序称为过程（Procedure），插入调用符号可以实现子过程的调用，在调用子过程之前需要先定义子过程以实现对应操作，实现步骤如下。

1）首先单击主窗口 Mode 选项卡，在弹出的对话框中选择 Intermediate（Novice、Intermediate 和 Objective-oriented 分别对应初级、中级及面向对象三种类型），如图 7-16 所示。

2）右击屏幕左上角主标签页 main，在如图 7-17 所示的对话框中选择 Add procedure。

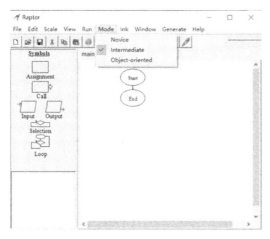

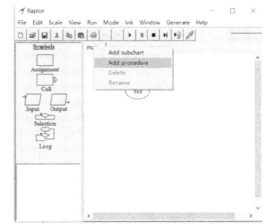

图 7-16　Mode 设置　　　　　　　　图 7-17　插入子程序

3）在如图 7-18 所示的对话框中进行子程序名和参数的设置，其中 Procedure Name 用于指定子程序名，Parameter 1～Parameter 6 为参数，分为输入（Input）和输出

（Output）两种类型，默认为空，即不添加任何参数。Input 相当于子程序的输入参数，Output 相当于子程序的返回值，不选中 Output 表示返回值为空。本例中将子程序命名为 Fib，第一个参数 n 对应斐波那契数列中的 n，为输入参数；第二个参数 fn 为输出参数，用来保存结果。

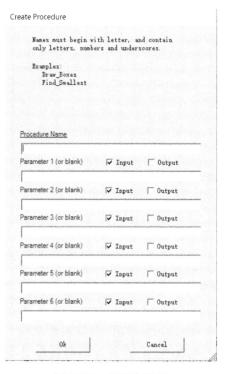

图 7-18　子程序设置

4）设置完成后单击 "Ok"。

5）编辑 main 过程，在相应位置添加调用符号，调用前述定义的 Fib 子程序。完整的程序如图 7-19 和图 7-20 所示。

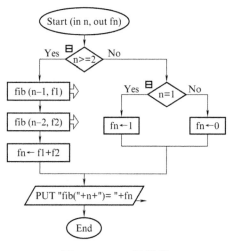

图 7-19　Fib 子程序

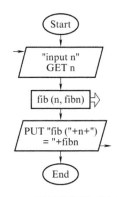

图 7-20　斐波那契数列主程序

160

7.4 典型问题的其他程序实现

本节将选择当前比较流行的几种程序设计语言，给出求解若干典型问题的相应程序。

7.4.1 冒泡排序问题的 C++实现

冒泡排序的基本思想是对相邻元素进行比较，并根据比较的结果交换位置，从而逐步由任意序列变为有序序列。若有 n 个待排序数字，则需要进行 $n-1$ 轮排序，第 i 轮需要比较 $n-i$ 次（i 从 1 开始）。

以由小到大排序为例，如图 7-21 所示，首先将第一个元素和第二元素进行比较，若为逆序，则交换之；接下来对第二个元素和第三个元素进行同样的操作，并以此类推，直到倒数第二个和最后一个元素为止。其结果是将最大的元素交换到了整个序列的尾部，将此过程称为第一趟排序。第二趟排序是在去除了最大元素的子序列中从第一个元素起重复上述过程，直到整个序列变为有序为止。在排序过程中，值较小的元素好比水中气泡逐渐上浮，而大元素好比大石头逐渐下沉，因此被称为冒泡排序。下面程序为冒泡排序算法的 C++语言代码，该程序由两部分构成，即实现冒泡排序的函数 BubbleSort 以及主程序部分，该程序通过调用 BubbleSort 函数实现了对六个数的排序。

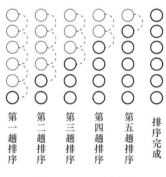

第一趟排序　第二趟排序　第三趟排序　第四趟排序　第五趟排序　排序完成

图 7-21　冒泡排序

```cpp
//* * * * * * * * * * * * * *
//*      冒泡排序算法       *
//* * * * * * * * * * * * * *
#include <iostream>
using namespace std;

//冒泡排序函数，a 为待排序的数组，n 为数组中的元素个数
void    BubbleSort(int *a,int n)
{
    int temp;
    for(int i=0;i<n-1;i++)                //一共需比较 n-1 趟
    {
```

```
            for(int j = 0; j<n−i−1 ; j++)            //每趟需进行 n−i−1 次的两两比较
                if (a[j]>a[j+1])                      //相邻元素两两比较，若逆序则交换
                {
                    temp=a[j];
                    a[j]=a[j+1];
                    a[j+1]=temp;
                }
        }
    }
    //主函数
    int main( )
    {
        int arr[]={8,5,3,9,2,7};
        BubbleSort (arr,6);                          //调用冒泡排序函数
        for (int i=0;i<6;i++)
            cout<<arr[i]<<"   ";                     //输出排序后的结果
        cout<<endl;
        return 0;
    }
```

7.4.2 汉诺塔问题的 Java 实现

　　汉诺塔问题实现起来并不复杂，当 A 杆上只有一个盘子时只要把这个盘子直接移到 C 杆即可；当 A 杆上有两个盘子时，先把 1 号盘移到 B 杆，再把 2 号盘移到 C 杆，最后再把 B 杆上的 1 号盘移到 C 杆即可。假设要移动的盘子共 64 个，此时可以先将上方的 63 个盘子看成一个整体，这样就相当于只有两个盘子，问题就变得简单起来，相当于完成两个盘子的转移就行了。对于 63 个盘子的移动，采用与之前一样的解决方案，先完成前 62 个盘子的移动，逐步前推至 62、61、60、…、2、1，直至完成所有盘子的移动。下面程序为汉诺塔问题的 Java 语言代码。

```
import javax.swing.JOptionPane;                      //导入一个简单的交互窗口包
public class HanoiTemple {

    /**
     * @param args
     */
    public static void main(String[] args) {

        String n=JOptionPane.showInputDialog("请输入要移动的盘数：");
        HanoiTemple ht=new HanoiTemple();    //新建一个汉诺塔对象
        ht.move(Integer.parseInt(n),'A','B','C'); //移动函数

    }
```

```
public    void move(int n,char a,char b,char c){ //递归函数，汉诺塔的实现
    if (n==1){
        //若当前只用移动一个盘，直接移动过去
        System.out.println("move from "+a+" to "+c);
    }
    else{
        move(n−1, a,c,b);                    //递归调用从 a 移动到 b
        move(1, a, b, c);                    //当前只有一个盘，从 a 柱移动到 c 柱
        move(n−1, b, a, c);                  //递归调用从 b 移动到 c
    }
}
}
```

7.4.3 国王的婚姻问题的 Python 实现

国王的婚姻问题本质上就是简单的计算总因子个数的问题，只要求出待求数据 num 的总因子个数即可。以下代码采用的是国王的方法，即穷举所有可能的因子。大臣的方法实际是一种并行计算的思想，当同学们对操作系统有了一定的了解之后不难理解，具体实现请参考专业操作系统设计的书籍。下面程序为国王的婚姻问题的 Python 语言代码。

```
num = int(input("input number: "))    #输入待求数
i = 1                                 #被除数
number = 0                            #因子个数
if num >= 2:                          #如果待求数为 1，则直接跳出
    while i<= num:                    #循环
        if num % i == 0:             #判断是否能整除，整除则为 num 的因子
            number += 1
        i += 1
print("总因字数：", number)            #输出总因子数
```

此处所设计算法是一个最基本的算法，有很多可以优化的地方，例如，当 num 可以被整除时，表示必然存在两个因子，即可以直接计算 number+=2，此时动态的修改 while 语句的判断条件为两个因子较大的一个，即可大大降低时间复杂度。例如：

```
num = int(input("input number: "))    #输入待求数
max = num                             #循环上界
i = 1                                 #被除数
number = 0                            #因子个数
if num >= 2:                          #如果待求数为 1，则直接跳出
    while i < max and i < num/2:     #循环 i 需要小于循环上界 max,
                                      #且小于 num/2(因子成对出现)
        if num % i == 0 :            #判断是否能整除，整除则为 num 的因子
            number = number + 2    if i ** 2 < num else number+1   #判断如果 num 为
                                      #二次方数,则该因子只算一次
```

```
                max = num / i
            i += 1
    print("总因字数：", number)            #输出总因子数
```

当然还有一些更加高级的算法，读者可以自行查阅相关文献。

■ 延展阅读 ▶▶▶

余弦定理和新闻的分类

Google 公司的新闻服务同传统媒体的做法不同，新闻不是由人工编写的，而是由计算机整理、分类和聚合各个新闻网站的内容后自动生成的，其关键技术就是新闻的自动分类。

新闻或任何文本的分类方法都是把相似的新闻归入同一类，计算机本质上只能做快速计算，为了让计算机能够"算"新闻，而非"读"新闻，就需要先把由文字构成的新闻变成一组可计算的数字，然后设计一个算法来算出任意两篇新闻的相似性。

根据单词表中的某个词是否在新闻中出现，未出现则对应值为 0，出现的对应为某个检测值，该值用来衡量某词语在文件中出现的频率以及普遍重要性。简单来说，如果一个词只在很少的网页中出现，如"TSP 问题"，则通过它就很容易锁定目标，其权重就应该大，如果一个词在大量网页中出现，如"的""应用"等，则其权重就应该小。因此，一篇新闻就可以对应一个特征向量，向量中每一个维度的大小代表每个词对该新闻主题的贡献，然后就可以计算新闻之间的相似性了。

向量实际上是多维空间中从原点出发的有向线段，不同的新闻的文本长度不同，其特征向量各个维度的数值也不同。单纯比较各个维度数值的大小没有现实意义，但向量的方向却有很大意义，若两个向量的方向一致，则说明相应新闻用词的比例基本一致，因此，可以通过计算两个向量的夹角来判断对应的新闻主题的接近程度。

余弦定理可以用来计算两个向量的夹角，若夹角小，则距离近，反之则远。当两条新闻向量夹角为 0 时，其夹角的余弦等于 1，说明两条新闻完全相同；当夹角的余弦接近于 1 时，两条新闻相似，从而可以归为一类；夹角的余弦越小，夹角越大，两条新闻越不相关。当两个向量正交（垂直）时，夹角的余弦为零，说明两条新闻没有相同主题词，二者毫不相干。

当新闻数量很大，词表数量也很大时，要对所有新闻做两两计算，耗时很长，而采用矩阵计算中的奇异值分解（Singular Value Decomposition），把一个大矩阵分解为若干小矩阵相乘，就可以降低存储量和计算量，从而能够一次计算出所有新闻的相关性。

知名人物

阿达（Ada Lovelace），英国数学家，计算机程序创始人。她建立了循环和子程序等现代编程领域极为重要的概念，为计算程序拟定"算法"，写了第一份"程序设计流程图"，被称为"第一位给计算机写程序的人"。为了纪念阿达对现代计算机与软件工程所产生的重大影响，美国国防部将耗费巨资、历时近 20 年研制成功的

高级程序语言命名为 Ada 语言，Ada 也被公认为是世界上第一个程序员。Ada 对巴贝奇的论文《分析机概率》进行了出色的翻译和注解，并在其中添加许多她自己的构思和设想，Ada 认为，分析机不仅能够进行运算，还可能用来绘图、创作复杂的音乐以及进行科学研究。她的思想比巴贝奇的前期工作更具普遍性和前瞻性，巴贝奇给予了 Ada 极高的评价，称她为"数字女王"。

巴克斯（John Warner Backus），美国计算机科学家，计算机科学先驱之一、FORTRAN 语言之父、1977 年图灵奖奖主、BNF（巴克斯-诺尔范式）的发明者之一、美国科学院院士、工程院院士。1950 年加入IBM公司工作，在 IBM 大型机上用机器语言编程时体会到机器语言编程的困难及不便，因而组建了一支十多人组成的研发队伍，提出为新型的 704 计算机开发一种高级编程语言，降低开发成本。1957 年 4 月，研发小组推出全世界第一套高级语言——FORTRAN，被称为高级语言之父。开发 FORTRAN 之后，巴克斯开始思考计算机程序设计的其他基础方面，1959 年提出 BNF（用来定义形式语言语法的记号法）范式，BNF 范式可被用来形式化地描述高级程序语言中的各种成分，凡遵守该规则的程序即可保证语法上的正确性。

习　题

7.1　简述程序设计语言的发展及其特征。

7.2　验证"谷角猜想"。日本数学家谷角静夫在研究自然数时发现了一个奇怪现象：对于任意一个自然数 n，若 n 为偶数，则将其除以 2；若 n 为奇数，则将其乘以 3，然后再加 1。如此经过有限次运算后，总可以得到自然数 1。人们把谷角静夫的这一发现叫作"谷角猜想"。要求：编写一个程序，由键盘输入一个自然数 n，把 n 经过有限次运算后，最终变成自然数 1 的全过程打印出来。

7.3　一个球从 100 米高度自由落下，每次落地后反跳回原来高度的一半，再落下，再反弹。编写程序，求它在第 10 次落地时，共经过多少米，第 10 次落地时会反弹多高？

7.4　第一天有一根长度为 a 的木棍，从第二天开始，每天都要将这根木棍锯掉一半（每次除以 2，向下取整），问第几天的时候木棍长度会变为 1？

7.5　禽流感的传播速度快得非常可怕，最开始只有一个家禽被感染，一个家禽每轮会传染 x 个家禽，试问 n 轮传染之后有多少家禽被传染。

7.6　小党同学有一个质数口袋，里面可以装各个质数。他从 2 开始，依次判断各个自然数是不是质数，如果是质数就会把这个数字装入口袋。口袋的负载量就是口袋里的所有数字之和。但是口袋的承重量有限，不能装得下总和超过 L 的质数。给出 L，将这些质数从小到大输出，请问口袋里能装下几个质数？

7.7　小明要从 L 市去 C 市参加朋友的婚礼，但是到 C 市有 200km，小明的车里剩的油只够他跑 20km，L 市和 C 市之间有 n 个加油站，小明的车每次加满油能跑 40km，现在给出每个加油站距离上个加油站的距离，请你帮忙看看小明能到 C 市吗？

第 8 章

IT 新技术

当今的计算机不再只是用于办公或者在上面编写代码，计算机更多参与了人们的工作和生活。此外，人们希望计算机能够完成一些更烦琐重复的工作，通过一些硬件、软件或算法的支持让计算机拥有自己的"智慧"，自行解决一些问题，从而让计算机技术真正地方便千家万户。

计算机新技术的发展正逐步向上述目标迈进，本章将介绍当前计算机领域一些较新的技术或研究，包括物联网、云计算、大数据、人工智能、区块链、联邦学习、边缘计算等，对其基本概念、发展前景、应用及面临的挑战等进行了阐述。

本章知识点

➤ 物联网及应用

➤ 云计算及应用

➤ 大数据及应用

➤ 人工智能及应用

➤ 区块链及应用

➤ 联邦学习及应用

➤ 边缘计算及应用

8.1 物联网

物联网（Internet of Things，IoT）自诞生起，就被认为是继计算机、互联网、移动通信网之后的又一次信息产业浪潮。2009 年以来，中国、美国、欧盟、日本等国家和地区纷纷发布物联网发展计划，开展相关技术和产业的研究。

8.1.1 物联网的概念

2005 年 11 月，在突尼斯举行的信息社会世界峰会（WSIS）上，国际电信联盟（ITU）正式提出了"物联网"的概念，提出：无所不在的"物联网"通信时代即将来临，世界上所有的物体，从轮胎到牙刷、从房屋到纸巾都可以通过互联网主动进行信息交换。无线射频识别（Radio Frequency Identification，RFID）技术、传感器技术、纳米技术、智能嵌入技术都将得到更加广泛的应用。2009 年，IBM 首席执行官彭明盛提出了"智慧地球"（Smart-Planet）的概念，即把传感器嵌入到电网、铁路、桥梁、隧道、公路、建筑、供水系统、大坝、油气管道等各种物体中，物品之间普遍连接，形成"物联网"；然后将"物联网"与现有的互联网整合起来，实现人类社会与现实世界的整合。在这个整合的网络中，存在能力超级强大的中心计算机群，能够通过网络内的人员、机器、设备和基础设施实施实时的管理和控制。在此基础上，人类可以以更加精细和动态的方式管理生产和生活，达到"智慧"状态，提高资源利用率和生产力水平，改善人与自然间的关系。

从物联网的英文名称 Internet of Things 可以看出，物联网是"物与物相连的互联网"。这里包含两方面含义：一是物联网的核心和基础仍然是互联网，是在互联网基础上延伸和扩展的一种网络；二是其用户端能够延伸和扩展到任何物体，在物体之间进行信息的交换和通信。

目前，物联网还没有一个精确且公认的定义，但通过与传感网、互联网等相关网络的比较分析，可以将物联网进行如下定义：物联网是一个基于互联网、传统电信网等信息承载体，让所有能够被独立寻址的普通物理对象实现互联互通的网络。在物联网时代，每一个物体均可寻址，每一个物体均可通信，每一个物体均可控制，一个物物互联的世界如图 8-1 所示。

图 8-1   物物互联沟通物理世界与信息世界

从通信对象和过程来看，物联网的核心是物与物以及人与物之间的信息交互。物联网的基本特征可概括为全面感知、可靠传送和智能处理。

1）全面感知，即利用 RFID、二维码、传感器等感知、捕获、测量技术随时随地对物体进行信息采集和获取。

2）可靠传送，即通过将物体接入信息网络，依托各种通信网络，随时随地进行可靠的信息交互和共享。

3）智能处理，即利用各种智能计算技术，对海量的感知数据和信息进行分析并处理，实现智能化的决策和控制。

可以想象这样的场景：在物联网环境下，当司机出现操作失误时，汽车会自动报警；公文包会提醒主人忘记带了什么物品；衣服会"告诉"洗衣机对颜色和水温的要求等。毫无疑问，物联网时代的来临将会使人们的日常生活发生翻天覆地的变化。

8.1.2　物联网体系结构及相关技术

物联网形式多样、技术复杂、牵涉面广。根据信息生成、传输、处理和应用的原则，可以把物联网分成四层，由下往上依次为感知识别层、网络构建层、管理服务层和综合应用层，图 8-2 展示了物联网的四层模型以及相关技术。

图 8-2　物联网的四层模型及相关技术

1）感知识别层。感知识别是物联网的核心技术，是联系物理世界和信息世界的纽带。感知识别层既包括 RFID、无线传感器网络等信息自动生成设备，也包括各种智能电子产品。RFID 是可以让物品"开口说话"的技术，如我们常用的二代身份证就使用了 RFID，通过读取设备就可以获得身份证中隐含的个人身份信息；食品安全行业通过读取农产品上附着的 RFID 卡上的信息即可实现对绿色有机农产品的溯源。无线传感器网络主要是利用各种类型的传感器实现对物质性质、环境状态、行为模式等信息的大规模、长期、实时获取。近些年来，包括智能手机、平板计算机、笔记本计算机等在内的各类可联网的电子产品层出不穷并迅速普及，人们可以随时随地连入互联网以分享信息。因此，信息生成方式多样化是物联网区别于其他网络的重要特征。

2）网络构建层。本层的主要作用是把感知识别层的数据接入互联网，供上层服务使用。互联网以及下一代互联网（IPv6 等技术）是物联网的核心网络，处在边缘的各种无线网络则提供随时随地的网络接入服务。无线广域网包括现有的移动通信网络及其演进技术，包括 3G、4G、5G 等通信技术，主要提供广域范围内连续的网络接入服务；无线城域网主要是现有的基于 IEEE802.16 系列标准的 WiMAX 技术，提供城域范围内（约 100km）的高速数据传输服务；无线局域网主要是当前广为流行的基于 IEEE802.11 系列标准的 Wi-Fi，能为家庭、校园、餐厅、机场等一定区域范围内的用户提供网络访问服务；无线个域网采用基于 IEEE802.15.1 标准的蓝牙、基于 IEEE802.15.4 标准的 ZigBee 等通信协议，其特点是低功耗、低传输速率、短距离（一般在 10m 范围以内），一般用于个人电子产品互联、工业设备控制等领域。随着科技的不断发展，一些新兴的无线接入技术，如 60GHz 毫米波通信、可见光通信、低功耗广域网技术等也开始发展起来。不同类型的网络适用于不同的环境，合力提供便捷的网络接入，是实现物物互联的重要基础设施。

3）管理服务层。管理服务层将大规模数据高效、可靠的组织起来，为上层行业应用提供智能的支撑平台。存储是信息处理的第一步，各种海量存储技术已经广泛应用于 IT、金融、电信、商务等行业。面对海量信息，如何有效地组织和查询数据是核心问题。"大数据"的出现，使得各个行业都在探索和实现对超大规模数据的利用。物联网是大数据的重要来源之一，需要高效的大数据处理技术。云计算作为处理大数据的重要平台，为海量数据的存储与分析提供了强有力的支持与保障。同时，信息的安全和隐私保护变得越来越重要。在物联网时代，通过可穿戴设备，人们的各种体征信息被传输到与之互联的网络上。如何保证数据不被破坏、不被泄露、不被滥用成为物联网面临的重大挑战。

4）综合应用层。互联网从最初用来实现计算机之间的通信，发展到连接以人为主体的用户，直至当前正朝着物物互联这一目标迈进。其间，网络应用也发生了变化，如图 8-3 所示，从早期的以数据服务为主要特征的文件传输、电子邮件，到以用户为中心的万维网、电子商务、视频点播、在线游戏、社交网络等，再发展到物品追踪、环境感知、自动识别、智能电网、智慧交通、智能物流等。网络应用数量激增，呈现出多样化、规模化、行业化等诸多特点。

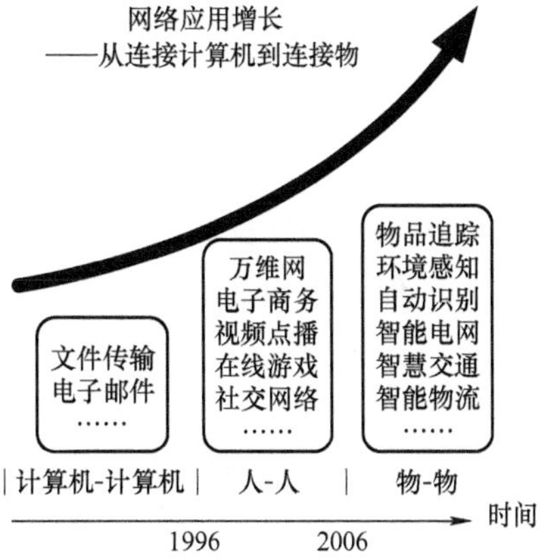

图 8-3　网络应用增长

8.1.3　物联网应用前景

物联网应用涵盖了国民经济和社会的各个领域，包括工业、农业、电力、城市管理、交通、银行、环保、物流、医疗、家居生活等，其功能包括定位、监控、支付、安保、盘点、预测等，可用于政府、企业、社会组织、家庭、个人等。物联网的普及和推广将给整个物联网产业链带来丰厚的利润。

（1）智慧交通

智慧交通系统（Intelligent Transportation System，ITS）是未来交通系统的发展方向，系统通过视频图像分析道路实时路况，结合传感器搜集车流、人流等情况，经综合处理后将信息传递给管理人员，以协调调度，在未来将实现由系统完全自主调控红绿灯信号、路灯照明、潮汐车道和为无人驾驶车辆规划路线等，为人们提供更加舒适的出行体验。

（2）智能电网

物联网在整个电网的发、输、变、配、调、用方面都可以得到极大的应用。目前成熟的系统可为用户提供多种套件，以应对不同场景的需求，最后综合所有信息传给管理人员。例如，智能巡检套件可提供智能设备巡检、安防巡检、人员巡检和智能维护；智能监控套件可提供设备监控、可视化管理服务；智能安全防护套件可提供边界防护、违规操作分析、人员穿戴完备检测等，以提高电网安全性。

（3）智能家居

智能家居系统是利用先进的计算机技术、网络通信技术、综合布线技术、医疗电子技术，依照人体工程学原理，融合个性化需求，将与家居生活有关的各个子系统如安防、灯光控制、窗帘控制、煤气阀控制、信息家电、场景联动、地板采暖、健康保健、卫生防疫等有机地结合在一起，通过网络化综合智能控制和管理，实现"以人为本"的全新家居生活体验。物联网可以将洗衣机、电视、电灯、微波炉等家用电器连接成网，并能通过网络对这些电器进行远程操作。例如，炎热的夏天，在回家之前，只要发一条简单的短信，家中的空调收到短信指令后就能提前开启，让你进门就能享受到凉爽的感觉；走出家门，只需点击一下手机，就可将屋内的照明和电器设备关闭。

（4）智慧物流

智慧物流打造了集信息展现、电子商务、物流配载、仓储管理、金融质押等功能为一体的物流园区综合信息服务平台。借助 RFID，配送中的物资可被跟踪、监控，为用户提供货物的全程实时跟踪查询；通过为货运车辆安装卫星定位系统，调度中心可实时掌握车辆及货物的情况，明确车辆当前位置、与商店的距离、还有多长时间能送达商店等。通过融合物联网、电子信息、人工智能与制造技术等，实现对产品制造与服务过程全生命周期制造资源与信息资源的动态感知、智能处理与优化控制。

（5）智慧医疗

智慧医疗方面，人体佩戴的可穿戴设备可收集心电图、脑电波、心率、体温、血压、呼吸以及脉搏等各种健康相关数据，通过无线通信技术将数据送至数据中心，从而达到实时监测的目的。例如，基于 IoT 平台的智慧药盒，可帮助患者在家进行健康检测和诊断，同时通过手机可让医生和患者能够实时查看并交流信息，从而架构起完整的云-端、端-云看护保护体系。

（6）智慧农业

智慧农业将农业发展成为一个集信息管理、农田监控、智能作业的智慧化过程，是现代农业产业升级的新模式。例如，基于循环神经网络和物联网技术的智能农业水肥一体化云系统架构，设计了农田监测、数据汇聚与存储、水肥一体化控制及农业数据分析等功能模块。结合应用物联网技术实现对农作物生长状况的实时检测、数据分析、智能管理和设备远程控制。为提高农业产出和充分利用农业资源、提高农业信息化水平，设计基于物联网的智慧农业信息管理系统。这些理论或实践正在加快技术和现实的接轨，为更好地解决三农问题，实现全体人民共同富裕提供技术保障。

8.2　云计算

"云"实质上就是一个网络，云计算（Cloud Computing）将许多计算资源集合起来，通过软件实现自动化管理，只需很少的人参与，就可实现资源的快速提供。也就是说，计算能力作为一种商品，可以在互联网上流通，就像水、电、煤气一样，根据自身用量大小，可以方便地取用，且价格较为低廉。

云计算是一种基于互联网的超级计算模式，在远程的数据中心内，成千上万台计算机和服务器连接成一片计算机云。作为一种新型计算模式，云计算通过互联网高速的数据传输和处理能力，使得计算从个人计算机或服务器转移到了互联网，而且实现了超级计算。例如，云计算可以让你体验每秒 10 万亿次的运算能力，拥有这么强大的计算能力可以模拟核爆炸、预测气候变化和市场发展趋势。

8.2.1　云计算的概念

有关云计算的定义有很多，并没有公认的统一标准。美国国家标准技术研究所（NIST）在 2011 年给出的定义如下：云计算是一种模式（Model），它支持通过网络对可配置计算资源池进行随时随地、便捷、按需进行访问，这些计算资源包括网络、服务器、存储、应用和服务。2015 年，我国在 GB/T 32400—2015 标准中将其定义为，一种通过网络将可伸缩、弹性的共享物理和虚拟资源池以按需自服务的方式供应和管理的模式（资源包括服务器、操作系统、网络、软件、应用和存储设备等）。

广义上讲，云计算是与信息技术、软件、互联网相关的一种服务，这种计算资源共享池叫作"云"；狭义上讲，云计算就是一种提供资源的网络，使用者可以随时获取"云"上的资源。无论哪种定义，均将云计算视为一种通过网络以服务的方式提供动态可伸缩的虚拟化资源的计算模式。

谷歌是最早提出云计算概念的公司，其最初开发云计算平台的目的只是为了能把大量廉价的服务器集成起来，以完成超级计算机的计算和存储功能。由于成本低廉，这些自行打造的服务器可靠性非常差，性能与当时的大型机相差甚远，因此，其设计者在架构设计时就把容错性和并发处理能力考虑得非常周全，从而使得后续用户在使用该系统时非常方便。

自 2006 年谷歌前 CEO 埃里克·施密特提出了云计算的概念以来，经过十多年的发展，云计算已成为当前重要的信息基础设施。国内外互联网巨头纷纷建立了自己的云计算或数据中心，如谷歌、亚马逊、微软、阿里、华为、腾讯等。当前世界范围内的云计算系统主要由两个阵营构成：商业云计算系统和开源云计算系统。

目前国外流行的商业云计算系统包括亚马逊 AWS、谷歌 App Engine、微软 Azure 和苹果 iCloud 等，国内主流商业云计算系统包括阿里云、百度云、腾讯云和华为云等，如图 8-4 所示。代表性的开源云计算系统包括 OpenStack、CloudStack、OpenNebula、OpenShift、Eucalyptus、Abiquo 和 Cloud Foundry 等，如图 8-5 所示。

图 8-4　主流商业云计算系统　　　　图 8-5　主流开源云计算系统

网络搜索引擎和网络邮箱是较为常见的云应用实例，例如，用户通过谷歌或百度等搜索引擎可以在任何时刻搜索任何自己想要的资源，也就是通过云端共享了数据资源；同理，利用网络邮箱，实现电子邮件的发送和接收。

8.2.2　云计算服务模式

云计算的特征主要体现在两方面，首先是可以保证用户能够随时随地访问和处理信息，方便用户与他人共享信息；其次是保证用户能够使用云端的大量计算资源，包括处理器和含内存及磁盘在内的存储器，企业和个人用户不再需要购买成本昂贵的硬件系统，只需要购买或通过互联网租用计算能力。

云计算的核心思想是将大量的计算资源通过网络连接组成一个资源池，进行统一的管理和调度，向用户提供按需服务。用户不需要知道"云"的具体架构，只需要知道他们需要获取的资源是什么以及如何获取这些资源。在云计算模式中，终端用户所需应用程序和工具无须存储和运行在本地个人计算机上，而是运行在互联网上大规模的服务器集群中。用户所处理的数据也不一定要存储在本地，可以保存在联网的数据中心。与传统的网络应用模式相比，云计算具有弹性可扩展、性价比高、可靠性强等优点。

从服务模式上看，云计算支持硬件资源、软件平台和托管应用程序三种类型，分别对应基础设施即服务（Infrastructure as a Service，IaaS）、平台即服务（Platform as a Service，PaaS）和软件即服务（Software as a Service，SaaS）。

IaaS：此模式通过云基础设施来提供 CPU、内存和磁盘等物理资源。通过虚拟化技术，终端用户可通过按需付费的方式使用虚拟资源，而无须管理底层基础设施，典型的如亚马逊的 AWS、谷歌计算引擎和 IBM 的 BlueCloud。在 IaaS 模型下，企业需要管理操作系统、数据库、应用程序、功能和企业的所有数据。

PaaS：此模式为终端用户提供平台服务，以编程语言运行环境、数据库、服务器和其他工具来部署业务应用。终端用户可按需使用云平台，而不用管理底层云基础架构，如亚马逊的 AWS Elastic Beanstalk、谷歌的 Google App Engine 和微软的 Azure。PaaS 的用户仅负责应用程序、功能和数据，工作量极大减少。

SaaS：此服务模式将软件应用通过互联网提供给终端用户。终端用户可使用软件应用程序，而无须进行软件安装、维护与更新，也无须管理底层云基础设施，如 Salesforce 公司提供的在线客户关系管理（Client Relationship Management，CRM）和 Google Apps 都属于此类服务。对于许多小型企业来说，SaaS 是促进其采用先进技术的最好途径。

8.2.3 云计算应用与挑战

云计算的出现使得许多原来做不了的事情如今成为可能，例如，在癌细胞检测过程中，取样活检是常用的检测方法，而活检的准确率和取样位置密切相关。传统的活检方法是根据经验确定位置，为保证准确性，经常需要进行第二或第三次取样，此方法不仅给病人带来痛苦，还会经常产生误判。一个美国高中生利用谷歌的云计算工具分析了大约 760 万个病例，编写了名为 Cloud4Cancer 的乳腺癌癌细胞检测程序，该程序对癌细胞检测的准确率高达 98%，大大超过了临床水平。

云计算还可以降低企业的 IT 成本，例如，像 IBM 这样的企业在以往为客户提供服务时，常常是硬件、软件和服务一起打包出售，价格非常昂贵。对于企业客户来说，由于计算资源不能共享，使得其硬件资源的利用率不高，且每隔几年就需进行更新换代，为企业带来不少开销。云计算出现后，由亚马逊等超级计算中心提供的硬件服务价格则极为便宜，例如，一个相当于四核 CPU 的计算能力，加上足够的内存和磁盘空间，一年服务费仅为 350 美元左右。假设一个服务器有四个类似计算能力的 CPU，一个中小企业租用 100 个服务器，则其一年仅需支付 14 万美元。

此外，云计算还可为企业提供敏捷的产品服务发布通道，使其能够快速将新产品推向市场。例如，美国太阳信托银行（SunTrust Bank）在两个多月的时间内成功部署了由多达 2000 名员工使用的 Salesforce.com 的 CRM 应用程序，而使用传统的 CRM 解决方案则至少需要 12 个月的实施时间。

鉴于其诸多优点，云计算已在存储、医疗、金融、教育等诸多领域得到了广泛应用。

1）存储云——在云计算技术上发展起来的一个新的存储技术，以数据存储和管理为核心，可向用户提供存储容器服务、备份服务、归档服务和记录管理服务等，用户可以将本地资源上传至云端，可在任何地方连入互联网来获取云上的资源，极大方便了使用者对资源的管理。国外如谷歌、微软，国内如百度云、微云等均提供相关服务。

2）医疗云——在云计算、移动技术、多媒体、4G 通信、大数据以及物联网等新技术基础上，结合医疗技术创建的医疗健康服务云平台，实现了医疗资源的共享和医疗范围的扩大，具有数据安全、信息共享、动态扩展、布局全国的优势。现在医院的预约挂号、电子病历、医疗远程协同等都是云计算与医疗结合的产物。

3）金融云——利用云计算模型，将各金融机构相关数据中心互联互通构成互联网

"云"，旨在为银行、保险和基金等金融机构提供互联网处理和运行服务，同时共享互联网资源，从而高效、低成本解决问题，提升工作效率，改善工作流程，为客户提供便捷服务，如大家熟知的互联网金融、移动支付、云购物等。

4）教育云——是教育信息化的一种体现，可以将所需要的任何教育硬件资源虚拟化，然后将其传入互联网中，以向教育机构、学生、教师等提供一个方便快捷的平台，如现在流行的慕课（MOOC）就是教育云的一种应用。

然而，在给用户带来灵活性和便利性的同时，云计算也面临以下问题。

1）数据的安全与隐私保护问题。由于终端用户的应用程序、工具或数据不需要存储或运行在本地计算机上，而是运行或存储于互联网上的大规模服务器集群中，为保证数据的安全，防止数据丢失或被非法使用或篡改，除了需要更强的加密技术及良好的安全协议等技术上的支持之外，还需要进一步完善相关法律法规。

2）云计算标准问题。云计算的良好前景使得传统互联网厂商纷纷向云计算方向转移，由于缺乏统一的技术标准，尤其是接口标准，各厂商在开发产品和服务的过程中各自为政，为将来不同服务之间的互连互通带来严峻挑战，因此需要制定统一、开放的标准，以促成整个产业链的健康发展。

8.3 大数据

伴随互联网、物联网、云计算的高速发展，大数据（Big Data）成为近年来各界关注的热点。物联网本身产生的海量数据，成为大数据的重要来源，海量数据的存储与分析离不开云计算的支持，云计算则是处理大数据的重要平台。而在大数据与云计算的强有力支撑下，物联网的各项系统参数将得到长期观察和不断改进，物联网也将变得更加智能。大数据、物联网、云计算三者相互支撑、相互依赖、相互促进，引领着信息技术的发展。

8.3.1 大数据的概念与特点

大数据是一个很宽泛的概念，学术界、产业界等分别从不同领域出发对大数据的概念进行了界定。从技术分析的角度看，较为权威的观点来自于麦肯锡研究院于2011年5月发布的报告《大数据：下一个创新、竞争、生产力前沿》（*Big data: The next frontier for innovation, competition, and productivity*），报告中指出：大数据是指其大小超出了常规数据库工具获取、存储和分析等能力的数据集。国际数据公司（International Data Corporation，IDC）认为，大数据是为更经济地从高频率、大容量、不同结构和类型的数据中获取价值而设计的新一代架构和技术。从大数据应用价值的角度看，关注的重点是大数据的应用，从数据中获取有价值的信息和知识。高德纳咨询公司认为：大数据是需要新处理模式才能具有更强的决策力、洞察发现力和流程优化能力来适应海量、高增长率和多样化的信息资产。

无论哪种观点，均表现出大数据是一种难以处理的数据集，需要特定技术才能完成采集、分析及应用。当前，业界普遍认为大数据具有 5V+1C 的特征描述，分别是 Volume，规模性；Variety，多样性；Velocity，高速性；Value，价值性；Veracity，准确性；Complexity，复杂性。

1）Volume——指数据体量大，数据存储及计算都需耗费海量资源。1998 年，图灵奖获得者杰姆·格雷（Jim Gray）提出的新摩尔定律表明，全球数据总量每隔 18 个月翻一番。据统计，当前一年产生的数据量是过去 2000 年产生的数据量的总和。

2）Variety——指数据类型繁多，来源各异。例如，来自于网络的网页、日志、图片，来自于传感器的监测数据、位置信息，来自于日常运营系统的各类信息等。

3）Velocity——数据的增长速度快，同时要求数据的访问、处理、交付等速度也要快。例如，谷歌每秒要处理超过 3 万次用户查询请求，淘宝每天发生数千万笔交易，百度每天大约要处理几十 PB 的数据，各城市的视频监控每时每刻都在采集巨量的流媒体数据。快速增长的数据量要求数据处理的速度也要及时，以便有效汲取知识、发现价值。

4）Value——因为在数据总量中有用数据所占比例低，使得数据的价值总量大，但知识密度低。例如，美国社交网站 Facebook 对其 10 亿用户信息进行分析后实现广告的精准投放，在连续不间断的视频监控图像中，有用数据可能仅有一两秒。在成本可接受的条件下，需要设计有效的大数据处理算法才能更迅速地完成数据的价值"提纯"。

5）Veracity——要保证处理结果的准确性，也称真实性，包括可信性、真伪性、来源和信誉的有效性和可审计性等子特征。

6）Complexity——指对数据的处理和分析的难度大。

综上可知，大数据的概念与"海量数据"不同，后者只强调数据的量，而大数据不仅用来描述大量的数据，还更进一步指出数据的复杂形式、数据的快速时间特性以及对数据的分析、处理等专业化操作，最终获得有价值信息的能力。

8.3.2　大数据处理技术

大数据处理技术是指从各种数据中快速获得具有一定价值的信息的技术，依据相应的数据处理流程，大数据处理技术主要包括大数据采集及预处理、大数据存储与管理、大数据分析及挖掘、大数据展现。

大数据采集及预处理技术用于解决数据来源问题，常见的数据来源有 RFID 射频数据、传感器数据、社交网络交互数据及移动互联网数据等各种类型的结构化、半结构化及非结构化的海量数据。

大数据预处理主要完成对已接收数据的辨析、抽取、清洗、规格化等工作，将那些杂乱无章的数据转化为相对单一且便于处理的构型，从而达到快速分析处理的目的。

大数据存储及管理技术主要用于解决大数据的可靠存储及快速检索、访问等问题，主要包括分布式文件系统、分布式数据库、大数据索引和查询、实时大数据存储与处理等。

大数据分析及挖掘技术用于揭示规律、发现线索、探寻答案等，主要包括数据挖掘、机器学习、模式识别等。

大数据展现技术用于将数据分析结果展示给用户，使用户更清晰、深入地理解数据分析结果。例如，数据可视化技术借助人脑的视觉思维能力，运用计算机图形学和图像处理技术，将抽象的数据转换为可见的图形或图像并可进行交互处理。

8.3.3 大数据应用领域与挑战

当前，大数据在国民经济和社会生活等各个方面都得到了广泛应用，本小节将介绍大数据在若干领域的典型应用。

1. 预测

在宏观经济方面，IBM日本公司建立经济指标预测系统，从互联网新闻中搜索影响制造业的480项经济数据，计算采购经理人指数的预测值。印第安纳大学利用谷歌公司提供的心情分析工具，从近千万条网民留言中归纳出六种心情，进而对道琼斯工业指数的变化进行预测，准确率达到87%。2012年奥巴马连任竞选时，其竞选团队使用一个通用的数据驱动型模型，预测了美国50个州和哥伦比亚特区共计51个选区中50个地区的选举结果，准确率高于98%。2013年，微软纽约研究院的经济学家大卫·罗斯柴尔德利用入围影片相关数据，成功预测24个奥斯卡奖项中的19个；2014年，罗斯柴尔德再次成功预测第86届奥斯卡奖24个奖项中的21个。2009年，Google通过分析5000万条美国人最频繁检索的词汇，将其和美国疾病中心在2003~2008年间季节性流感传播时期的数据进行比较，并建立一个特定的数学模型，最终成功预测了2009年冬季流感的传播，甚至可以具体到特定的地区和州。

2. 推荐

当人们在京东、淘宝等电子商务网站购物时，经常会收到网站推荐的相关商品信息，商务信息推荐是当前日常生活中非常普遍的一种商务模式。商家通过采集购买、浏览、评价等用户行为数据，据此预测用户下一步可能行为，然后推荐其最可能需要的商品，从而提高购买率。借助推荐技术，大数据技术为电子商务带来了新的价值。

3. 商业情报分析

在大数据时代，人们在互联网上的一切行为都可以被记录，如浏览了哪些网页、搜索了哪些关键词、购买了哪些商品、做出了何种评价等，基于这些数据就可以汇聚为一个360°的用户画像。阿里巴巴、腾讯、百度、今日头条等互联网企业可据此精准推送资讯和广告，能够为用户提供个性化需求。例如，通过用户画像技术和大数据分析技术可自动判断是否能够给某企业或个人提供贷款以及贷款额度，信息提交后可即刻入账。

4. 医疗

大数据与医疗领域相结合，可以降低医疗成本、预测流行病爆发、避免可预防的疾病发生以及改善人类生活质量，如电子病历、实时警报、药物滥用预防、远程医疗、癌症治疗等。例如，利用可穿戴设备持续收集患者的血压、心率等健康数据，一旦出现异常及时发出警报；利用装有定位功能的哮喘吸入器，医学研究人员不仅可以观察单个患者的哮喘症状，还能从同一地区的多名患者的综合情况中找到更好的适合该地区的治疗方案。

大数据技术正潜移默化地改变着人们的生活，智能电网、智慧交通、智慧医疗、智慧城市等的建设预示着当今社会已进入大数据时代。在给人们生活带来便利的同时，大数据仍然面临诸多挑战。

1）数据隐私和安全问题。大数据时代，个人的身份证号、银行卡号及密码、个人偏好及照片等信息均以数字形式存储于网络，与传统的信息安全领域重点关注数据的私密性不同，大数据的隐私性主要是在不暴露用户敏感信息的前提下进行有效的数据挖掘。此外，传统的隐私保护技术基本针对静态数据，而大数据则是快速变化、动态更新的。因此，大数据隐私保护面临技术和人力方面的双重考验，也是当前大数据技术面临的最大挑战，需要从技术手段和法律法规等方面综合解决。

2）数据集成问题。首先，大数据的多样性特点不仅表现在数据来源多样化，而且数据类型也从以结构化为主转为结构化、半结构化、非结构化的融合。因此，传统的文件管理模式和关系数据库系统已经无法满足大数据的存储需求。为适应新型分布式文件系统和分布式并行数据库系统数据存储方式的改变，必将导致数据集成过程中数据格式的转换，这种转换是极其复杂和至关重要的，是大数据存储系统开发的新热点。其次，大数据的价值稀疏性意味着大量信息垃圾的存在，在数据集成时必须进行数据清洗。在数据清洗过程中如何在"质"和"量"之间进行权衡，既不因过度清洗而导致有价值信息的流失，也不因清洗不足而达不到效果，也是数据集成中必须考虑的关键问题。

3）大数据分析与挖掘问题。传统的数据分析与挖掘技术适合相对少量的、结构化数据的处理，而大数据所提供的海量数据中，绝大多数都是半结构化或非结构化的数据，并且数据中所蕴含的知识价值也常会随着时间的流逝而发生衰减，因此给传统技术带来巨大的挑战。尽管目前以 MapReduce 和 Hadoop 为代表的基于非关系数据库的数据分析技术已经成为大数据处理的主流技术，在大数据分析领域得到了广泛应用，但它们在大数据实时处理等方面的性能仍然不尽人意。虽然在此基础上也陆续开发出一些改善性能的工具，但各种工具实时处理的方法不一致，支持的应用类型都具有一定局限性，往往不能直接应用于具体的实际业务中。因此，需要研究并设计通用的大数据实时处理框架。

8.4 人工智能

人工智能（Artificial Intelligent，AI）从 20 世纪 50 年代提出以来已经得到了迅猛发展，如同钢铁机械延展了人类四肢的能力一样，人工智能是对人类大脑智能的延伸，其研究和发展将会改变人类社会。

8.4.1　人工智能的概念

人工智能从字面上看就是用人工的方法实现智能，"人工"是指人可以控制每一个步骤，并且能够达到预期效果的一个物理过程，该过程当前基本都是由计算机实现的。人工智能有时也被称为机器智能，一般都是指令计算机表现出智能或具有智能行为。有关"智能"的解释比较有争议，可理解为智慧和才能，即以逻辑的方式学习、理解和思考事物的能力。

有关人工智能目前并没有统一的定义，在 1956 年达特茅斯会议上，约翰·麦卡锡（John McCarthy）对人工智能进行了如下定义：人工智能就是让机器的行为看起来像是人所表现出的智能行为一样。因其在人工智能领域的贡献，麦卡锡在 1971 年获得图灵奖，并被尊称为"人工智能之父"。自此，"人工智能"这门新兴学科正式诞生。美国斯坦福大学人工智能研究中心主任尼尔逊（N.J.Nilsson）认为：人工智能是关于知识的学科，即研究怎样表示知识以及如何获得并使用知识的学科。维基百科采用《人工智能：一种现代的方法》一书中的定义，即人工智能是有关智能主体的研究与设计的学问，智能主体则是指一个可以观察周围环境并做出行动以达成目标的系统。

综上所述，可以将人工智能理解为模仿人类与人类思维相关的认知功能的机器或计算机，使其具有像人一样的智能特征，以便能模拟、延伸、扩展人类智能。

8.4.2　人工智能研究方法

由于对智能的理解和认识不同，有关人工智能的研究尚未形成一个统一的理论体系，不同的学派有不同的研究方法，目前主要有符号主义、连接主义和行为主义三种学派。

1. 符号主义

符号主义（Symbolicism）又称逻辑主义（Logicism）、心理学派或计算机学派，认为人的认知基元是符号，认知过程就是一个符号操作过程。例如，数学中的阿拉伯数字、各种求解方程、各种函数等都是用符号表示的；物理学中的基本物理常数、各种定律、公式等也是用符号表示；而各种化学元素、化学反应同样也是基于符号的表示和运算。

纽厄尔（Newell）和西蒙（Simon）在 1976 年提出的物理符号系统假设（Physical Symbol Hypothesis）认为：物理符号系统（即符号操作系统）具有必要且足够的方法来实现普通的智能行为。他们把一切智能问题都归结为符号系统的计算问题，把一切精神活动都归结为计算。因此，人类的认知过程就是一个符号处理过程，思维就是符号的计算。西蒙提出了"有限合理性原理"的观点，他认为，人类之所以能在大量不确定、不完全信息的复杂环境下解决难题，原因在于人类采用了启发式搜索的试探性方法来求得问题的有限合理解。

符号主义学派基于物理符号系统假设和有限合理性原理，认为智能是一个物理符号系统，计算机也是一个物理符号系统，因而能用计算机的符号操作来模拟人的认知过程。符号主义强调对知识的处理，认为知识是信息的一种形式，是构成智能的基础，人工智能的核心问题是知识表示、知识推理和知识运用。知识可用符号表示，也可以用符号进行推理，因而有可能建立起基于知识的人类智能和机器智能的统一体系。

早期的人工智能学者大部分属于符号主义学派，人工智能前三十年的大部分成果，如自动推理、定理证明、机器博弈、自然语言处理、知识工程、专家系统等是其代表性成果。基于此研究途径的人工智能也被称为"传统/经典的人工智能"。

符号主义力图用数学逻辑方法建立人工智能的统一理论体系，但也遇到了许多暂时无法解决的困难，例如，符号主义可以顺利解决逻辑思维问题，但难以模拟形象思维，并且将信息表示成符号后，在进行处理或转换时存在信息丢失的情况。

2. 连接主义

连接主义（Connectionism）又称仿生学派（Bionicsism）或生理学派（Physiologism），认为人的思维基元是神经元，而非符号。连接主义学派认为人脑不同于计算机，人类智能的物质基础是神经系统，其基本单元是神经元，若能明确人脑的结构及其信息处理机制和过程，就可能揭示人类智能的奥秘，进而实现人类智能的机器模拟。连接主义着重于模拟人的生理神经网络结构，基于神经元及其之间的网络连接机制实现人工智能。此类方法一般先通过神经网络的学习获得知识，再利用知识解决问题。

人工神经网络是对人脑神经元的抽象描述，它从信息处理的角度建立简单模型。随着图形处理单元（Graphics Processing Unit，GPU）的大规模普及，人工神经网络发展到了深度学习阶段。当前已有多种深度学习框架，如深度神经网络、卷积神经网络、深度置信网络、循环神经网络等，已应用于计算机视觉、语音识别、自然语言处理、音频识别、生物信息学等领域并取得了较好的效果。

由于人脑结构的极端复杂性，人类并不完全清楚大脑的生理结构和工作机理，因此，当前的人工神经网络仅是对人脑的局部近似模拟，而且人工神经网络不适合模拟人类的逻辑思维过程，其基础理论的研究也存在诸多难点。

3. 行为主义

行为主义（Actionism）又称进化主义（Evolutionism）或控制论学派（Cyberneticsism），是基于控制论和"感知-动作"型控制系统的人工智能学派。行为主义认为：智能取决于感知和行为，取决于对外界复杂环境的适应，而不是表示和推理；人工智能可能像人类智能一样逐步进化。

行为主义认为，符号主义和连接主义对客观世界及智能行为的描述过于简化和抽象，不能真实反映客观存在。1991年，麻省理工学院的布如克斯（R. Brooks）提出了无须知识表示的智能和无须推理的智能。他认为，智能只是在与环境的交互作用中才表现出来，不应采用集中式的模式，而是需要具有不同的行为模式与环境交互，以此来产生复杂行为。他成功研制出一种六足机器虫，用一些相对独立的功能单元，分别实现避让、前进和平衡等基本功能，它不停从失败走向失败，最后从失败走向成功，也就是说，智能在感知-改进的过程中逐步产生。

行为主义实际上是从行为上模拟和体现智能，其典型应用是强化学习。行为主义思想在智能控制、机器人等领域获得了诸多成绩。

以上每种思想都从某种角度阐述了智能的特性，同时每种思想都有各自的局限性，因而反映出人工智能研究的复杂性。当前，一种重要的研究方法是融合多种思想，取长补短。例如，AlphaGo 打败围棋世界冠军得益于其三个核心技术，即属于行为主义的强化学习、属于符号主义的蒙特卡洛树搜索、属于连接主义的深度学习。各学派相互融合，能够实现优势互补，从而设计出具有更强学习能力和知识处理能力的系统。

8.4.3 人工智能应用

近年来，人工智能在云计算、大数据、深度学习算法的推动下已经取得长足的发展，目前已经在金融、医疗、教育、无人驾驶、数字政府、零售、制造业、智慧城市等社会生活的各个领域得以应用。下面针对一些研究方向进行介绍。

1. 博弈与问题求解

人工智能最早的应用是智力难题求解（Problem Solving）和下棋程序，后者是一种博弈（Game Playing）问题。打牌、游戏和战争等以己方获胜、对方失败为最终目的的竞争类游戏都属于博弈问题。问题求解是把各种数学公式、符号汇编在一起，搜索解空间，寻求较优答案。博弈和问题求解都是通过搜索的方法寻找目标解的一个合适的操作序列，并满足问题的各种约束。由于此类问题一般都具有巨大的搜索空间，虽然在理论上可以用穷举法找到最优解，但由于现实的时空约束而不可能得到最优解，因此，其研究的核心就是搜索技术。常见的搜索技术有深度/广度优先法、爬山法、回溯策略、图搜索策略、启发式搜索策略等。

2. 专家系统

专家系统（Expert System）是一类具有专门知识的计算机智能软件系统，是人工智能领域的一个重要分支，也是人工智能应用较早、成效丰富的一个领域。系统对人类专家求解问题的过程进行建模，对知识进行合理表示后运用推理技术来模拟通常由人类专家才能解决的问题，达到具有与专家同等解决能力的水平。当前，专家系统已广泛应用于工业、农业、医疗、地质、气象、交通、经济、军事、教育、机械、艺术等多个方面，如医疗诊断专家系统、资源勘探专家系统、贷款损失评估专家系统等。

专家系统是一种基于知识的系统（Knowledge Based System），其设计方法以知识库和推理机为中心而展开。知识库用来存放专家提供的知识，是决定专家系统质量优劣的关键。推理机针对当前问题的条件或已知信息，反复匹配知识库中的规则，产生新的结论，得到问题的求解结果。事实上，推理机是对专家解决问题时思维过程的模拟。

3. 机器学习

学习是人类的一项重要智能行为，正是因为具备了学习能力，才使得人类社会能够不断发展进步。机器学习（Machine Learning）是研究如何使计算机能够模拟或实现人类的学习能力，从大量数据中发现规律、提取知识，并在实践中不断利用经验来改善自身性能。机器学习是解决人工智能问题的主要技术，包含多种使用不同算法的学习模型，通过模型对数据进行预测与决策，也称为推理。机器学习让计算机算法具有类似人的学习能力，能够像人一样从实例中学到经验和知识，从而具备判断和预测的能力。根据使用的数据集和预期结果，每一种模型可以应用一种或多种算法。

机器学习算法主要用于对事物进行分类、发现模式、预测结果以及制定明智的决策。算法一般一次只使用一种，但如果处理的数据非常复杂、难以预测，也可以组合使用多种算法，以尽可能提高准确度。机器学习主要使用归纳、综合的方法，无须人工给出规则，而是让程序自动从大量的样本中抽象、归纳出知识与规则，因而具有更好的通用性，可用于各种不同领域。从 20 世纪 80 年代起，机器学习逐渐成为解决人工智能问题的主流方法。

4. 模式识别

模式识别（Pattern Recognition）是人工智能最早的研究领域之一，可以将其视为机器学习的应用研究。模式的原意是指一些供模仿用的完美无缺的标本，模式识别一般指应用计算机及外部设备对给定事物进行鉴别分类，将其归入与之相同或相似的模式中。

模式识别的一般过程包括对识别事物采集样本、数字化样本信息、提取数字特征、学习和识别。近年来，应用模糊数学模式、人工神经网络的模式识别方法得到了迅猛发展，逐渐取代了传统的应用统计模式和结构模式的识别方法，在文字识别、语音识别、人脸识别、指纹识别、车牌识别、印刷及手写体识别、遥感图像识别、染色体分析、心电图诊断、脑电图诊断等诸多场景得到了广泛应用。

5. 机器人学

机器人学（Robotics）就是研究具有智能行为并且物理上自主的智能体的一门学科，是在电子学、人工智能、控制论、系统工程、精密机械、信息传感、仿生学以及心理学等多学科或技术的基础上形成的一种综合性技术学科，它涉及人工智能的所有研究范畴。

当前，机器人的研究和发展经历了遥控机器人、程序机器人、自适应机器人和智能机器人四个阶段。遥控机器人本身没有工作程序，不能独立完成工作，需要靠人远程操控，如反恐排爆机器人；程序机器人能够在事先装入机器人存储器的程序控制下完成动作，对外界环境没有感知能力，如喷漆机器人；自适应机器人自身具有一定感知能力，并能根据外界环境变化改变自身动作，具备一些初级智能，如某些机器蛇；智能机器人具有感知、思维和行为能力，能够主动适应外界环境变化，并可通过学习来丰富自身知识，提高工作能力，如能模拟人动作的机器人。机器人学的研究和应用涉及广泛的学科交叉，对人工智能思想的发展具有重大促进作用。

8.5 区块链

区块链技术最初源于比特币，是比特币等虚拟数字货币的核心支撑技术，目的是解决在没有可信的中心机构以及信息不对称、不确定的情况下，如何构建一个"信任"生态体系来满足活动发生、发展的需求。

区块链技术并非是偶然产生的，而是互联网技术发展到一定时期的必然结果。在物理世界里，货币是一张张纸币，由一整套与货币发行及支付相关的体系做支撑，如中央银行、商业银行、印钞厂、信用卡组织以及后来出现的第三方网络支付机构等。比特币是由计算机生成的一串串复杂代码组成的虚拟数字货币，2008 年由中本聪（Satoshi Nakamoto）在其论文《比特币：一种点对点的电子现金系统》（*Bitcoin: A Peer-to-Peer Electronic Cash System*）中提出。当一个比特币被创造出来时，记录其原始信息的区块链也随即生成。

区块链技术从它诞生之日起，通过一些分布式共识算法及密码技术，使其不需要可信第三方便即可实现系统的稳健运行。2009 年 1 月 3 日，区块链的第一个区块诞生，自此，区块链在没有认可超级管理员和专门的系统维护人员的情况下一直稳定运行。

8.5.1 区块链的概念与特点

区块链（Blockchain）由英文单词 Block 和 Chain 组成，包含两方面含义。Block 即模块、单元或数据块的意思，就像一个存储信息的保险箱，交易的细节也存于 Block；Chain 即链条的意思，表示信息内容和交易的历史记录。区块链是将数据区块按照时间先后顺序以链表的方式组成的数据结构，并结合共识机制、密码学等方式实现不可撤销、不可伪造的分布式交易验证的去中心化账本，能够对具有时间先后关系且能在系统内进行验证的数据信息实现可靠存储。因此，区块链也被比喻为一个不断更新的账本。

为便于理解，可以将区块链技术与微信中的共享文件类比。当用户通过微信创建一个文件并与其他人共享时，该文档是分发的，而不是简单复制或传输的。也就是创建了一个分发链，让每个人都可以同时访问文档，没有人被锁定以等待另一方的更改。同时，对文档的所有修改都被实时记录，使更改完全透明。当然，区块链比微信的共享文件更复杂。

可将区块链视为一种公共记账机制，通过建立一组互联网上的公共账本，由网络中所有的用户共同在账本上记账与核账，以保证信息的真实性和不可篡改性。命名为区块链的原因在于，区块链存储数据的结构是由网络上一个个"存储区块"组成一根链条，每个区块中包含了一定时间内网络中全部的信息交流数据。随着时间的推移，这条链会不断增长。

区块链具有三个普通账本不可能具备的优点，以比特币为例：

1）记录比特币原始信息的区块链伴随相应比特币的生成而出现，且该区块链中的信息无法篡改，在后续交易过程中可以添加相关流通和交易信息，但不能覆盖原有信息，这一特性使得区块链天然地具备很好的防伪性质。

2）区块链中的某些信息，外界可以确认其真伪，但无法获知其中内容。如比特币，其最重要的信息是认证这个比特币的密钥，该密钥并不为外界所知，也称为私钥。比特币的所有者可以通过私钥产生一个公钥，交给比特币的接收者，接收者可以使用所获得的公钥验证比特币的真伪和所属权，但其无法获知相应比特币的私钥。此性质不仅可以保证比特币交易的安全，还可以保证各种信息的安全。

3）当交易完成，比特币从买方转至卖方时，区块链就记录下交易的过程，相关人员对此事达成共识。后续，相应比特币的新主人可以向其他人发放公钥，以验证区块链的真伪。如果用区块链来存储个人信息，就可以在不向对方提供信息的前提下让对方验证信息的真伪。例如，进行房产交易时，个人房产信息无须公证机关证明即可说明房产的归属权。

8.5.2 区块链的核心思想

在数字经济时代，越来越多的互联网商业活动迫使人们不断加强网络安全建设。然而，在完全开放信息的社会里，几乎不可能彻底保护信息安全。要想保护私有信息，特别是隐私，必须有一套不对称机制，能做到在特定授权的情况下，不需要拥有也能使用信息；在不授予访问权限时，也能验证信息。比特币的意义在于，它证实了利用区块链能够做到上述两件事。区块链的核心思想有三个，即共识机制、分布式存储和密码学技术。

区块链具有去中心化的特性，去中心化的前提就是分布式，节点是各处分散且平行的。也就是说，在区块链系统中，没有一个类似银行的中心化记账机构去保证每一笔交易在所有记账节点上的一致性，因此，让全网达成共识至关重要。

共识机制是指定义共识过程的算法、协议和规则，区块链的共识机制具备"少数服从多数"以及"人人平等"的特点。举例来说，当你在网络上询问某个景点好坏时，不论身处何处、何种身份的人，只要他们一致认为该景点还不错，那就可以确定该景点是值得一去的。根据共识算法解决问题方式的不同，可以将其大致分为验证型共识和投票型共识两种类型。

分布式简单来说就是指账本并非仅仅存放在一个地方，而是存放在很多地方。分布式存储有两方面含义，一是区块链每个节点都按照块链式结构存储完整的数据，二是区块链每个节点存储都是独立的、地位等同的，依靠共识机制保证存储的一致性。分布式总账本一来可以保护隐私，二是可以在不泄露隐私的情况下实现相互信任。

区块链为传统的非对称加密提供了一个新的应用场景，就是用一把密钥对信息加密后，让拿到解密密钥（公钥）的人只能验证信息的真伪，而看不到信息本身。从而利用信息的不对称性保护了个人隐私，因为大部分信息的使用者只需要验证信息，不需要拥有信息，如在核实身份时。在区块链技术中应用了大量的密码学知识，如公钥、私钥、对称加密、非对称加密、同态加密、签名、零知识证明等。

从技术上看，区块链是一个复杂的系统，用户在使用区块链时要遵循一定的技术规则，否则区块链就会失去意义。最基本的规则有分布式账本技术、不可变记录和智能合约等。

分布式账本技术保证所有网络参与者都可以访问分布式账本及其不可变的交易记录，有了这个账本，交易只记录一次，消除了传统业务网络典型的重复工作。网络的参与者对分布式账本中记录的更新进行管理并达成共识，不涉及中央机构或第三方调解人。分布式账本中的每个记录都有一个时间戳和唯一的加密签名，从而使分布式账本中的所有交易都可以被审核，并不会被篡改。

在分布式账本中所存储的往往是那些在金融或者法律基础上定义的实体或电子资产，因此账本中资产的安全性和准确性是有一定的访问限制的，只有通过公钥或者签名的方法才能获得账本的访问权和掌控权，即将公钥或者签名作为一种密码，对分布式账本的安全性和准确性进行保护和维护。通常情况下，一个资产的账本在一个区块链中是唯一的，账本中将记录所有对此资产的更改，并且修改之后将会通知给所有的用户，若发生恶意篡改，由于其他用户存有之前的账本，使得在其他人"作证"的情况下，恶意篡改很容易被废除。例如，将世界杯全球实况直播比作"分布式记账"，比赛过程就是"记账内容"，每个观看了实况直播的观众都是一个"账本"。而观众遍布全球，所以全体观众记录了一个共同的"分布式账本"。如果有人想要篡改比赛结果，那么观看的观众是不会同意的。

不可变记录指当交易记录到共享账本后，任何参与者都不能更改或篡改交易。如果交易记录包含错误，则必须添加新交易以撤销错误，且两个交易都是可见的，为此引出了区块链的记录增加方式的问题。例如，对于一个具有 10 条顺序记录的账本，若此时有人想修改第 5 条记录，那么他就需要在自身所处位置撤销第 5～10 条记录，重新记录第 5 条，然后分发给其他人。但是区块链的基本原则是选择一个最长的账本记录，因此当有人上传一个记录项只有 5 条的账本时，其他用户发觉已经存在 10 条记录项的账本，那么就会舍弃短记录。

智能合约是一套以数字形式定义的承诺，合约的参与方可基于此执行这些承诺的协议。智能合约是区块链被称之为"去中心化"的重要原因，它允许双方在不需要第三方的情况下，执行可追溯、不可逆转和安全的交易。智能合约包含了有关交易的所有信息，只有在满足要求后才会执行结果操作。智能合约和传统纸质合约的区别在于，智能合约是由计算机生成的。因此，代码本身解释了参与方的相关义务。一旦某个事件触发合约中的条款，代码即自动执行，无须人为操作。例如，在房屋租赁市场，通过引入智能合约可以建立房屋信息屏障，避免虚假信息或交易。

8.5.3　区块链的应用与挑战

区块链目前已渗透各行各业，不断产生新的行业应用。区块链技术的最直接应用就是金融领域，例如，传统的金融交易需要通过银行、证券交易所等中心化机构或组织的协调来开展工作，而区块链技术无须依附任何中间环节即可构建一种点对点式的数据传输方式，极大改善了交易速率和成本，简化了业务流程。例如，传统跨境支付需要经过汇出行、中央银行、代理银行、收款行等多个机构，每一个机构都有自己的账务系统和清算系统，不同机构间需要建立代理关系。除向服务商按比例支付汇划手续费以外，每笔跨境交易均需大量人工对账操作，使得传统跨境支付结算成本高、支付效率低，存在一定的支付风险。基于区块链的跨境支付模式可以省去第三方金融机构，具备全天候支付、到账迅速、提现便捷且成本低廉等诸多优点。

由于区块链中每一个块都依赖于上一个块的信息，使其在实际的应用中有一个很好的特性，即可溯源性。不可篡改性和可溯源性使得区块链在诸多应用场景中表现出极大的优势，例如，在医药或物流领域，可以实现药物或农产品溯源，预防非法机构用伪劣产品以次充好行为的发生；在保险领域，可有效防止欺诈、骗保等不诚实行为；在社交媒体领域，可用于追踪互联网上用户的发言，迅速追责，从而构建一个安全有序的网络环境；在商业领域，区块链技术可用于搭建商家信誉度反馈系统，从而维护消费者的合法权益。

由于区块链技术是在一个不信任环境中建立的安全机制，其去中心化的分布式网络可以弥补物联网上存在的缺乏中心控制、设备异构、信息执行易被篡改的缺陷，例如，可将区块链技术与物联网相结合，应用到智慧家居、智慧交通、智能电网、能源配置等方面。此外，区块链和电子政务也息息相关。政务信息需要做到公开透明，项目的招标进度需公平、公开、公正。区块链技术可在互不信任的企业竞标者之间达成信任共识，通过合约来确保项目的进度，从而保障交易信息的不可篡改性、不可伪造性和公开透明性。

然而，区块链技术在表现出良好发展态势的同时，也不可避免地面临一些挑战。这些挑战既有科学技术方面的，也有政策和法律方面的，这些因素都与区块链的自治及可信特性密切相关。

第一，要想真正实现区块链的"可信"，就必须做到整个网络的共识，而要在全网范围内达成共识势必影响到交易吞吐量，然而目前区块链的交易吞吐量都较低。例如，主流的支付平台 VISA 每秒交易量能实现 2000 笔，峰值可以达到 56000 笔/秒，支付宝每秒可以处理 10 万笔交易，但是比特币在理想状态下平均 10 分钟可以打包 4400 笔交易，每秒大约为 7.3 笔交易，无法承载全球市场的交易量。

第二，要想真正实现区块链的"可信"，区块链网络的规模必须足够大。一个规模不大的网络采用区块链本质上是没有意义的。然而，目前许多组织和机构都在小规模范围内尝试使用区块链，导致区块链技术和平台多样化。例如，在全球最大的开源代码托管平台 GitHub 上，有超过 6500 个活跃区块链项目，这些项目使用不同的平台、不同的开发语言、不同的协议、不同的共识机制和隐私保护方案。要实现区块链的可信特性，就必然要将这些异构的区块链架接起来，不同区块链的跨链将面临巨大挑战。

第三，区块链是一种完全由代码和网络组成的虚拟社区，因而存在区块链安全及监管问题。当前很多被盗案件都是源于网络黑客，不论是交易所的密钥还是用户个人密钥都存放到了钱包系统，若是系统被攻陷，则会导致密钥泄露，造成数字资产的损失，数字资产交易是不可逆的，追回难度很大。例如，2018 年 1 月 16 日，日本加密货币交易所 Coincheck 遭遇了一场大规模黑客攻击，损失了 5.23 亿 NEM 代币，价值约 5.34 亿美元。

第四，区块链监管问题。区块链技术诞生于一群称为"网络朋克"的无政府主义者之中。区块链最早、最成功的应用是比特币，很多不法分子将其应用于暗网中，成为洗钱和非法交易的工具。基于区块链的首次代币发行（Initial Coin Offering，ICO）被人恶意利用，成为金融欺诈的一个手段。从这个视角而言，在保持区块链"自治"优势的前提下，融入现实世界的监管体系中是区块链取得广泛应用的必经之路。为加强区块链的管控，各国纷纷出台相应的国家政策。例如，英国法律委员会（UK Commission）将智能合约的使用编入英国法律；泰国交易委员会（SEC）发布公告，概述了新的 ICO 监管规定生效的时间，根据新的监管框架，任何寻求发行 ICO 的实体必须首先向监管机构提交申请；2017 年 10 月 1 日生效的《中华人民共和国民法总则》也就网络虚拟财产相关问题做出了规定。

8.6 联邦学习

著名杂志《经济学人》刊登过一篇封面文章，将数据比作"新世纪的石油"。毫无疑问，在数字经济时代，能否充分挖掘、使用数据，决定了企业的命运。不论是传统的机器学习，还是当今迅猛发展的人工智能，其核心都是数据驱动。

8.6.1 联邦学习的背景

前面章节提及的物联网和大数据中，数据起着主导作用，但很多有价值的数据都涉及个人隐私或者保密协议。早在 2018 年，欧盟就正式施行了通用数据保护条例（General Data Protection Regulation，GDPR）。2021 年 7 月，亚马逊因为违反 GDPR 被罚款 7.46 亿欧元。我国对数据的保护也日益重视，2021 年 8 月通过的《中华人民共和国个人信息保护法》标志着个人数据的保护已经上升到了法律的层面。

因数据保护条例的约束以及用户隐私保护、商业机密性及竞争性、法律法规监管等原因，使得数据流通受到限制，各实体逐渐形成"数据孤岛"。仅凭各实体独立数据训练的机器学习模型无法实现数据价值的最大化。为了解决数据孤岛难题，谷歌于 2016 年提出了联邦学习思想。

8.6.2 联邦学习的概念与特征

联邦学习（Federated Learning）是一种加密的分布式机器学习技术，各参与方可在不披露底层数据和其加密形态的前提下共建模型。传统大规模的机器学习是将所有待处理、待训练的数据收集到本地进行，然而现实情况却是，行业内由于竞争关系，行业间由于审批手续等问题，将各方的数据整合起来非常困难；甚至在同一个企业不同部门之间的数据共享也不容易。联邦学习则是在所有的参与方不可见且不进行数据交换的前提下，各数据持有者在本地实现协同建模。

在联邦学习模型训练过程中，模型的相关信息能够在各参与方之间交换，但本地的训练数据不会离开本地。联邦学习可以用"数据不动模型动"来概括，就是指数据不出本地，但是模型参数可以和外界交互，能在满足用户隐私保护、数据安全和政府法规的要求下，进行有效的数据使用和机器学习建模。因此，业界一般也把联邦学习归属于隐私计算范畴。联邦学习有以下特征。

1）参与方：有两个或两个以上的联邦学习参与方协作构建一个共享的机器学习模型，每一个参与方都拥有若干各自希望能够用来训练模型的训练数据。

2）训练模式：数据不出域，也就是在模型训练过程中，每个参与方的数据都不会离开本地，即各自的原始样本不会离开本地。

3）安全加密：与模型相关的信息以加密方式在各方之间传输和交换，并且需要任何一个参与方在接收到这些信息时都不能推测出其相关原始数据。

4）模型性能：要充分逼近理想模型的性能，即由各方数据整合在一起搭建的模型和联邦学习这种跨域进行训练的模型的性能是比较接近的。

需要注意的是，联邦学习模型的构建不影响客户端设备的正常使用，即客户端在本地训练的过程中应能保证该设备其他进程的正常运行，如控制 CPU 占用率、内存使用率等。

8.6.3 联邦学习的分类

联邦学习提出的原因就是在保证各参与方数据隐私和安全的前提下，多个参与方能够在本地开展自行学习，并最终建立一个更强大的模型。作为联邦学习中的一个参与方，假设本地数据可以用一个矩阵来表示，矩阵的每一行代表一个用户，每一列表示用户的一种特征，每个用户都有一个标签。对于任何一方来说，希望在不暴露自身数据的条件下能通过建立一个更准确的模型来预测自身标签。根据用户及数据集重叠关系不同，可将联邦学习分为横向联邦学习、纵向联邦学习、迁移联邦学习三类。

横向联邦学习中，参与方用户重叠部分较少，数据特征重叠部分较多，例如，工商银行在不同城市分行的用户差别很大，但数据特征相似，如图 8-6a 所示。纵向联邦学习中，参与方用户重叠部分较多，数据特征重叠部分较少，例如，某高校的教务处和学生处分别拥有学生的课程信息和个人基本信息，如图 8-6b 所示。迁移联邦学习中，参与方用户和数据特征部分重叠都较少，例如，分别位于不同地区的两个不同企业 A 和 B，A 公司拥有其用户的消费记录，B 公司拥有其用户的保险记录，如图 8-6c 所示。

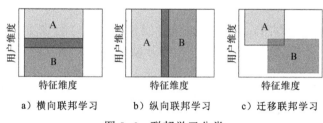

a）横向联邦学习　　　b）纵向联邦学习　　　c）迁移联邦学习

图 8-6　联邦学习分类

当前，基于横向和纵向联邦学习的研究和应用占主流。作为最早被提出的联邦学习范式，横向联邦学习的应用比较广泛，如谷歌输入法的 Gboard 系统使用横向联邦学习预测用户下一个词的输入。纵向联邦学习更适合执行跨行业跨领域的机器学习任务，如微视与广告商合作提出的联邦广告投放系统。在此系统中，微视具备包括用户画像和用户点播记录等数据，广告平台则具备广告信息、产品信息以及用户购买记录等数据。因为迁移联邦学习应用场景的复杂性，目前相关研究和应用比较少。

8.6.4 联邦学习的应用

在对数据安全性以及隐私性要求较高的领域，如智慧城市、智慧政务、智慧医疗、金融保险、物联网、跨域推荐以及多方推理等，联邦学习展现出了良好的应用前景，逐步形成"联邦学习+"的趋势。

在智慧医疗方面，联邦学习是连接医疗机构电子病历数据的可行方法，它允许医疗机构在保证隐私的情况下分享经验，而不是数据。在这些场景中，通过对大型和多样化的医疗数据集的反复改进学习，机器学习模型的性能将得到显著提高。例如，使用联邦学习为临床医生提供更多关于早期治疗患者的风险和益处的见解，预测患者对某些治疗和药物的抵抗力以及他们对某些疾病的生存率等。

物联网方面，在当今万物互联的发展趋势下，联邦学习可为万物数据安全互联互通提供可能。例如，谷歌输入法的 Gboard 系统，把多个装有 Gboard 的设备组成联邦，融合多方数据构建联邦学习，有效提高了输入法对不同行业以及输入习惯的用户的输入词预测任务的准确率。因此联邦学习随着物联网技术的发展以及隐私保护观念的深入，越发具有巨大的潜力和潜在价值。

在智慧城市方面，联邦学习在零售行业可以结合社交平台的个人偏好、电商平台的产品特点、零售商的消费记录、品牌商的销售记录等做定向推荐、广告投放，从而实现精准营销。

除此之外，还可以应用于联邦学习+交通、联邦学习+物流、联邦学习+政务、联邦学习+安防、联邦学习+车联网、联邦学习+金融保险、联邦学习+智能家居、联邦学习+可穿戴设备、联邦学习+机器人等场景。联邦学习中还有很多问题未得到解决，要实现其真实应用还有很长的一段路要走。

8.7 边缘计算

大数据、云计算、智能技术的快速发展和 5G 技术的应用普及，给互联网产业带来了深刻的变革，人类社会已逐步进入"万物互联、全面感知"的互联网新时代。以云计算模型为核心的集中式大数据处理技术已经不能有效满足工业物联网、智慧城市等对低时延、高带宽以及由网络边缘设备所生成的海量数据计算能力的要求，需要通过边缘计算模型的应用来解决。

不同于云计算要将所有数据传输到数据中心，边缘计算将网络边缘上的计算、网络与存储资源组成统一的平台为用户提供服务，使数据在源头附近就能得到及时、有效的处理。边缘计算处理模式解决了网络带宽与延迟的瓶颈，自 2016 年起，边缘计算开始迅速升温，引发了国内外的广泛关注。

8.7.1 边缘计算的概念

边缘计算（Edge Computing）出现的时间不长，目前还没有一个严格的统一定义，不同研究者从各自的视角来描述和理解边缘计算。美国卡内基梅隆大学的 Satyanarayanan 将其描述为，边缘计算是一种新的计算模式，这种模式将计算与存储资源部署在更贴近移动设备或传感器的网络边缘；美国韦恩州立大学的施巍松等把边缘计算定义为，边缘计算是指在网络边缘执行计算的一种新型计算模式，边缘计算中边缘的下行数据表示云服务，上行数据表示万物互联服务，而边缘计算的边缘是指从数据源到云计算中心路径之间的任意计算和网络资源。上述定义都强调边缘计算是一种新型计算模式，其核心理念是"计算应该更靠近数据的源头，可以更贴近用户"。

边缘计算中的边缘（Edge）与数据中心相对，无论是从地理距离还是网络距离上来看都更贴近用户，可以是手机、个人计算机、Wi-Fi 接入点、摄像头、机顶盒、路由器、小型计算中心等。这些资源数量众多，相互独立，分散在用户周围，边缘计算就是要把这些独立分散的资源统一，在网络边缘为用户提供服务，使应用可以在数据源附件处理数据。

可将边缘计算定义为一种将计算、存储资源从云平台迁移到网络边缘的分布式服务架构，它由多个位于云服务器和本地设备间的边缘节点协同完成数据分析任务，为应用提供计算、存储和网络服务。

8.7.2 边缘计算与云计算

边缘计算通常会被用来与云计算做比较，既然有了云计算，为何还要有边缘计算？云计算有许多优点，如庞大的计算能力、海量存储能力等，通过不同的软件工具，可以构建多种应用。人们生活中使用的许多 App 本质上都是依赖各种各样的云计算技术，如视频直播平台、电子商务平台。

边缘计算脱胎于云计算，靠近设备侧，具备快速反应能力，但不能应付大量计算及存储的场合。边缘计算着重要解决的问题，是传统云计算（或者说是中央计算）模式下存在的高延迟、网络不稳定和低带宽问题。举一个现实的例子，几乎所有人都遇到过手机 App 出现 404 错误的情况，出现这样的错误与网络状况、云服务器带宽限制有关系。由于资源条件的限制，云计算服务不可避免会受高延迟及网络不稳定的影响，但是通过将部分或者全部处理程序迁移至靠近用户或数据收集点，边缘计算能够大大减少在云中心模式站点下给应用程序所带来的影响。

边缘计算并不是为了取代云计算，而是对云计算的补充。边缘计算可以在保证低延迟的情况下为用户提供丰富的服务，克服移动设备资源受限的缺陷；同时也减少了需要传输到云端的数据量，缓解了网络带宽与数据中心的压力，能够提供时延更小的服务，为移动计算、物联网等提供更好的计算平台。

从仿生学角度，边缘计算相当于人的神经末端，云计算相当于人的大脑。由于不可能让云计算成为每个设备的大脑，边缘计算就是让设备拥有自己的大脑。大脑是中枢神经中最大和最复杂的结构，是调节机体功能的器官，也是意识、精神、语言、学习、记忆和智能等高级神经活动的物质基础。人类大脑的灰质层，富含着数以亿计的神经细胞，构成了智能的基础。而具有灰质层的并不只有大脑，人类的脊髓也含有灰质层，并具有简单中枢神经系统，能够负责来自四肢和躯干的反射动作，传送脑与外周之间的神经信息，初中生物中学习的膝跳反应就是脊髓反应能力的证据。边缘计算反应速度快，无须云计算支持，但智能程度较低，不能适应复杂信息的处理。

8.7.3 边缘计算应用场景

边缘计算在数据源附近提供服务，使其可以在很多移动应用和物联网应用上发挥出巨大优势。本节将列举一些边缘计算的应用场景。

1）增强现实。增强现实技术将现实世界的场景与虚拟信息高度集成，生成被人类感官所感知的信息，来达到超越现实的感官体验。增强现实技术可以使用在智能手机、平板计算机与智能眼镜等移动设备上，来支持新的应用与服务，如虚拟游戏、3D观影等。增强现实技术需要对视频、图像数据进行处理，这些任务复杂性高，而需要与用户进行互动的特点又对实时性有了很高的要求。

2）智能交通。智能交通控制系统实时分析由监控摄像头和传感器收集的数据，并自动做出决策。这些传感器模块用于判断目标物体的距离和速度等。随着交通数据量的增加，用户对交通信息的实时性需求也在提高，若传输这些数据到云计算中心，将造成带宽浪费和延时等待，也不能优化基于位置识别的服务。在边缘服务器上运行智能交通控制系统来实时分析数据，根据路面实况，利用智能交通信号灯以减轻路面车辆拥堵状况或改变行车路线。同样，智能停车系统可收集用户周围环境的信息，在网络边缘分析用户附近的可用资源，并给出指示。

3）预测性维护。在石油和天然气行业应用中，与石油和天然气相关的管道故障可能会带来巨大的财务损失和环境治理成本。长期腐蚀通常是环境造成的问题，通过结合使用来自摄像头的现场数据和以往经验，采用边缘计算和机器学习分析的系统可以警告操作人员可能即将发生的故障，过去需要花费数周时间的调查和分析可能会在几秒钟内交付。

4）医疗创新。在新冠疫情爆发之前，医疗保健行业中的边缘计算投资已经有所增加；而疫情的来临推动更多医疗机构采取远程医疗与医疗设备转移等方式对患者进行居家观察。在边缘计算支持的新的医疗场景下，医疗机构能够在本地存储并处理数据，而不再依赖于集中式云服务，因而临床医师能更直接地访问重要医疗数据（如 MRI 或 CT 扫描结果），或者提取来自救护车或急诊室的信息，更快开展诊断与治疗。

5）零售/商业优化。因边缘计算能够带来更低的延迟与更好的可扩展性，将边缘计算与物联网相结合可以为零售/商业带来巨大价值，具体应用场景包括库存管理、客户体验、非接触式结账与不见面配送、需求感知以及仓库管理等。

6）车联网。车联网将汽车接入开放的网络，车辆可以将自身油耗、里程等状态信息通过网络传到云端进行分析，从而检测车辆的性能，发现车辆的故障。车辆间也可以自由交换天气、路况、行人等信息，并进行实时的互动。

当然，边缘计算技术要真正落地使用，除了计算机软硬件、网络、通信等技术相关人员的努力之外，还需要相关领域社会机构的多方参与。

元 宇 宙

元宇宙（Metaverse）一词最早出现于美国著名作家尼尔斯·蒂芬森（Neal Stephenson）在1992年发表的科幻小说《雪崩》（*Snow Crash*），其中Metaverse由Meta和Verse两个单词构成，Meta意为超越，Verse代表宇宙（Universe）。小说中描述了一个庞大的虚拟的平行数字世界，在这个世界，人们使用其数字化身来竞争以控制自己的地位。

2021年是元宇宙元年，标志性事件是Facebook公司把公司名改为Meta，并在财报中披露要对旗下的元宇宙部门投资至少百亿美元，创始人马克·扎克伯格（Mark Elliot Zuckerberg）在Facebook上发文说："我相信元宇宙将成为移动互联网的继任者，创建这个产品组是我们帮助构建它的下一步。"除Facebook外，国内外许多科技公司都开始布局元宇宙，如腾讯、字节跳动、微软、英伟达、谷歌、苹果、阿里巴巴、百度、网易等。

那么什么是元宇宙呢？元宇宙是一个极致开放、复杂、巨大的系统，它涵盖了整个网络空间以及众多硬件设备和现实条件，是由多类型建设者共同构建的超大型数字应用生态。元宇宙定义了一个通过结合物理现实、在线游戏、增强现实、虚拟现实和加密货币的集体虚拟共享空间，其本质就是技术集合体之上的共创、共享、共治，短期主要表现为与现实世界平行的虚拟世界，长期则表现为现实世界与虚拟世界有机融合的虚实共生。世界知名的多人在线创作游戏平台Roblox给出元宇宙的八大要素：身份、朋友、沉浸感、低延迟、多元化、随时随地、经济系统和文明。

网络及运算技术是元宇宙的基础设施，可为元宇宙提供高速通信、泛在连接以及共享资源等功能，涉及的底层技术包括芯片技术、网络通信技术、虚拟现实技术、游戏技术、人工智能技术、物联网、云计算、边缘计算以及区块链等多个方面。

当前，元宇宙技术的应用场景正处于探索整合期，预计第一阶段以游戏等平台为入口，在虚拟世界进行社交互动，形成沉浸式体验的雏形；第二阶段将在虚拟平台中广泛连接消费、物流生活服务等真实元素，使元宇宙融入社会生活；第三阶段以"虚实合一"实现虚实世界的密不可分，而以脑机通信、商业生活、工业生产、文化教育和城市社会为主体的布局则为元宇宙"以虚入实"的前期切入方向。

知名人物

明斯基（Marvin Lee Minsky），美国工程院和美国科学院院士，计算机科学家，世界上第一个人工智能实验室——麻省理工学院人工智能实验室的创始人之一，人工智能框架理论创立者，虚拟现实最早倡导者，开发出世界上最早的能够模拟人活动的机器人Robot C，使机器人技术跃上了一个新台阶。1956年和麦卡锡（J. McCarthy）共同组织发起"达特茅斯会议"并提出人工智能概念，获1969年度图灵奖，是第一位获此殊荣的人工智能学者。

习　题

8.1　目前物联网技术存在的安全隐患都有哪些？

8.2　目前共享单车都使用了基于蜂窝网络的窄带物联网技术（Narrow Band Internet of Things，NB-IoT），查阅资料，探讨这样做的好处是什么？

8.3　云计算有哪些特点？

8.4　云计算按照服务类型可以分为哪几类？云计算体系结构分为哪几层？

8.5　查找资料，列举几个国内基于云计算应用的案例。

8.6　大数据现象是怎样形成的？

8.7　小组讨论，大数据技术的应用及其引发问题和解决方案。

8.8　简述人工智能技术的研究方法？

8.9　小组讨论，人工智能会改变人类社会吗？

8.10　简述虚拟现实的概念及应用。

8.11　简述联邦学习特点及应用。

8.12　简述边缘计算概念及应用。

第9章

IT 职业道德

本章首先对职业道德相关概念进行了简单介绍，着重强调了计算机从业人员的道德准则和责任需求。然后，阐述了计算机技术快速发展带来的 IT 领域伦理相关问题，并对计算机从业人员的责任进行了说明，以引导学生思考其如何应对计算技术快速发展所引发的道德及伦理等方面问题。

本章知识点

➢ 计算机从业人员道德准则和责任

➢ 计算机伦理问题

➢ 计算机专业人员的责任

9.1 职业道德和责任

职业道德是社会主义道德体系的重要组成部分，良好的职业道德有助于个人职业生涯的发展和个人素质的全面提升，也有助于提高国家综合实力。职业道德建设已经成为中国特色社会主义精神文明建设的重要方面。

9.1.1 职业道德的概念

中共中央印发的《公民道德建设实施纲要》指出："职业道德是所有从业人员在职业活动中应该遵循的行为准则，涵盖了从业人员与服务对象、职业与职工、职业与职业之间的关系"。

职业道德的概念有广义和狭义之分，广义的职业道德是指从业人员在职业活动中应该遵循的行为准则，涵盖了从业人员与服务对象、职业与职工、职业与职业之间的关系。狭义的职业道德则是指在一定职业活动中应遵循的、体现一定职业特征的、调整一定职业关系的职业行为准则和规范。职业道德既是从业人员在进行职业活动时应遵循的行为规范，同时又是从业人员对社会应承担的道德责任和义务。

职业关系是一般社会关系在职业或行业方面的特定表现，具体表现为从业人员之间、职业之间、职业与社会之间的各种关系。这些关系需要用职业道德来调节，使之达到协调。例如，员工若有良好的职业道德，不仅有利于协调员工之间、员工与领导之间、员工与企业之间的关系，增强企业的凝聚力，而且有利于企业的科技创新，有利于提高产品和服务质量，从而树立良好的企业形象，提高企业的市场竞争力。

9.1.2 职业道德的特征

(1) 职业性
职业道德的内容与职业实践活动紧密相连，反映着特定职业活动对从业人员行为的道德要求。每一种职业道德都只能规范本行业从业人员的职业行为，在特定的职业范围内发挥作用。

(2) 实践性
职业行为过程，就是职业实践过程，只有在实践过程中，才能体现出职业道德的水准。职业道德的作用是调整职业关系，对从业人员职业活动的具体行为进行规范，解决现实生活中的具体道德冲突。

(3) 继承性
在长期实践过程中形成的职业道德，会被作为经验和传统继承下来。即使在不同的社会经济发展阶段，同样一种职业因服务对象、服务手段、职业利益、职业责任和义务相对稳定，职业行为的道德要求的核心内容将被继承和发扬，从而形成了被不同社会发展阶段普遍认同的职业道德规范。

(4) 多样性
不同的行业和不同的职业有不同的职业道德标准。

9.1.3 职业道德的作用

职业道德是社会道德体系的重要组成部分，它一方面具有社会道德的一般作用，另一方面又具有自身的特殊作用，具体表现在以下几方面。

(1) 调节职业交往中从业人员内部以及从业人员与服务对象间的关系
职业道德的基本职能是调节职能，它一方面可以调节从业人员内部的关系，即运用职业道德规范约束职业内部人员的行为，促进职业内部人员的团结与合作。例如，职业道德规范要求各行各业的从业人员，都要团结、互助、爱岗、敬业、齐心协力地为发展本行业、本职业服务。另一方面，职业道德又可以调节从业人员和服务对象之间的关系。例如，职业道德规定了制造产品的工人要怎样对用户负责，营销人员怎样对顾客负责，医生怎样对病人负责，教师怎样对学生负责等。

（2）有助于维护和提高本行业的信誉

一个行业、一个企业的信誉，也就是它们的形象、信用和声誉，是指企业及其产品与服务在社会公众中的信任程度，提高企业的信誉主要靠产品质量和服务质量，而从业人员职业道德水平也是产品质量和服务质量的有效保证。若从业人员职业道德水平不高，很难生产出优质的产品和提供优质的服务。

（3）促进本行业的发展

行业、企业的发展有赖于较高的经济效益，较高的经济效益则源于高水平的员工素质。员工素质主要包含知识、能力、责任心三个方面，其中责任心是最重要的。而职业道德水平高的从业人员其责任心是极强的，因此，职业道德能促进本行业的发展。

（4）有助于提高全社会的道德水平

职业道德是整个社会道德的主要内容，一方面涉及每个从业者如何对待职业，如何对待工作，同时也是一个从业人员生活态度、价值观的体现，是一个人道德意识、道德行为发展的成熟阶段，具有较强的稳定性和连续性。另一方面，职业道德也是一个职业集体、甚至一个行业全体人员的行为表现，如果每个行业、每个职业集体都具备优良的道德，对整个社会道德水平的提高肯定会发挥重要作用。

9.1.4　计算机从业人员的道德准则

恪守职业道德和学术道德规范是对从事科学、技术和工程专业人士的基本要求。随着计算技术的发展及其在人类日常生活中的频繁使用，职业道德在信息技术领域显得越来越重要。世界知名的计算机道德规范组织 IEEE-CS/ACM 软件工程师道德规范和职业实践联合工作组曾就此专门制定过一个规范，指出了计算机从业人员应遵循的职业道德。中国计算机学会也成立了职业伦理和学术道德委员来构建计算技术领域的行为准则。

相对于其他职业，计算机从业人员具有自身与众不同的职业道德和行为准则，这些职业道德和行为准则是每一个计算机从业人员都要共同遵守的。下面基于《计算机协会道德规范与职业行为准则》（*ACM Code of Ethics and Professional Conduct*），对软件工程师职业道德规范涉及的几个方面进行介绍。

（1）为社会和人类的幸福做出贡献，承认所有人都是计算的利益相关者

无论是单个计算机从业人员还是一个从事计算领域的公司，均有义务利用其技能造福社会、造福其成员及周围环境，这种义务包括促进基本人权和保护每一个体的自主权。计算机从业人员的一个基本目标就是最大限度地减少计算所产生的负面后果，包括对健康、安全、人身安全和隐私的威胁。当多个群体的利益发生冲突时，应该给那些弱势群体以更多关注和优先。

另外，计算机从业人员应考虑其工作结果是否会尊重多样性、是否会以对社会承责的方式被使用、是否符合社会需求以及是否具有广泛的可及性。计算机从业人员应该积极参与造福公众的公益或志愿工作，为社会做出贡献。

除安全的社会环境外，人类生存和可持续发展还需要安全的自然环境，每位计算机从业人员有责任去促进本地和全球的环境可持续性。

（2）避免负面结果的发生

这里说的负面结果，特别指那些重大和不公正的结果，包括不合理的身心伤害、不正当的信息破坏或披露以及对财产、声誉和环境的不合理损害。

有时，专业人员在完成自己指定职责的过程中也可能会产生不可预见的伤害。如果是无意造成的伤害，责任人有义务尽可能撤销或减轻伤害。避免伤害发生的关键在于，从工作一开始就能认真分析和考虑所开发系统是否会对系统涉及的所有人带来潜在的影响。如果伤害是系统有意为之，责任人有义务确保伤害合乎道德。无论怎样，责任人应尽量减少伤害。

为了最大限度降低间接或意外伤害他人的可能性，计算机从业人员应遵循普遍接受的最佳做法，除非真的有其他令人信服的道德理由不这样去做。

计算机从业人员有义务报告所开发系统可能存在的任何导致伤害发生的风险迹象，如果领导者未采取措施来减少或减轻这种风险，可能有必要"举报"以减少潜在的伤害。但是，反复无常或误导性的风险报告本身可能就有害。在报告风险之前，计算专业人员应仔细评估相关情况。

（3）诚实可靠

诚实是信任的重要组成部分，计算机从业人员应保持透明，向有关各方充分披露所有相关系统功能、限制潜在问题。故意造假或误导声明、虚构或伪造数据、提供或接受贿赂以及其他不诚实行为均违反了本职业准则。

计算机从业人员在其资格及其完成任务能力的任何限制方面均应诚实相告。计算机从业人员应诚实面对任何可能导致实际或感知利益冲突或破坏其判断独立性的情况。此外，计算机从业人员应兑现其承诺。

计算机从业人员不应歪曲组织的政策或程序，同时，如果没有获得授权，则不应代表组织发言。

（4）做事公平，采取行动无歧视

平等、宽容、尊重他人和正义的价值观是这一原则的管理方针。要做到公平，就需要在即便十分谨慎的决策过程中也提供一些纠正错误的机会。

计算机从业人员应促成包括代表性不足的各类群体在内的所有人的公平参与。基于年龄、肤色、残疾、种族、家庭状况、性别认知、工会会员、军人身份、国籍、宗教或信仰、性取向或任何其他不适当因素的偏见与歧视均为对本《准则》的明确违反。骚扰（包括性骚扰）、欺凌和其他滥用权力和权威的行为是一种歧视形式，和其他伤害一样，会限制对于发生此等骚扰的虚拟和物理空间的公平进入。

信息和技术的使用可能产生新的或加剧现有的不公平现象。技术和实践应尽可能具有包容性和可访问性，计算机从业人员应采取措施避免创建剥夺或压迫人权的系统或技术。不具有包容性和可访问性的设计可能构成不公平歧视。

（5）尊重需要产生新想法、新发明、创造性作品和计算工件的工作

每一个新想法、新发明、创造性作品和计算系统的产生都可以为社会创造价值。

因此，计算机从业人员内心应承认和感谢创意、发明、作品和文物的创作者，并尊重版权、专利、商业秘密、许可协议以及其他保护作者作品的方法。

习俗和法律都承认，创作者对作品控制权的某些例外是公共利益的需要，计算机从业人员不应过度反对对其知识产权的合理使用。为有助于社会的项目付出时间和精力等努力来帮助他人是这一原则积极方面的体现，这些努力包括免费软件、开源软件以及为公共领域事业提供的服务。计算机从业人员不应对本人或他人已经共享为公共资源的工作主张私人所有权。

(6) 尊重隐私

尊重隐私的责任对于计算机从业人员具有特别重要的意义。技术可以快速、低成本地收集、监控和交换个人信息，而且往往让受影响人群毫不知情。因此，计算机从业人员应熟悉各种隐私的定义和形式，并应了解关于收集和使用个人信息相关的权利和责任。

计算机从业人员只应将个人信息用于正规合理的目的，不得侵犯个人和团体的权利。这就需要采取预防措施以防止重新识别匿名数据或未经授权的数据收集、确保数据准确性、了解数据来源并保护数据免受未经授权的访问和意外泄露。计算机从业人员应建立透明的政策和程序，使个人能够了解计算正在收集的是什么数据及其使用方式，为自动数据收集提供知情同意，并审查、获取、纠正一些不准确的数据并删除个人隐私数据。

计算机从业人员应该对数据的保留和处置时间进行明确的定义、执行并与数据主体传达。未经个人同意，不得将为特定目的收集的个人信息用于其他目的。合并的数据集合可能会破坏原始数据集合中存在的隐私功能，因此，计算机从业人员在合并数据集合时应特别注意隐私。

(7) 尊重保密协议

计算机从业人员通常会被委以维护保密信息的责任，如商业秘密、客户数据、非公共商务战略、财务信息、研究数据、出版前学术文章和专利申请。计算机从业人员应保护信息的保密性，除非有证据表明其对法律、组织法规的违反，否则，该信息的性质或内容不得向除有关部门之外的任何人或机构泄露。

9.2 IT 领域伦理问题

伦理是指在处理人与人、人与社会的相互关系时应遵循的道理和准则。计算机技术的飞速发展给人类生产方式、生活方式、思维方式带来了巨大变革，同时也带来一系列的伦理问题，如计算机犯罪、侵犯个人隐私、计算机病毒、流氓软件、侵权行为等，对人类原有的道德观念、社会秩序带来了巨大的冲击。人们对计算机的无节制使用使得这些问题在短时间内难以解决。

9.2.1　计算机伦理与网络伦理

计算机伦理是指计算机信息网络领域的基本道德原则，是把社会所认可的一般伦理价值观念应用于计算机高新技术，包括信息的生产、储存、交换和传播等方面。作为应用伦理的一个分支，计算机伦理是在开发和使用计算机相关技术和产品、IT 系统时的行为规范和道德指引。本质上说，计算机伦理以计算机行为为主要研究对象。所谓计算机行为，就是以计算机为主体所表现出来的一种活动现象，即计算机在一定的程序或指令的指导下，表现出来的各种具体活动，如记忆、运算、判断、阅读、模拟、绘图和翻译等。

网络伦理在概念上易于与计算机伦理混淆，一些研究也常常将计算机伦理与网络伦理互用。从技术发展的角度来看，网络伦理是计算机联网以后产生的与网络运行相关的一些伦理问题。网络伦理的内涵十分广泛，它常指涉及所有与网络技术发生关系的方方面面，包括网络行业从业者、网络使用者、网络经营者与网络管理者等的道德行为与道德关系，其价值观是多元、开放与兼容的。相对于计算机伦理，网络伦理主要研究计算机网络领域中的人与人、人与社会特殊利益关系的道德价值观念和行为规范。

计算机技术和网络技术都是强大的工具，人们的伦理和道德价值观决定了它们会有效推动人类社会的发展还是会给人类社会带来消极影响甚至灾难。计算机伦理和网络伦理作为网络与信息时代需要遵循的道德原则与道德标准，能促进计算机网络环境保持风清气正。

面对复杂的伦理问题或伦理困境时，为了更好地在工程实践中履行伦理责任，可按照顺序审慎地思考和处理以下几个重要的逻辑关系。第一，自主与责任的关系；第二，效率和公正的关系；第三，个人与集体的关系；第四，环境与社会的关系。

9.2.2　计算机伦理问题

计算机技术在促进人类社会快速发展的同时，也给人类带来了一系列新的伦理难题和现实道德问题，下面对信息时代的隐私保护、计算机犯罪问题、计算机技术的知识产权问题以及人工智能技术带来的风险进行阐述。

1. 信息时代的隐私保护

隐私的定义是一个哲学问题，从一个人想要限制别人接近的角度来看，隐私是一个人周围"不可以接近的区域"，如果从这个角度来看，一旦越过了个人或者公众所划分的分界线就是侵犯了别人的隐私权。在联合国颁布的《世界人权宣言》中将隐私权明确定义为"任何人的私生活、家庭、住宅和通信不得任意干涉，他人的荣誉和名誉不得加以攻击。人人有权享受法律保护，以免受这种干涉或攻击。"

个人数据属于个人隐私的一部分，未经同意擅自公布他人信息、隐私，通过网页、聊天、自媒体等形式公开，造成他人精神和财产损失的行为是有违伦理的。

在计算机技术的普及和发展过程中，首当其冲的伦理难题是如何切实保护合理的个人隐私。合理的个人隐私作为人的基本权力之一应当得到充分的保障。计算机隐私权主要有如下几个伦理问题。

1）对公民人身权利的侵害。计算机隐私权侵权行为的发生，最直接的后果就是对权利人的人身权利的侵害，人身权利主要指公民依法享有的与人身直接相关的权利，它是公民基本权利的重要组成部分，主要包括人格权、身份权、人身自由、生命健康和人格尊严。

2）对构建和谐社会的影响。计算机隐私权侵权行为不仅会对权利人的精神和物质带来巨大损害，也会对社会价值观的发展带来巨大冲击，由此引发的一系列社会问题对构建和谐社会也会带来巨大冲击。

进入大数据时代，信息的开发和利用给个人隐私带来了更大的问题。首先是数据挖掘对信息隐私的挑战，表现为通过对用户数据分析来挖掘客户消费倾向，从而影响个体的消费行为；其次是数据预测对信息隐私的挑战，表现为利用大数据来预测个人未来的健康状况、经济状况等隐私。

2. 计算机犯罪问题

所谓计算机犯罪，就是在信息活动领域中，利用计算机信息系统或计算机信息知识作为手段，或者针对计算机信息系统，对国家、团体或个人造成危害，依据法律规定，应当予以刑罚处罚的行为。计算机犯罪一般分为三大类：

1）以计算机为犯罪对象的犯罪，如行为人针对个人计算机或网络发动攻击，这些攻击包括"非法访问存储在目标计算机或网络上的信息，或非法破坏这些信息；窃取他人的电子身份等"。

2）以计算机作为攻击主体的犯罪，如当计算机是犯罪现场、财产损失的源头、原因或特定形式时，常见的有黑客、特洛伊木马、蠕虫、传播病毒和逻辑炸弹等。

3）以计算机作为犯罪工具的传统犯罪，如使用计算机系统盗窃他人信用卡信息，或者通过连接互联网的计算机存储、传播淫秽物品、传播儿童色情等。

当前，数字经济发展较为快速，数据量增长迅猛。与此同时，计算机犯罪正在侵蚀数字经济的成果。据美国著名投资咨询机构 Cybersecurity Ventures 提供的数据显示，2021 年，全球因为计算机犯罪带来的损失高达 6 万亿美元，预计到 2025 年，全球由于计算机犯罪带来的损失将达 10.5 万亿美元。

随着人工智能、云计算、物联网、大数据等信息技术的蓬勃发展，智能设备和可穿戴设备的快速增多，在线内容的爆炸式增长，计算机犯罪案件数量不断上升，犯罪模式不断更新，已经构成世界经济的威胁之一，其中，黑客行为一直备受关注。

黑客是指利用计算机技术破坏数字系统、网络和设备的计算机程序员，根据其动机和行动方式的不同，可分为白帽黑客、黑帽黑客和灰帽黑客三种类型。

白帽黑客指专门研究或者从事网络、计算机技术防御的人员，多受雇于计算机安全公司，他们通过测试和改进数字安全措施来保护公司、政府和消费者，其行为是安全合法的。

黑帽黑客通常就是人们常说的非法访问计算机和计算机网络、恶意破坏程序、系统或网络安全的人员。黑帽黑客专门研究病毒木马和操作系统漏洞，以个人意志为出发点，攻击网络或者计算机，或恶意入侵用户计算机系统以非法获取信息。

灰帽黑客介于白帽黑客和黑帽黑客之间，其技术实力往往超过白帽黑客和黑帽黑客，但灰帽黑客通常并不受雇于大型企业，他们常将黑客行为作为一种业余爱好或者是义务，希望通过其黑客行为来警告一些网络或者系统漏洞，以达到警示的目的。

为防范计算机犯罪，除不断完善计算机安全相关技术外，还需要加强计算机安全教育以提高用户安全意识，完善计算机完全管理制度和规则，健全计算机犯罪相关法律法规，以实现全方位的安全保障。

3. 计算机技术的知识产权问题

作为无形财产，知识产权集相对权利与绝对权利于一身，具有独占性、排他性、地域性和时间性。知识产权的独占性、排他性表明知识产权具有绝对权利的属性，非经权利人许可，不得擅自使用知识产权。知识产权的地域性和时间性表明知识产权又具有相对权利的属性，这种权利只能在一定地域和时间内有效，超出该地域和时间就不再有效。在保护知识产权所有者权益的同时又要反对其权利的延伸与滥用，在实践中人们往往只看到一面，要么过分强调其绝对权利的属性，要么过分强调其相对权利的属性，从而导致知识产权的强保护或肆意侵犯知识产权现象的发生。

网络和计算机技术的发展使得对知识产权的侵权变得越来越容易，权利人的作品更加趋于电子化，将会导致复制、传播速度更快、范围更广。例如，当影视剧、音乐产品以收费形式下载之后便可以进行复制、传播；编程技术的发展使一些收费软件也出现了"破解版"，而且盗版软件的使用一般难以察觉。另一方面，网络对知识产权的控制能力也越来越强。与传统媒介相比，网络在架构上具有更强的控制自由共享的能力。例如，可以利用计算机代码轻而易举地控制人们对某些内容的访问权限，如要求提供 ID 和密码才能访问某个网站或网页。

只有注意到知识产权的二重性，才能正确把握网络知识产权的伦理原则，否则就会走向片面和极端。互联网使侵权越来越容易，但知识产权具有绝对权利属性，因此必须强调尊重知识产权原则。互联网越来越容易控制自由共享，但知识产权具有相对权利属性，因此也必须强调尊重自由共享原则。

4. 人工智能技术带来的风险

1956 年，明斯基、麦卡锡、西蒙和纽厄尔等人在美国召开的"达特茅斯会议"上宣布了人工智能的诞生。虽然人工智能至今仍处于发展初期，但其对社会的影响却越来越明显。从 1997 年"深蓝"击败世界围棋冠军到当前无人驾驶汽车的出现，人工智能正以更快的速度、更高的水平融入人类社会的各个方面，随之而来的还有对人工智能伦理的思考。

人工智能在一定程度上可以说是人脑功能的延伸，用以实现人脑劳动的信息化。人工智能带来的主要问题包括：由于人工智能技术的不确定性所带来的道德风险，如自动驾驶汽车造成人员伤亡；人工智能可能会成为影响社会稳定的因素，例如，人工智能机器人由于工作效率高、出错率低、维护成本低，因此可能取代人工劳动，导致工人失业，尤其是那些不需要专业技术与专业能力的岗位受到的冲击更大，这将直接导致社会失业率和未就业率的提升，极其不利于社会稳定和安全，甚至有可能引发社会动荡、战争；人工智能对社会公平正义的影响，例如，美国 NorthPointe 公司开发的预测罪犯二次犯罪概率的人工智能算法，基于该算法计算出黑人二次犯罪的概率远远高于其他人种而被质疑存在种族偏见；还有在 2016 年举办的首届"人工智能选美大赛"上，人工智能机器人对人类面部进行评判，结果比赛的获胜者都是白人。

如何应对计算机技术带来的一系列伦理问题呢？美国学者斯平内洛在《信息技术的伦理方面》一书中提出了计算机伦理道德的几条一般规范性原则。

自主原则，即尊重自我与他人的平等价值与尊严，尊重自我与他人的自主权利。

无害原则，即人们不应该用计算机和信息技术给他人造成直接或间接的损害。

知情同意原则，即人们在信息交换过程中，有权知道谁会得到这些数据以及如何利用它们，没有信息权利人的同意时，他人无权擅自使用这些信息。

9.3 计算机专业人员的责任与义务

基于 ACM 道德与职业行为准则，一个计算机专业人员应当承担下面的责任与义务。

1. 努力在专业工作的过程和产品中实现高质量

计算机专业人员应该坚持并支持自身及其同事的高质量工作，在整个工作过程中，应尊重雇主、员工、同事、客户、用户以及受工作直接或间接影响的任何其他人的尊严。在项目实施过程中，计算机专业人员应尊重项目相关人员沟通透明性的权利。计算机专业人员应认识到可能由于工作质量不佳所造成的、影响任何利益相关者的任何严重负面后果，并且应该抵制忽视这种责任的诱惑。

2. 保持高标准的专业能力、行为和道德实践

高质量的计算取决于个人和团体能否尽职尽责去获得和保持其专业能力。专业能力始于技术知识及对于其工作开展的社会背景的了解，专业能力还应包括沟通技能、反思分析技能，以及对道德挑战的识别和驾驭能力。提升技能会是一个持续的过程，可能包括独立学习、参加会议或研讨会以及其他正式或非正式的教育，专业组织和雇主应鼓励和促进这些活动。

3. 了解并尊重与专业工作相关的现有规则

此处的"规则"包括地方、地区、国家和国际法律法规以及专业人员所属组织的任何政策和程序。计算机专业人员必须遵守这些规则，除非令人信服的道德理由另有要求。被判断为不道德的规则应该受到质疑。当规则的道德基础不充分或将造成可识别的伤害时，这个规则可能是不道德的。计算机专业人员应该在违反规则之前考虑通过现有渠道质疑规则。因规则不道德或任何其他原因而决定违反规则的计算机专业人员必须考虑潜在的后果并对其行为承担责任。

4. 接受并提供适当的专业审查

高质量的计算专业工作取决于所有阶段的专业审查，对每一个阶段工作的评价将极大影响最终产品的质量。在适当的时候，计算机专业人员都应寻求同行和利益相关者的审查。计算机专业人员还应对他人的工作提供建设性和批判性的审查。

5. 对计算机系统及其影响进行全面彻底的评估，包括分析可能的风险

计算机专业人员处于受信任的地位，因此肩负为雇主、员工、客户、用户和公众提供客观、可靠的评估和见证的特殊责任。在评估、建议和展示系统说明和替代方案时，计算机专业人员应努力保持敏锐、全面和客观，应格外注意识别和减轻机器学习系统中的潜在风险。随着系统的发展，当系统的未来风险在使用中无法被可靠预测的时候，需要对系统进行频繁地风险再评估，否则就不应该部署该系统。可能导致重大风险的任何问题都必须向相关各方汇报。

6. 仅在能力范围内开展工作

计算机专业人员负责评估潜在工作任务，这种评估包括对工作的可行性和可取性的评估以及对于工作任务安排是否在其专业领域能力之内的判断。如果在工作任务之前或期间的任何时候，专业人员确认缺乏必要的专业知识时，必须告知雇主或客户。客户或雇主可决定让专业人员在额外的时间获得必要的能力后再执行任务，或安排具有所需专业知识的人员来执行任务，或放弃任务。计算机专业人员的道德判断应是决定是否从事任务的最终指南。

7. 培养公众对计算及相关技术的认识和理解

计算机专业人员应根据具体情况和个人能力，向公众分享技术知识、培养计算意识，并鼓励对计算的理解。与公众的此类沟通应该清晰、礼貌和热情。重要的议题包括计算机系统的影响、局限性和脆弱性及其展现出的机会。另外，计算机专业人员应秉持一种尊重的心态去处理与计算有关的不准确或误导性信息。

8. 仅当获得授权或仅为公众利益之目的才能访问计算和通信资源

个人和组织有权限制对其系统和数据的访问，但这些限制必须符合 ACM 道德与职业行为准则中的其他原则。因此，在没有合理理由认为其行为将被授权或无法笃信其行为符合公众利益的情况下，计算机专业人员不应访问另一人的计算机系统、软件或数据。可公开访问的系统本身并不足以暗示授权。在特殊情况下，计算机专业人员可能会使用未经授权的访问来破坏或阻止恶意系统的运行，在这些情况下必须采取特别的预防措施以避免给他人造成伤害。

9. 设计和实施具有稳固又可用的安全的系统

违反计算机安全规则会造成伤害，在设计和实施系统时，稳固的安全性应该是首要考虑因素。计算机专业人员应尽职工作以确保系统按预期运行，并应采取适当措施确保资源免遭意外和故意滥用、修改和拒绝服务。由于系统部署后，威胁可能出现并不断变化，所以计算机专业人员应集成威胁缓解技术和策略，如监控、补丁和漏洞报

告。计算机专业人员还应采取措施，确保及时明确通知遭受数据泄露影响的各方，并提供适当的指导和补救措施。

为确保系统达到预期目的，安全功能应设计的尽可能直观且易于使用。计算机专业人员不应采取过于混乱、在情境上不合适或以其他方式遏制合规使用的安全预防措施。如果系统误用或损害可预测或不可避免，最好的选择可能是不使用该系统。

　　维纳（Norbert Wiener），美国应用数学家，控制论创始人，随机过程和噪声过程的先驱。维纳在创建控制论之初就以敏锐的眼光看出，新的信息技术系统将产生新的社会及伦理后果。维纳在其著作和演讲中讨论了信息技术对于人类价值，如和平、健康、知识、教育、社区和正义所产生的巨大影响。作为第一位就计算机对人类价值的影响进行研究的学者，维纳被众多学者尊为"计算机伦理学"的创始人。他先后涉足哲学、数学、物理学、工程学、生物学等诸多领域，被评价为"美国的冯·诺伊曼，博学且具备强大的创造力，为纯粹数学做出了巨大贡献，在应用数学领域也成就了同样优秀的事业"。

　　拜纳姆（Terrell Ward Bynum）美国南康涅狄格州立大学计算机与社会研究中心主任、哲学教授，英国莱斯特德蒙福特大学计算与社会责任中心哲学教授、客座教授，作家、编辑，计算机和信息伦理学领域先驱和历史学家，曾任美国计算机协会职业伦理委员会主席，获美国哲学协会 Barwise 奖，国际伦理与信息技术学会 Weizenbaum 奖，国际计算与哲学协会 2011 年柯维奖。所著《计算机伦理与专业责任》（*Computers Ethics & Professional Responsibility*）一书涵盖计算机伦理学历史、计算机的社会环境、计算机伦理的方法，专业责任和伦理规则，计算机的安全、风险和可信度，计算机犯罪、病毒和黑客，电子数据的保护、隐私，知识产权和开放资源运动，全球伦理，因特网社区等，被国内外众多高校选用为计算机伦理教科书。

习　题

　　9.1　结合自身专业特点，思考为什么在专业技术领域中会出现伦理问题？

　　9.2　设想，60 多岁的患者甲，多年酗酒、肝脏功能衰竭，正住院治疗并等待肝脏移植。青年乙因抓歹徒被刺伤肝脏，住进同一家医院也急需肝移植。正好有一可供移植的肝脏，组织配型与二人均相容。甲付得起医疗费用，而乙无力负担。问题是，可供移植的肝脏应该移植给谁？优先需要考虑的分配标准是什么？

　　9.3　大数据所带来的最大问题是个人隐私权问题，但若所有用户的所有信息完全不被记录是一件好事吗？为什么？

　　9.4　就人工智能中深度伪造技术（DeepFake）而言，查阅相关资料，谈谈其所带来的风险和挑战是什么？对于这些风险和挑战是否可以认为"该技术是违反伦理的"？

9.5　据微信用户报告显示，截至 2016 年第一季度，微信平均日活跃用户已达 5.49 亿，成为人们交友、获取信息、甚至打车、购物、转账等生活服务的主要渠道。一方面，由于微信的广泛、密集使用，使得微信及相关应用数据量飞速增长，既包括个人通信、网络空间、财务账户、亲友联系等多种"私有"信息，也包括通过查看、回应、点赞等表达的个人态度、兴趣爱好等"私人化"信息。另一方面，微信群内的交流内容很容易以分享方式泄露到特定的微信群外、甚至走向公共舆论空间。请讨论：在使用微信的社交生活中，你是否遇到过真实的伦理冲突问题？请至少选择三种典型的利益相关者，分析在该伦理冲突中的各自利益诉求与冲突所在，并针对各方提出相应改进意见。

9.6　请简述 IT 工程师应该具备哪些职业精神和科学态度。

参 考 文 献

[1] 陈国良，王志强，毛睿，等．大学计算机：计算思维视角[M]．2版．北京：高等教育出版社，2014．

[2] DENNING P J, MARTELL C H．伟大的计算原理[M]．罗英伟，高良才，张玮，等译．北京：机械工业出版社，2017．

[3] 历军．中国超算产业的发展现状与展望[J]．中国科学院院刊，2015，30（1）：16-23．

[4] 张健．浅谈中国超级计算机及其发展[J]．数码世界，2018（7）：328-329．

[5] 李莉．中国超算40年：挑战世界速度极限[J]．中国科技奖励，2019（8）：14-17．

[6] 夏丽萍，张立杰．从中国超级计算机看科技强国建设[J]．求贤，2020（10）：50-52．

[7] 王懿霖，袁丽．天河璀璨　访国家超级计算天津中心主任助理孟祥飞[J]．求贤，2021（1）：32-35．

[8] DALE N, LEWIS J．计算机科学概论[M]．张欣，胡伟，等译．5版．北京：机械工业出版社，2009．

[9] 徐志伟，孙晓明．计算机科学导论[M]．北京：清华大学出版社，2018．

[10] 李昊．计算思维与大学计算机基础[M]．北京：科学出版社，2017．

[11] 陈国良，李廉，董荣胜．走向计算思维2.0[J]．中国大学教学，2020（4）：24-30．

[12] 陈方舟．哈军工计算机技术的发展及影响（1956—1978）[D]．长沙：国防科学技术大学，2015．

[13] 李启虎，尹力，张全．信息时代的人文计算[J]．科学，2015，67（1）：35-39．

[14] 范如国，叶菁，杜靖文．基于Agent的计算经济学发展前沿：文献综述[J]．经济评论，2013（2）：145-150．

[15] 邓小铁，孔雨晴．计算经济学[J]．中国计算机学会通讯，2020（5）：8-9．

[16] 陶锋．大数据与美学新思维[J]．华中科技大学学报（社会科学版），2021，35（1）：51-57．

[17] WILSON K G. Grand challenges to computational science[J]. Future Generation Computer Systems, 1989, 5 (2-3)：171-189.

[18] FEYNMAN R P. Simulating physics with computers[J]. International Journal of Theoretical Physics, 1982, 21：467-488.

[19] 吕春燕，傅钢善．计算思维研究进展与可视化分析[J]．中国教育信息化，2019（5）：8-12．

[20] 方可，甄橙．用二进制语言解密人类心智活动[J]．中国卫生人才，2015（7）：90-91．

[21] SIPSER M．计算理论导引[M]．段磊，唐常杰，等译．3版．北京：机械工业出版社，2015．

[22] 万珊珊，吕橙，等．计算思维导论[M]．北京：机械工业出版社，2020．

[23] 吴军．数学之美[M]．3版．北京：人民邮电出版社，2020．

[24] TANENBAUM A S, BOS H．现代操作系统[M]．陈向群，马洪兵，等译．4版．北京：机械工业出版社，2017．

[25] 汤小丹，梁红兵，哲凤屏，等．计算机操作系统[M]．4版．西安：西安电子科技大学出版社，2014．

[26] 严蔚敏，吴伟民．数据结构：C语言版[M]．北京：清华大学出版社，2012．

[27] 王珊，萨师煊．数据库系统概论[M]．5版．北京：高等教育出版社，2014．

[28] 马良，宁爱兵．高级运筹学[M]．北京：机械工业出版社，2008．

[29] 王凌．智能优化算法及其应用[M]．北京：清华大学出版社，2001．

[30] 喻志超，李扬中，刘磊，等．量子计算模拟及优化方法综述[J]．计算机工程，2022，48（1）：1-11.

[31] 付震宇，刘凌旗，陈羽臻，等．量子计算技术发展路线与趋势分析[J]．中国电子科学研究院学报，2021（8）：813-819.

[32] 许琦敏．量子计算升级！"九章二号""祖冲之二号"问世[N]．文汇报，2021-10-27（6）.

[33] 李开复，王咏刚．人工智能[M]．北京：文化发展出版社，2017.

[34] 吴汉东．知识产权基本问题研究（分论）[M]．2版．北京：中国人民大学出版社，2009.

[35] 吴亚坤，郭海旭，王晓明．大数据技术研究综述[J]．辽宁大学学报（自然科学版），2015，42（3）：236-242.

[36] 鲍军鹏，张选平．人工智能导论[M]．北京：机械工业出版社，2019.

[37] 过国忠，段芳．超级计算机：从零起步赢得速度、应用"双优势"[N]．科技日报，2021-06-30（5）.

[38] 刘云浩．物联网导论[M]．3版．北京：科学出版社，2017.

[39] 黄玉兰．物联网射频识别（RFID）技术与应用[M]．北京：人民邮电出版社，2013.

[40] 吴吉义，李文娟，曹健，等．智能物联网 AIoT 研究综述[J]．电信科学，2021，37（8）：1-17.

[41] 王占丰，张林杰，吕博，等．基于机器学习的云计算资源调度综述[J]．无线电通信技术，2022（2）：213-222.

[42] 赵兴芝，臧丽，朱效丽，等．云计算概念、技术发展与应用[J]．电子世界，2017（3）：193-194.

[43] 陈鹏．区块链技术发展现状及面临的挑战[J]．理论导报，2019（10）：23-25.

[44] 杨强，黄安埠，刘洋，等．联邦学习实战[M]．北京：电子工业出版社，2021.

[45] 傅丽玉，陆歌皓，吴义明，等．区块链技术的研究及其发展综述[J]．计算机科学，2022，49（S1）：447-461.

[46] 代闯闯，栾海晶，杨雪莹，等．区块链技术研究综述[J]．计算机科学，2021，48（S2）：500-508.

[47] 大数据战略重点实验室．大数据概念与发展[J]．中国科技术语，2017，19（4）：43-50.

[48] ZHENG Z B, XIE S A, DAI H N, et al. An overview of blockchain technology: architecture, consensus, and future trends[J]. 2017 IEEE International Congress on Big Data (BigData Congress), 2017: 577-564.

[49] 施巍松，孙辉，曹杰，等．边缘计算：万物互联时代新型计算模型[J]．计算机研究与发展，2017，54（5）：907-924.

[50] 赵梓铭，刘芳，蔡志平，等．边缘计算：平台、应用与挑战[J]．计算机研究与发展，2018，55（2）：327-337.

[51] 梁天恺，曾碧，陈光．联邦学习综述：概念、技术、应用与挑战[J]．计算机应用，2022，42（12）：3651-3662.

[52] 赵星，乔利利，叶鹰．元宇宙研究与应用综述[J]．信息资源管理学报，2022，12（4）：12-23；45.

[53] 郭全中，魏滢欣，冷一鸣，等．元宇宙发展综述[J]．传媒，2022（14）：9-11.

[54] 2018 计算机协会准则工作组．计算机协会道德与职业行为准则[Z]．2018.

[55] BAASE S, HENRY TM. IT 之火：计算机技术与社会、法律和伦理[M]．郭耀，译．5版．北京：机械工业出版社，2020.

[56] 李世涛，王文娟，王虹元．IT 职业素养[M]．武汉：华中科技大学出版社，2018.